わかりやすい 生 化 学

林　　　寛 編著

鈴 木 裕 行
志 田 万里子
伊 藤 順 子
王 賀 理 恵 共著

三 共 出 版

序

　生化学は化学と生物学の学問領域を基礎として，生体を構成する成分を内部から眺め，その生合成や分解の過程を中心に生命現象を化学的に解明することを目的としている。本書はなるべくやさしい表現で図や表をできる限りとり入れ，化学の基礎的な説明から全般的な解説をすることを心がけた。

　摂取した食物成分が体内のどの器官，組織あるいは細胞小器官で，どのような変化を受け，どのように同化あるいは異化されるのか，その動的な状態のなかで厳密な平衡がどのようにして常に維持され，そのことが生理的機能といかなる関連をもっているのか，などを理解することが生化学の学習目標となる。

　本書はとくに栄養素と体成分との代謝の相関関係やその動態を把握することを主目的に，最初にその基礎となる人体の構造，生体物質の化学と機能については分子生物学を導入しながら記述した。なお，始めて生化学を学ぶ人達のために，なるべく構造式や化学式を用いて説明してあるので，代謝過程などをただ暗記するのではなく，内容を具体的に理解できると思う。

　また，物質変化の過程で常に生体エネルギーの出納がおこなわれ，生命のエネルギーが灯され続ける機能にも触れ，代謝過程に関与する酵素，情報高分子の構造と機能，個体の調節機能などについても説明した。

　生化学の教育は，医学・薬学・理学・農学・栄養学・工学・体育学部など広い分野で行われており，本書がこれらの大学学部，短期大学あるいはこれらと同程度以上の教育機関において，生化学を学ぼうとする人達のよき"学びの伴侶"となれば幸いである。執筆に当たり，多くの優れた関連著書を参考・引用させていただいたことについて，各著者に対して感謝の意を表したい。また三共出版の萩原幸子社長，編集を担当された秀島功氏に厚く感謝申し上げる次第である。

　2005 年　早春

林　　　寛

目 次

1 人体の構造

1-1 人体の構成 ··· 1
 （1）人体の構造原理：階層構造 ······················· 1
 （2）生命の最小単位細胞 ································ 2
  細胞は単独でも独立に増殖できる／細胞の発見と細胞説／細胞学から細胞生物学へ／原核生物と真核生物
 （3）細胞の種類 ·· 4
 （4）組　　織 ··· 4
  上皮組織／神経組織／筋肉組織（骨格筋・平滑筋・心筋）／結合組織
 （5）器官および器官系 ··································· 6

1-2 細胞の構造と機能 ·· 6
 （1）細胞の膜系 ·· 6
  細胞膜／細胞内膜系
 （2）非膜系 ··· 9
  細胞骨格／クロマチン／細胞質ゾル

1-3 人体を構成する物質 ····································· 9
 （1）人体の化学組成 ······································ 9
  水／生体高分子（タンパク質・核酸・炭水化物・脂質）／重量比
 （2）人体を構成する主要元素 ························ 11
  安定な共有結合を形成するもの／単原子イオン／微量元素

1-4 生化学分野で使われる細胞研究法 ················ 12
 （1）細胞の研究法の歴史 ······························· 12
 （2）細胞小器官の超遠心分離・分画法 ············ 13
  遠心分離法／カラムクロマトグラフィー／ゲル電気泳動法

2 タンパク質の化学

2-1 アミノ酸 ··· 16
 （1）アミノ酸の種類と構造 ···························· 16

（2）アミノ酸の化学的性質 ································· 18

両性電解質／等電点／アミノ酸の定性

（3）ペプチド ··· 19

ペプチド結合／ペプチドの種類

2-2　タンパク質 ·· 20

（1）タンパク質の分離 ·· 20

（2）タンパク質の構造決定 ·································· 21

タンパク質の精製／アミノ酸組成

（3）タンパク質の高次構造 ·································· 22

一次構造／二次構造／三次構造／四次構造

（4）タンパク質の性質 ·· 26

タンパク質の一般的性質／タンパク質の変性と再生／酵素や抗体の特異的な働き

3　酵　　素

3-1　酵素の特性 ·· 28

（1）酵素反応 ··· 28

（2）酵素の基質特異性 ·· 29

（3）酵素反応の最適温度・最適 pH ······················ 29

（4）酵素活性と基質濃度 ····································· 30

（5）補因子 ·· 30

3-2　酵素の分類と酵素反応 ···································· 33

（1）酵素の名称と分類 ·· 33

（2）各種酵素群の反応様式 ·································· 33

（3）アイソザイム ··· 35

3-3　酵素反応の阻害機構 ······································· 36

（1）競合阻害 ··· 36

（2）非競合阻害 ·· 37

3-4　酵素の代謝調節 ··· 37

（1）律速酵素による代謝速度の調節 ····················· 37

アロステリック効果／化学修飾による調節

（2）フィードバック調節 ····································· 38

4　炭水化物と脂質の化学

4-1　炭水化物 ··· 39

（1）炭水化物の分類 ·· 39

（2）糖質の一般的構造と化学的性質 ····················· 40

　　　　糖の鎖状構造（アルドースとケトース・D型とL型）／糖の
　　　　環状構造（アノマー異性体・ピラノースとフラノース）／糖
　　　　質の化学的性質／二糖の形成
　　（3）単糖とその誘導体 …………………………………………43
　　　　単糖（D-リボース・D-キシロース・D-グルコース・D-フ
　　　　ルクトース・D-マンノース・D-ガラクトース）／単糖誘導
　　　　体（アミノ糖・デオキシ糖・ウロン酸・糖アルコール・リン酸
　　　　誘導体）
　　（4）オリゴ糖 ……………………………………………………45
　　　　マルトース／スクロース／ラクトース／トレハロース／糖タ
　　　　ンパク質・糖脂質のオリゴ糖鎖
　　（5）多　　　糖 …………………………………………………46
　　　　デンプン／グリコーゲン／食物繊維（セルロース・ペクチン・
　　　　グルコマンナン・キチン）／グリコサミノグリカン（ムコ多
　　　　糖）
4-2　脂　　質 ……………………………………………………………49
　　（1）脂質の分類 …………………………………………………49
　　（2）脂質の化学的性質 …………………………………………50
　　　　脂質の一般的な性質／脂肪酸の性質
　　（3）単純脂質 ……………………………………………………51
　　　　アシルグリセロール（トリアシルグリセロール・ジアシルグ
　　　　リセロール・モノアシルグリセロール）／コレステロールエス
　　　　テル
　　（4）複合脂質 ……………………………………………………53
　　　　リン脂質（ホスファチジン酸・3-ホスファチジルコリン・
　　　　3-ホスファチジルエタノールアミン・3-ホスファチジルセ
　　　　リン・3-ホスファチジルイノシトール・リゾホスファチジル
　　　　コリン・スフィンゴミエリン）／糖脂質（グリセロ糖脂質・スフ
　　　　ィンゴ糖脂質）
　　（5）誘導脂質 ……………………………………………………58
　　　　脂肪酸（飽和脂肪酸・不飽和脂肪酸）／イコサノイド（プロ
　　　　スタグランジン・トロンボキサン・ロイコトリエン）／ステ
　　　　ロイド（コレステロール・胆汁酸・ステロイドホルモン）／
　　　　リポタンパク質

5　生体エネルギーの生成と利用

- 5-1　生体エネルギー ･････････････････････････････････････69
  - （1）自由エネルギー ･･････････････････････････････････69
  - （2）化学反応とエネルギー ････････････････････････････69
- 5-2　高エネルギーリン酸化合物の種類と役割 ･････････････70
  - （1）ATPの構造と役割 ････････････････････････････････70
  - （2）他の高エネルギー化合物 ･･････････････････････････71
    GTP／UTP／ホスホクレアチン／ホスホエノールピルビン酸
- 5-3　生体内の酸化還元と高エネルギー化合物の生成 ･･････72
  - （1）生体内の酸化還元 ････････････････････････････････72
  - （2）電子伝達系と酸化的リン酸化 ･････････････････････73
  - （3）基質準位のリン酸化 ･･････････････････････････････76
- 5-4　生体エネルギーの利用 ････････････････････････････････76
  - （1）筋収縮 ･･76
  - （2）物質合成 ･･77
  - （3）物質輸送 ･･79

6　糖質の代謝

- 6-1　体内にとり入れられた糖の行方と糖質代謝の概要 ･･････80
  - （1）体内にとり入れられた糖質の行方 ･････････････････80
  - （2）糖質代謝の概要 ･･････････････････････････････････80
- 6-2　グルコースの代謝 ･･････････････････････････････････82
  - （1）解　　糖 ･･82
    解糖の過程／解糖の筋肉活動
  - （2）ピルビン酸のアセチルCoAへの酸化的脱炭酸 ･････85
  - （3）アセチルCoAのTCAサイクルでの分解 ････････････85
  - （4）グルコースの完全酸化によるATP産生の収支 ･･････87
    解糖でのATPの産生／TCAサイクルでのATPの産生／基質レベルのリン酸化
  - （5）ペントースリン酸側路によるペントースとNADPH＋H$^+$の生成 ･･････････････････････････････････････89
  - （6）グルクロン酸経路 ････････････････････････････････90
- 6-3　糖の相互変換と糖新生 ･･････････････････････････････91
  - （1）単糖の相互変換 ･･････････････････････････････････91
    フルクトース／ガラクトース／マンノース
  - （2）血糖の調節 ･･････････････････････････････････････92

（3）糖新生 ･･･94
　　　　ピルビン酸からグルコースへの転換／糖新生の材料
　（4）グルコースよりラクトースの生合成 ･･････････････96
　（5）グリコーゲンの代謝 ･････････････････････････････97
　　　　グリコーゲンの分解／グリコーゲンの合成／グリコーゲンの
　　　　代謝の制御
6-4　糖質代謝の異常と疾病 ･･･････････････････････････100
　（1）ラクトース不耐症 ･･･････････････････････････････100
　（2）ガラクトース血症 ･･･････････････････････････････100
　（3）糖尿病 ･･･100
　（4）糖原病 ･･･101

7　脂質の代謝

7-1　脂質代謝の概要 ･･･････････････････････････････････102
7-2　トリアシルグリセロールの代謝 ･･･････････････････102
　（1）グリセロールの酸化 ･････････････････････････････102
　（2）脂肪酸の酸化 ･･･････････････････････････････････103
　　　　脂肪酸の活性化／活性化された脂肪酸のミトコンドリア内へ
　　　　の輸送／脂肪酸のβ酸化／不飽和脂肪酸の酸化
　（3）脂肪酸の代謝異常によるケトン体の生成 ･･････････106
　（4）脂肪酸の生合成 ･････････････････････････････････108
　　　　ミトコンドリアから細胞質ゾルへのアセチルCoAの輸送／ア
　　　　セチルCoAのカルボキシル化／飽和脂肪酸合成の段階的反
　　　　応／飽和脂肪酸鎖長の伸長
　（5）脂肪酸の不飽和化 ･･･････････････････････････････111
　　　　一価不飽和脂肪酸の生成／多価不飽和脂肪酸の生成
　（6）イコサノイドの生合成と代謝 ････････････････････113
　（7）トリアシルグリセロールの生合成 ････････････････114
　（8）レプチンの代謝調節作用 ････････････････････････116
7-3　グリセロリン脂質およびコレステロールの生成と分解 ････117
　（1）リン脂質の生合成 ･･･････････････････････････････117
　（2）コレステロールの生合成と分解 ･･････････････････118
　　　　コレステロールの生合成／コレステロールの分解
7-4　脂質代謝の異常と疾病 ･･･････････････････････････123
　（1）高脂血症 ･･･････････････････････････････････････123
　（2）脂質蓄積症 ･････････････････････････････････････125

8　タンパク質とアミノ酸の代謝

- 8-1　タンパク質代謝の概要　………………………… 128
- 8-2　アミノ酸の窒素部分の代謝　…………………… 128
  - （1）アミノ酸転移 ………………………………… 129
  - （2）アンモニアの生成 …………………………… 130
  - （3）尿素サイクル ………………………………… 130
- 8-3　アミノ酸の炭素骨格の代謝　…………………… 131
  - （1）糖原性アミノ酸 ……………………………… 131
  - （2）ケト原性アミノ酸 …………………………… 133
- 8-4　非必須アミノ酸の生合成　……………………… 133
  - （1）アラニン・アスパラギン酸・アスパラギン・グルタミン酸・グルタミンの生合成 ……………………… 134
  - （2）セリン・グリシン・システインの生合成 … 134
  - （3）プロリン・アルギニンの生合成 …………… 135
  - （4）チロシンの生合成 …………………………… 135
- 8-5　アミノ酸から生成される生理的に重要な物質　………… 136
  - （1）ペプチドホルモン …………………………… 136
    - 下垂体前葉ホルモン／下垂体後葉ホルモン／甲状腺ホルモン／脾臓ホルモン／消化管ホルモン
  - （2）ビタミンB群 ………………………………… 140
    - ナイアシン／葉酸／パントテン酸
- 8-6　アミノ酸代謝の異常と疾病　…………………… 141
  - （1）フェニルケトン尿症 ………………………… 141
  - （2）ヒスチジン血症 ……………………………… 142
  - （3）ホモシステイン尿症 ………………………… 143
  - （4）メープルシロップ尿症 ……………………… 143

9　情報高分子の構造と機能

- 9-1　遺伝子および染色体の構造と機能　…………… 145
  - （1）遺伝子 ………………………………………… 145
  - （2）染色体 ………………………………………… 145
- 9-2　核酸の構造　……………………………………… 146
  - （1）核酸の構成成分と種類 ……………………… 146
  - （2）ヌクレオシド ………………………………… 146
  - （3）ヌクレオチド ………………………………… 148
  - （4）DNAの構造 …………………………………… 149

（5）RNA の構造 ·· 150
　　　　　mRNA／tRNA／rRNA
9-3　ヌクレオチドの代謝 ·· 152
　　（1）プリンヌクレオチドの代謝 ······························ 153
　　（2）ピリミジンヌクレオチドの代謝 ······················· 153
9-4　タンパク質の生合成 ·· 153
　　（1）DNA の複製 ··· 153
　　（2）mRNA の生成 ··· 155
　　（3）遺伝暗号 ··· 156
　　（4）tRNA の働き ·· 156
　　（5）リボソームにおけるタンパク質の生合成 ·········· 157
9-5　遺伝子発現の調節と遺伝子操作 ··························· 158
　　（1）遺伝子発現の調節 ··· 158
　　（2）遺伝子操作 ·· 158

10　個体の調節機能と恒常性

10-1　生体における細胞間の情報伝達 ························· 159
10-2　神経系による情報伝達 ······································ 160
　　（1）活動電位と興奮の伝導 ··································· 160
　　（2）シナプス伝達 ··· 162
10-3　内分泌系による情報伝達 ··································· 163
　　（1）ホルモンの種類と性質 ··································· 164
　　（2）ホルモンの標的細胞での作用機構 ··················· 164
　　　　　受容体が細胞膜にあるタイプ／受容体が細胞内にあるタイプ
10-4　生体内の恒常性の維持 ······································ 165
　　（1）フィードバック機能による調節 ······················· 165
　　（2）体液中の電解質のバランスと酸塩基平衡 ········· 166
　　　　　細胞外液量と浸透圧の維持／特定の電解質濃度の調節／pH
　　　　　の維持（炭酸緩衝系・血漿タンパク質緩衝系・ヘモグロビン
　　　　　緩衝系・リン酸緩衝系）／血糖値の維持
　　（3）体温の恒常性の維持 ······································ 170
10-5　免疫と生体防御 ·· 171
　　（1）免疫系の概要（物理的防御因子・液体因子・細胞性因子） ···· 171
　　（2）免疫担当細胞の種類と機能 ····························· 173
　　　　　リンパ球系細胞（T 細胞・B 細胞・ナチュラルキラー細胞）／
　　　　　骨髄細胞系細胞（単核貪食細胞系細胞・顆粒球と肥満細胞・血
　　　　　小板）

（3）抗体の種類と特徴‥‥‥‥‥‥‥‥‥‥‥‥‥‥‥‥‥‥‥‥‥175
　　　抗体（免疫グロブリン）の種類／免疫グロブリンの構造／抗
　　　体の産生／抗体とT細胞受容体の多様性

（4）アレルギーと自己免疫疾患‥‥‥‥‥‥‥‥‥‥‥‥‥‥‥‥178
　　　アレルギーの分類とその特徴（Ⅰ型アレルギー・Ⅱ型アレ
　　　ルギー・Ⅲ型アレルギー・Ⅳ型アレルギー）／自己免疫疾患

（5）活性酸素に対する防御機能‥‥‥‥‥‥‥‥‥‥‥‥‥‥‥‥180
　　　活性酸素とは／活性酸素の生成／活性酸素による障害／活性
　　　酸素に対する生活防御

（6）化学物質に対するP450の作用‥‥‥‥‥‥‥‥‥‥‥‥‥‥182
　　　P450の機能／P450の功罪

参考文献‥‥‥‥‥‥‥‥‥‥‥‥‥‥‥‥‥‥‥‥‥‥‥‥‥‥‥‥185
索　　引‥‥‥‥‥‥‥‥‥‥‥‥‥‥‥‥‥‥‥‥‥‥‥‥‥‥‥‥187

人体の構造

1-1　人体の構成

(1) 人体の構成原理：階層構造

　人を含めて動物のからだの構造を調べてみると，生命をもたない物質とは異なった構成原理があることに気がつく。例えば水晶のような結晶を小さく細分しても，肉眼で確認できる透明な固体が，光学顕微鏡レベルで突然全く異なった様相に変化するということはおこらない。一方，外観からみただけでも多数の細胞から出来上がっている多細胞動物では，その機能を支えるためのいろいろな器官の協調した働きを認めることができる。その意味では，こうした動物のからだは人間が工夫し開発してきた機械のありように，より近いように見える。しかし，機械との外見的な類似性は，器官の機能を担っている内部構造を調べることにより，たちまち表面的なものとなる。

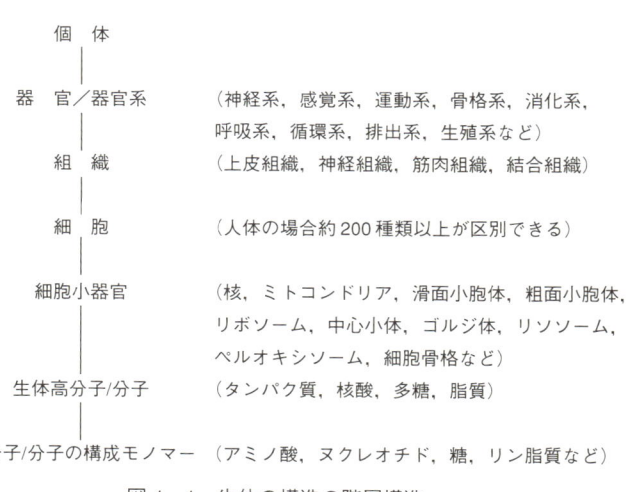

図1-1　生体の構造の階層構造

適当な器官の一部分を薄く切り，その内部構造を観察すると，数えきれないほどの細胞が織物のように組み合わされた組織が出現する。さらに細胞は細胞小器官（organelle）[*1]の統合よりなり，その細胞小器官も生体高分子から構成され，水環境下で正しい構造と機能を保つなど，生体構成分子と個体との間には重層する階層構造が存在することがわかる（図1-1）。

(2) 生命の最小単位細胞

> 細胞は単独でも
> 独立に増殖できる

上述のような階層構造の多様性と統一性は，その外見的観察だけでもわれわれを圧倒するに十分である。しかし，さらに驚くべきことは，組織を形成している細胞の一つひとつが，組織の一員としてあるべき位置を占め，しかるべき働きをしているだけでなく，それが単独に個体から切離されても生命の特性を失わないという事実である。それでは細胞より単純な構成からなるウイルス（virus）[*2]は単独で増殖可能か否かという疑問が生じるが，ウイルスのなかで他の生物の力を借りないで増殖できるものは無いことを考えると，細胞のこの特性，"生命の最小単位"という特性を変える必要はないといえる。逆にウイルスは生命体では無いといえるかというと，他の細胞への寄生[*3]を可能にする条件があれば，生命体の最も重要な特性のひとつである自己増殖が可能であり，この問題をきちんと説明するのは容易ではない。いずれにしても，細胞が生命の最小単位として分子と個体との間をつなぐ極めて重要な階層を占めていることは確かである。

> 細胞の発見
> と細胞説

細胞の観察には17世紀以来の長い歴史がある。1665年にHooke[*4]が初期の顕微鏡で薄切コルク片を観察して，小さな区画で囲まれた繰り返し構造単位をセル（cell；小さな部屋という意味）と呼んだのが，細胞という用語の始まりとなっている（Micrographia[*5]）。Hookeは今日の顕微鏡の構造に近い複合顕微鏡（対物レンズと接眼レンズを有するもの）を用いたが，単レンズだけを用いて，Leeuwenhoek[*6]は1674年，コルクのような死んだ細胞の細胞壁ではなく生きた微生物，すなわち細胞が存在することを鋭い観察によって報告した。彼の報告のなかには口腔内に生息する細菌まで含まれていたが，今日われわれはLeeuwenhoekをもって細胞の発見者とはしていない。植物も含めて，総ての生物のからだを構成しているのが細胞であるとする細胞の位置づけは，この世界に小さな微生物がいるという観察結果の記述以上のものを必要としたからである。

生物の構造と機能の最小単位は細胞であるとする細胞説（cell theory）は，一般には1838年にSchleiden[*7]，1839年にSchwann[*8]により提

[*1] 細胞小器官（cell organelle）：オルガネラ。細胞質の一部が特殊に分化して一定の機能をもつ有機的単位となった細胞内の構造。ミトコンドリア，Golgi体，中心小体，リソソームなどをいう。

[*2] ウイルス（virus）：直径10〜250 nmほどの小さな病原体で細菌ろ過器を通過する。DNAまたはRNAの中心部をタンパク質の鞘が囲んだ構造。動物，植物，細菌に感染し，しばしば病原性をもつが，ウイルス自体では増殖できない。

[*3] 寄生（parasite）：共生の一形態で，寄生者が栄養などの利益を受け，宿主（寄生される方）が何らかの害を受ける。植物間，動物間，動植物相互間などいずれの場合にもみられる。

[*4] Robert Hooke：1635〜1703。生物学分野で著名な研究を行ったイギリスの学者。自作の複合顕微鏡の性能を試すために小型昆虫，コルク片，木炭，カビ，コケなどを観察し精細な図版に記した。

[*5] Micrographia：1665年にHookeが顕微鏡観察による微細な構造を記した著書。

[*6] Antoni van Leeuwenhoek：1632〜1723。オランダの呉服商人。自作の約250倍程度の単式顕微鏡を製作し，多くの観察を残した。細菌，酵母，プロトゾアなどの微生物を発見。赤血球，筋肉の横紋，昆虫の複眼の観察。動物の精子を最初に記載した。

[*7] Matthias J. Schleiden：1804〜1881。ドイツの植物学者。植物の発生過程を研究，植物の基本単位は独立の生命を営む細胞であるとする細胞説を提唱した。彼の唱えた"細胞説"は，友人のシュワンにより動物にまで拡張され完成された。

[*8] Theodor Schwann：1810〜1882。ドイツの動物生理学者，解剖学者。1836年に胃液に消化酵素を発見してペプシンと名づけた。動物組織の解剖学的研究により動物組織が植物と同様に細胞的構造をもつことを発見，1839年に"細胞説"を全生物界に一般化した。

唱されたとされている。しかし，細胞説の中核のひとつである細胞の増殖様式，すなわち細胞分裂の正確な把握は細胞説の創始者の誤りもあり，それよりはるかに遅れた。19世紀後半から20世紀初頭にかけて顕微鏡観察技術の改良が相次ぎ，有糸分裂*1の詳細が明らかになるとともに細胞説は今日に近い姿に成長してきたといえる。

*1 有糸分裂（mitosis）：真核生物細胞核の一般的な分裂様式。染色体や紡錘体などの糸状構造が形成されるのでそう名づけられた。

細胞学から細胞生物学へ

今日一般化されている細胞概念が確立する上で，電子顕微鏡*2の発達とその生物学分野への応用は不可欠な技術であった。後述する遠心分離，分画法と合わせて，細胞の古典的イメージは一変したが，その変革の中心は細胞小器官の発見と，その機能的意味を明らかにしようとする研究であった。現在多くの動物細胞で認められる一般的な細胞小器官を図示すると図1-2のようになる。これらの細胞小器官については表1-2（p.8参照）で詳しく説明する。

*2 電子顕微鏡（electron microscope）：可視光の代わりに電子線を用いる。結像のために電磁レンズが使用され，微細構造の観察が可能となった。電子線は可視光よりも波長が極めて短かくすることができるので，光学顕微鏡よりも高い分解能が得られる。①透過，②走査型，など異なったタイプがある。

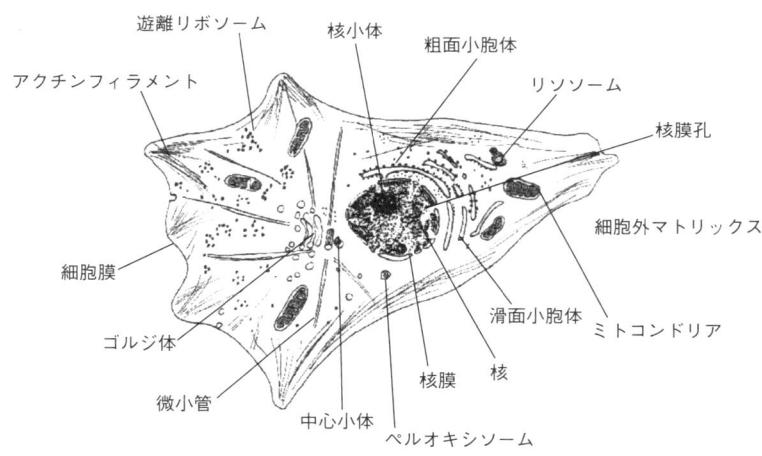

図1-2　電子顕微鏡観察による動物細胞の模型図

原核生物と真核生物

生物はそれを構成する細胞の進化的特性によって原核生物と真核生物とに分類することができる（表1-1）。原核生物の細胞の最大の特徴は核膜をもたないことであり，核膜で囲まれた核をもつ真核生物の細胞とは明確に区別される。原核生物に分類されるのは，主に細菌*3や藍藻類*4などで，真核生物の細胞と比較して小さく，直径1～10μm（0.001～0.01mm）である。真核生物にはこうした細菌や藍藻類を除いた総ての動物，植物が含まれる。

*3 細菌（bacterium，複数形はbacteria）：大きさは0.5～2μmで一般に外側に細胞壁がある。球状，棒状，らせん状などの特徴的な外形を有する。

*4 シアノバクテリア（cyanobacteria）：藍藻類，藍藻植物ともいう。核および色素体をもたない藻類。細菌の仲間。

*1 クラミジア（chlamydia）：オウム病やトラコーマ，猫の肺炎などの病原体に代表される偏性細胞寄生性細菌。感染性粒子の形状は径 $0.3\mu m$ の球状。

*2 リケッチア(rickettsia)：リケッチア類，リケッチア目，リケッチア科の一属である原核生物。通常細菌濾過器では分離できない。発疹チフス，ツツガムシ病，Q 熱などの病原体が代表的なものである。

*3 菌類(fungi)：主に吸収型の従属栄養を行う真核生物の一部。カビ，きのこ，酵母類などである。真菌類の他粘菌類なども含まれる。

*4 ヒストン(histone)：真核細胞の核内 DNA と結合している塩基性タンパク質。

*5 無糸分裂(amitosis)：有糸分裂に対して染色体や紡錘体の形成が行われずに，核がくびれるかひきちぎられるようにして分かれていく分裂様式。

*6 ヘモグロビン(hemoglobin)：酸素の運搬を行う循環系血色素。脊椎動物の大部分に存在するが多くの無脊椎動物にみられる。

表1-1 原核生物と真核生物の比較

特徴	原核生物	真核生物
生物種	細菌，シアノバクテリア（藍藻），クラミジア*1，リケッチア*2	原生動物，菌類*3，植物，動物
大きさ	一般的に小さい（1〜10μm）	一般的に大きい（5〜100μm）
核膜	核膜はない	核膜がある
細胞小器官	ないかあっても未発達	ある
DNA	細胞中に環状の DNA，核タンパク質（ヒストン*4）はない	遺伝子ではない領域を多く含む線状の DNA，ヒストンと複合体を形成
遺伝子数	少ない（約 3,000）	多い（約 1 万〜10 万）
細胞分裂	無糸分裂*5	有糸分裂
細胞集合様式	単細胞	多細胞もしくは単細胞

（3）細胞の種類

人のからだは約 6×10^{13}（60 兆）個の細胞（cell）で構成されていると考えられているが，この天文学的数の細胞は同一種類の細胞集団ではない。例えば，赤血球と白血球との間には外見上はほとんど共通項がないような違いがあるが，機能的にもそれらは全く異なっている。赤血球は酸素呼吸のために特化していて，ヘモグロビン*6 の乾燥重量の比率は 94％に達する。免疫機能のために特化した白血球には，そのような特徴は全くない。こうした形態的にも機能的にも異なった細胞が生じてくることを細胞分化という。

それでは分化した細胞の種類は，人の場合どれほどあるのだろうか。形態的特徴から同一種の細胞に分類されたものでも，機能面からの指標からみると，より詳細な分類が可能になる場合もあるので，その数を特定するのは簡単ではないが，古典的組織学に基づいた場合は，少なくとも 200 種類程度の基本的な細胞を区別することが可能である。

（4）組織

個体を構成する細胞は，同一種類の細胞が集まり組織（tissue）を形成する。組織は大きく，上皮組織，神経組織，筋肉組織，結合組織に区分けされている。

*7 角化あるいは角質化（cornification, keratinization）：表皮の表層の細胞内でケラチン（keratin）が生成・沈着し，細胞内がこれで占有されて他の細胞成分が進化する過程をいう。

上皮組織　　上皮組織（epithelia tissue）はからだの内外の表面を覆う細胞の層であり，上皮の存在する部位により異なった細胞機能や細胞間の結合様式をとる。小腸上皮のように消化管の表面を覆う上皮は，一層の円柱状上皮細胞からなるが，体表を覆う表皮では多数の細胞が重層し，扁平で強靭な細胞層をつくりだす。表面は角化*7 し，機械的な強度や化学的バリアーとして陸上生物とし

ての人に不可欠な装置となっている。また上皮細胞は，その部位における不可欠な機能を分担できるよう微絨毛*1 のように表面積を増大させたり，気管上皮の繊毛*2 のように異物移動のための運動機能を発達させるなど，上皮細胞内での細胞分化がおこる。とくに注目すべきは上皮内にある分泌細胞で，小腸上皮内のゴブレット細胞*3 のように散在していたものが，消化管付属腺では外分泌器官として高度の発達をとげ，その分泌物を導管*4 に多量に分泌できるようになっている。人体最大の臓器である肝臓も，このような外分泌器官としての特性をもっている。

神経組織　神経細胞（nervous tissue）は電気刺激を伝導・伝達する特徴をもつ。神経系は肉眼的には中枢神経系と末梢神経系に分けられ，中枢神経系は脳と脊髄，末梢神経系は脳と脊髄以外に存在するすべての神経細胞と神経線維からなっている。神経組織を構成する主要な要素は刺激伝達の受容部である神経細胞（nerve cell），すなわちニューロン（neuron）*5 である。その突起は樹状突起と軸索突起よりなる。軸索は神経細胞からの電気的シグナルを伝える伝導機能をもつ。軸索を伝導してきたインパルス（impulse）*6 はシナプス（synapse）*7 を経由して次の神経細胞（または筋細胞）へと伝達される。

筋肉組織　筋肉組織（muscular tissue）は多数の筋細胞（筋線維）の集合体である。筋肉は主に収縮によって機械的な力を生じることができる。脊椎動物ではこれら筋肉は主として以下の3種類に分類されている。

骨格筋（skeltal muscle）　横紋をもつ巨大な多核細胞からなる筋繊維の束であり，強力で急速な収縮や緊張により関節等を随意的に動かすことができる。

平滑筋（smooth muscle）　主として消化器（食道・胃・腸・胆嚢など），呼吸器，泌尿器，生殖器，動脈，静脈などの筋層に存在して，その収縮と緊張の保持を担う。平滑筋細胞に横紋はみられない。

心筋（cardiac muscle）　心臓壁をつくる特殊な横紋筋*8 である。骨格筋と平滑筋の中間的な性格をもち，隣り合う細胞は電気的に同調した収縮を行い，それが一定のペースとなって心臓の拍動をおこしている。

結合組織　結合組織（connective tissue）の機能は他の組織の細胞を支持し，結合させ，栄養を与えることであり，皮下組織や骨，軟骨などのからだを形づくる組織である。さらに血液やリンパとして，内呼吸，生体制御，身体の結合などに不可欠な組織として働く。結合組織は上皮，神経，筋細胞の間隙（かんげき）に侵入し，そ

---

*1　微絨毛（microbillus）：動物細胞の自由表面分化の一種で多数の微細な細胞質の突起よりなる。直径 0.1 μm，長さ 0.2～数 μm。とくに小腸と尿細管の上皮細胞表面には，直径と長さが一定の微絨毛が規則正しく配列していて刷子縁と呼ばれる。細胞の自由表面積を増すことにより吸収の能率を上げたり，発生時に必要な細胞膜をプールしていると考えられる。

*2　繊毛（cilia）：ゾウリムシなど繊毛虫類などの体表や繊毛上皮の自由面に見られる直径 0.2 μm，長さ数～数十 μm の運動性繊維状小器官。

*3　ゴブレット細胞（goblet cell）：杯（さかずき）細胞ともいう。腸や気道粘膜上皮にみられワイングラス状形状をもつ。粘膜の保護やアミノ酸を吸着し吸収を助ける硫酸ムコ物質を分泌する。

*4　導管（excretory duct）：外分泌線の分泌排出経路。

*5　ニューロンの構造は p.160，図 10-2。

*6　インパルス（または神経インパルス nerve impulse）：電気的な神経情報で活動電位と同義。

*7　シナプス（synapse）：接合部。ある神経刺激がひとつの神経単位（ニューロン）から他の神経単位へとなる部分，すなわち神経線維の末端と他の神経の神経細胞体や筋肉などと接する部分。

*8　横紋筋（striated muscle）：筋線維に明暗の規則的縞模様がみられる筋肉をいう。これらの規則的パターンは，収縮性タンパク質分子や Z 線成分の配列の規則性を反映している。

＊1 線維芽細胞 (fibroblast)：疎性結合組織の繊維分のひとつである膠原線維を生成する。紡錘形の外形を有し，内部に発達した粗面小胞体をもつ。

の細胞成分である繊維芽細胞[*1]などから分泌されるコラーゲンやエラスチンといった丈夫なタンパク線維（細胞外マトリックス）が網目構造を形成し，多糖のゲルが間を埋めている。

(5) 器官および器官系

組織はさらに組み合わされて多様な器官（organ）となる。器官は単一の組織によるものではなく，個体のなかの制御可能なシステムとして複数の組織が統合され，さらには器官の有機的連結である器官系（organ system）を形成する。例えば，横紋筋の集合体と骨格とが連結しただけで，四肢の運動器という器官がつくりだされるわけではない。骨格筋は神経の支配下で制御されなくては個体システムの一部にはなりえないし，また筋肉に栄養物を補給したり老廃物を運びだすための血管系が存在して，初めてシステムとしての意味をもつ。これらの器官系は循環器，呼吸器，脳神経，内分泌，消化器，泌尿器，生殖器，運動器，感覚器の各系に分けられ，最終的には個体のなかで協調的に働き個体の統一性を保っている。

1-2 細胞の構造と機能

(1) 細胞の膜系

細胞膜

細胞は細胞膜（cell membrane）によって外界と物質代謝を行う開放系である。細胞膜なしには細胞は内部の環境の特性を維持できないし，外界の変動に対応した反応を行うこともできない。この細胞膜の構造（図1-3）として受け入れられているモデルが流動モザイクモデル[*2]である。

膜を構成しているリン脂質は両親媒性[*3]と呼ばれるように，ひとつ

＊2 流動モザイクモデル (fluid mosaic model)：生体膜の構造についての基本的な考え方として，現在広く認められている。リン脂質の動的二重膜上または膜中にタンパク質分子が流動性をもって分布しているという形のモデル。SingerとNicolson (1972) によって提唱された。

＊3 両親媒性 (amphipathic)：極性，非極性の溶媒に対してともに親和性をもつこと。

＊4 オリゴ糖は細胞の外側に向いている。細胞の内側を細胞質ゾルと呼ぶ。■の箇所は横断面のようになっているので，外側は親水性でも内部は必ずしも親水性を示すかどうか疑問。

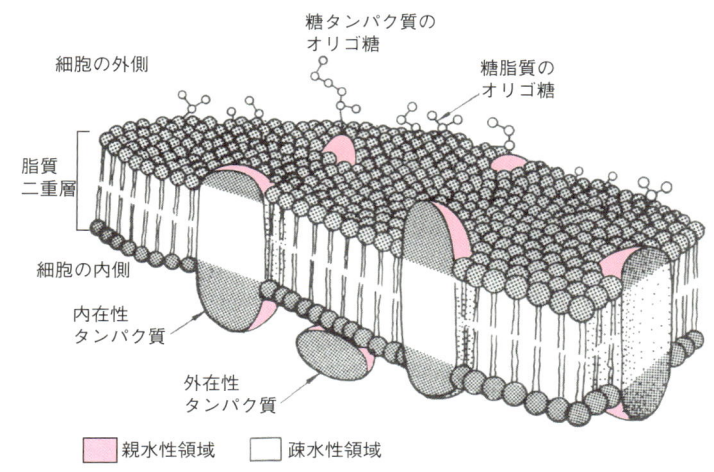

図1-3 細胞膜の構造[*4]

の分子の中に水と親和性をもつ親水性領域と水と親和性をもたない疎水性領域とをもっている。この分子の特性により，安定な構造として親水性の領域が外側を向き，疎水性領域が水と接触しない内側に集まる脂質二重層が形成される。

膜タンパク質のうちで，内在性タンパク質はこの脂質二重層のなかに埋め込まれ，膜内を二次元的に流動することができる。内在性タンパク質は，表面に物理的に吸着している表在性タンパク質とは区別することができる。図1-4に示すように，これらはいくつかの異なった存在様式が確認されている。内在性タンパク質は膜と何らかの化学結合により統合化されているか，膜との物理的相互作用により分離抽出には強い処理が必要である。膜を構成する脂質成分としては，リン脂質[*1]以外にコレステロール[*2]があるが，このコレステロールは膜強度を増大させたり流動性を制御したりするうえで重要と考えられている。膜内のタンパク質の役割は栄養物のとり込みや，外界からのシグナルの受容・伝達，生体エネルギーの産生などにとって決定的に重要な意味をもっている。

流動モザイクモデルは膜構成分子の配向や，その二次元的流動性に関する理論的，実験的根拠を含んでいるが，これ以外にも膜の非対称性という概念が含まれている。膜構成分子は細胞の外側方向と細胞質側とでは対称ではないということは膜機能を考えるうえで重要な意味をもっている。例えば，膜タンパク質のあるものは糖が結合した糖タンパク質として存在しているが，糖鎖（p.6参照）は必ず細胞の外側に位置していることがわかっている。小腸上皮の微絨毛では，小腸の内腔に面して細胞膜より厚い多糖の層が形成されているのが観察される。消化吸収における物質移動だけではなく，シグナル伝達や感染など，物質や化学変化の方向性が問題になるような機能については，膜タンパク質の非対称な配向が関与していることが多い。

[*1] リン脂質（phospholipid）：生体膜系を構成する主要な脂質（p.54参照）。

[*2] コレステロール（cholesterol）：ステロールの一種ですべての脊椎動物の細胞，なかでも肝臓，皮膚，腸で合成される。神経組織中に最も多く含まれている。

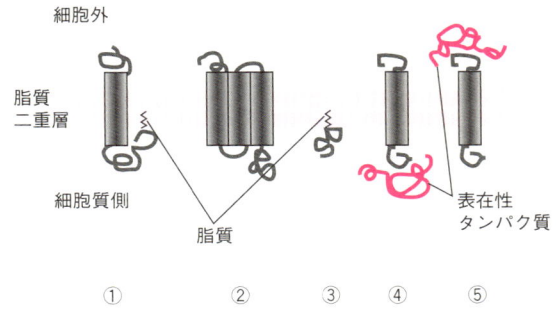

図1-4 細胞膜内タンパク質の存在様式

②のように複数回膜内を往復しているものもあるが，①，④，⑤にみられるように一回膜内を貫通している内在性タンパク質もある。①，③は脂質とタンパク質とが共有結合的な複合体を形成している。

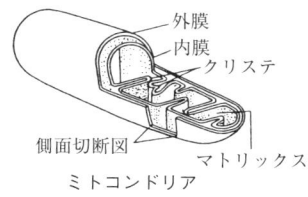

*1 細胞小器官の模型図(Hurryら)
外膜
内膜
クリステ
側面切断図
マトリックス
ミトコンドリア

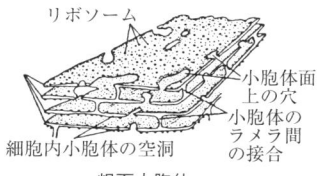

リボソーム
小胞体面上の穴
小胞体のラメラ間の接合
細胞内小胞体の空洞
粗面小胞体

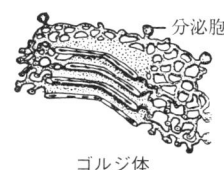

分泌胞
ゴルジ体

細胞内膜系	

細胞膜と同様に，細胞内部の膜も脂質二重層を基礎として，そこに膜タンパク質を統合させる構造になっている。これを単位膜という場合がある。これらの構造物のなかで核とミトコンドリア[*1]は二枚の単位膜を基本構造としていることから，他の内膜系からは区別される。核には遺伝情報分子であるデオキシリボ核酸（DNA）の大部分が納められているが，核は単なるDNAの格納容器ではなく，特定の細胞機能に対応した組織的遺伝子発現遂行の器官として働くためのさまざまな分子装置を備えた小器官である。

タンパク質合成装置であるリボソームの付着した粗面小胞体[*1]，リボソームが付着していない滑面小胞体は，糖タンパクや脂質の合成を行う場である。ゴルジ体[*1]は平行に配列した円盤状の膜とその周辺にある

表1-2　細胞小器官

i．膜で包まれた構造を有するもの

核 （nucleus）	二層の膜でできた核膜により細胞質から分離されている。細胞内のリボソームを組み立てる核小体がひとつ以上ある。核膜孔から核の内容物は細胞質へ連絡している。小胞体の膜に外膜がつながっている。遺伝子の保存と発現。
ミトコンドリア （mitochondria）	外膜と内膜の二重の膜からなり，内膜はひだ状のクリステ（cristae）を形成している。酸素を用いた呼吸による真核細胞のエネルギー産生の主要部位でATPをつくる。
小胞体 （endoplasmic reticulum（ER））	小胞体の膜は核膜の外膜とつながっていて脂質や膜タンパク質の合成，輸送を行う。タンパク質合成を行うリボソームが外側に付着した粗面小胞体（rough ER）と，管状でリボソームがついていない滑面小胞体（smooth ER）の2種類がある。
Golgi体 （Golgi apparatus）	ゴルジ複合体（Golgi complex）膜に囲まれた扁平な袋が重層した形とその付近に膜に包まれた小胞からなる複合体でふつうは核の近くにある。
リソソーム （lysosome）	一層の膜で包まれていて，細胞に不要になったものを分解する。
ペルオキシソーム （peroxisome）	小型のリソソームのような形で，その膜は粗面小胞体が伸びた先端からできるという。過酸化水素の代謝。

ii．膜で包まれた構造ではない有形構造

細胞骨格 （cytoskelton）	微小管（microtubles）， アクチンフィラメント（actin filament）， ミオシンフィラメント（myosin filament）， 中間径フィラメント（intermediate filament）など
リボソーム （ribosome）	RNA-タンパク質複合体
クロマチン （clomatin）	真核細胞の核内にあり，核の主成分であり，主に核小体（仁）の周りと核膜にそった部分にみられる。DNA，ヒストン，非ヒストンタンパク質と少量のRNAからなる複合体で，染色体の材料である。

細胞小器官という用語は，このような構造の総称として使われる場合が多いが，膜に囲まれた構造に限定して用いられる場合もある。

ゴルジ小胞との複合体で，小胞体で合成された物質を加工，隔離，集積，濃縮し，特定の部位に運搬する。細胞内のこのような物流の仕組みは，分解のための器官であるペルオキシソームやリソソームの機能と合わせて，その分子機構とともに小器官全体的のネットワークが関連することが理解される。

固有の DNA をもつミトコンドリアの場合も，それが担う情報は rRNA[*1] や tRNA[*2] の情報であり，その主要機能である酸化的リン酸化[*3] と共役した ATP[*4] 産生のためのタンパク質情報のほとんどは，核 DNA に収められていることなどから，細胞全体の組織的，協調的合成・分解の例外とは考えられていない。

(2) 非膜系

細胞骨格　細胞の形態の保持や原形質流動，細胞分裂やエンドサイトーシス[*5] などの細胞運動，細胞小器官の移動などにかかわっている細いタンパク線維を，細胞骨格（cytoskelton）という。そのなかでもアクチンフィラメント（actin filament）は一番細く，ほとんどの真核細胞にあり，とくに筋細胞に多い。微小管（microtuble）は細胞分裂時に染色体を娘細胞に引っ張り等分にする。中間径フィラメントはアクチンフィラメントと微小管の中間の太さの線維で細胞の機械的強度を保持している。

クロマチン　クロマチン（chromatin）は核の主成分であり，おもに仁の周りと核膜にそった部分にあり，染色体を構成する。染色体は DNA とヒストンタンパク質とが結合したクロマチン繊維として核内に蓄積されている。

細胞質ゾル　細胞質ゾルはサイトゾル（cytosol，チトソル）あるいは細胞質基質ともいう。細胞質のうち膜で囲まれた細胞小器官や細胞骨格以外の部分で，グルコース，タンパク質，各種のイオンなどを含んだゲルであり，ここに各種の酵素が含まれており，糖質の解糖，核酸や脂肪酸の合成などの生化学反応の場として重要である。細胞小器官と細胞質ゾルとの間に膜構造があり，相互に物質の出入りが調節されている。

*1 rRNA（ribosomal RNA）：リボソーム RNA，リボソーム粒子を構成する RNA で細胞内に最も豊富に存在する RNA。

*2 tRNA（transfer RNA）：（トランスファー RNA，転移 RNA）タンパク質合成の過程で，メッセンジャー RNA（mRNA）に転写された遺伝情報をリボソーム上でタンパク質のアミノ酸配列に翻訳するのを仲介する RNA。

*3 酸化的リン酸化（oxidative phosphorylation）：真核細胞のミトコンドリアの内膜，原核細胞の形質膜にみられる，電子伝達系の酸化還元反応によって形成されたエネルギー勾配を用いて ATP を合成する反応。好気的生物における主要な ATP 供給反応。

*4 ATP（adenosine 5′-triphosphate）＝アデノシン 5′-三リン酸：細胞の動的活動を支えるエネルギー通貨分子として極めて重要な化合物。p. 70，図 5-1 参照。

*5 エンドサイトーシス（endocytosis）：外界から物質を細胞膜陥入により形成された小胞により内部に取り込むこと。エキソサイトーシスは逆に細胞内部から外部に出す対語。

1-3 人体を構成する物質

(1) 人体の化学組成

水　人体において水の占める割合は非常に大きく，全体の約 70％ を占めている（表 1-3 と表 1-4）。水は極めてすぐれた溶媒であるとともに，その物理化学的特性

から生命活動に不可欠な分子環境となっている。水の特異な物理化学的特性は，水分子間に形成される水素結合[*1]による。

生体高分子

生物体をつくりあげている巨大な生体高分子（biopolymer）は，それを構成するモノマー（monomer, 単量体）のポリマー（polymer，重合体）である。ポリマーは脂質を除いてすべてを共有結合[*2]により形成される。

タンパク質（protein） 約20種類のアミノ酸が長い線形重合体としてつながってできている。生命活動のなかでの中心的な役割としては，触媒作用，運搬作用，細胞の支持など多様であり，それぞれに特異的なタンパク質が関与している。

核酸（nucleic acid） DNAとリボ核酸（RNA）などは窒素を含む4種類の塩基[*3]と五炭糖[*4]－リン酸[*5]の骨格構造であるモノヌクレオ

[*1] 水素結合(hydrogen bond)：水素原子Hを介して行われる非共有結合的結合の一種。結合の強さは共有結合の約1/20である。

[*2] 共有結合（covalent bond）：化学結合のひとつで互いに外殻電子を共有することにより安定化される結合。2つの原子に共有される1対の電子からなる。生体分子中にみられる結合の中で最も強い結合なので，結合を切断するには非共有結合的結合より大きなエネルギーが必要である。

[*3] 塩基（base）：核酸（DNA）を構成する含窒素環状化合物でプリン（二環）系のアデニンとグアニン，ピリミジン（単環）系のシトシン，チミン，ウラシルがある。

[*4] 五炭糖（pentose）：ペントースともいう。1分子中に5個の炭素原子を含む単糖類の総称。リボースとデオキシリボースはヌクレオチドの成分。(p. 44，図4-8参照)

[*5] リン酸（phosphoric acid）：核酸やリン脂質分子の骨格構造を担う。(p. 148，図9-3，p. 54，図4-18参照)

表1-3 細胞中の物質とそれから構成される単位

物質	総重量中の割合(%)	構成成分	役割
水	70		
高分子			
タンパク質	15	20種のアミノ酸	酵素，抗体，生体構造材料その他
核酸	7	窒素を含む4つの塩基と糖－リン酸の骨格構造	遺伝情報の蓄えと伝達
脂質	2	脂肪，脂肪酸，リン脂質	エネルギーの貯蔵，絶縁，生体構造材料
糖質	3	10～20種の糖質	エネルギーの貯蔵
生体構造材料低分子			
中間代謝物	1～2	数千におよぶ成分あるいは合成の途中の段階の物質として	生体分子の分解，および合成などに関与
補因子	<1	ビタミンおよびその他多数の物質	酵素反応への関与
無機イオンおよび微量元素	1	$Na^+, K^+, Ca^{2+}, Cl^-, PO_4^{3-}, Fe^{2+}, Cu^{2+}, Zn^{2+}, Mg^{2+}, Co^{2+}, Mn^{2+}$など	浸透圧調節，細胞内外イオン形成，巨大分子の電荷の中和補因子など多数の役割

（Wood 他を一部改変）

表1-4 人体の化学組成

	成人男子（%）	成人女子（%）
タンパク質	18	15
脂質	14	20
糖質	1	1
水分	62	59
無機質・他	5	5

チドと呼ばれるユニット（基本単位）から構成された核酸はポリヌクレオチドであるが，その構成モノマーの化学的特性から DNA はデオキシリボヌクレオチド*1，RNA はリボヌクレオチド*2 のポリマーということができる。役割としては遺伝情報の貯蔵，タンパク質分子情報への変換などである。

炭水化物（carbohydrate）　糖を構成するモノマーはグルコース，ガラクトース，マンノースなどの単糖（monosaccharide）である。エネルギー貯蔵，細胞－細胞間の認識などにかかわっている。

脂質（lipid）　上述のタンパク質，核酸，糖が共有結合*3 的高分子を形成するのに対して，モノマーそのものが巨大であるだけでなく，物理的相互作用により非共有結合的に巨大分子を形成する。例えば，脂質分子は細胞膜などにみられるように，水環境では二重層を形成して巨大な二次元的構造をつくる。脂質は膜以外にもエネルギー貯蔵のための不可欠な分子であり，また低分子形態のものはホルモンなどの重要な情報分子となる。

*1　デオキシリボヌクレオチド（deoxyribonucleotide）：デオキシリボースを含むヌクレオチド。

*2　リボヌクレオチド（ribonucleotide）：リボースを含むヌクレオチド。

*3　非共有結合（noncovalent bond）：共有結合を除く原子間，分子間の相互作用で，van der Waals 力，イオン結合，水素結合などである。

重量比　水分の量は組織によって非常に異なり，骨髄を含まない骨の部分では 22.5 ％と低い。また，水分の割合は脂質が増えると減少する。女子の平均水分含量が男子より低いのはこのためである。水を除くと，人体ではタンパク質が重量的には最も多く，次いで脂質が多く，タンパク質と脂質とで 30 ％以上を占める。

（2）人体を構成する主要元素

炭素（C），水素（H），酸素（O），窒素（N）の 4 元素だけで生体重量の 96 ％以上を占める。生体の構造維持，エネルギー代謝，細胞増殖など生命活動に必要不可欠な元素（生体元素あるいは生元素という）は，これを合わせると 20 種以上になる。これらは以下の 3 区分から，その機能を考察することができる（表 1-5）。

安定な共有結合を形成するもの　H, O, N, C, の各々の原子価は 1, 2, 3, 4 価であり，この原子価による共有結合で安定した人体の構造を維持することができる。さらに C, O, N は一重結合より安定な多重結合をつくりえることから，分子の多様性と安定性が増大する。共有結合を形成できる元素でも，リンと硫黄の場合は上記 4 元素ほどの安定性はなく，水分の存在下で分解されやすい場合が多い。この特性から，リン，硫黄を含むいくつかの分子（例えば，ATP，アセチル CoA*4 など）はエネルギー運搬体となっている。

単原子イオン　Na^+，K^+，Ca^{2+}，Mg^{2+}，Cl^- などのイオンは，巨大分子の電荷の中和，浸透圧の調節，イオン勾配の形成，情報の伝達などになくてはならない元

*4　アセチル CoA（acetyl-CoA）＝アセチル補酵素 A，アセチルコエンザイム A：細胞内でアセチル基を運搬する水溶性の低分子物質。補酵素の一種で主にグルコース，脂肪酸の代謝経路からえられ，生体内の多くのアセチル反応にあずかる（6-2, p. 85 参照）。

表 1-5　人体の元素組成

主元素		含量(%)	無機元素		含量(%)	微量元素		含量(%)
酸　素	O	65	カルシウム	Ca	1.5	鉄	Fe	0.006
炭　素	C	18	リン	P	1	亜　鉛	Zn	0.002
水　素	H	10	硫　黄	S	0.25	セレン	Se	0.0003
窒　素	N	3	カリウム	K	0.2	マンガン	Mn	0.0003
計		96	ナトリウム	Na	0.15	銅	Cu	0.00015
水またはタンパク質，脂質，糖質などの有機化合物を構成する。			塩　素	Cl	0.15	ヨウ素	I	0.00004
			マグネシウム	Mg	0.05	モリブデン	Md	こん跡
						コバルト	Co	
						クロム	Cr	
						フッ素	F	
						ケイ素	Si	
						バナジウム	V	
						ニッケル	Ni	
						スズ	Sn	

素である。

微量元素

人体の元素組成からみて，表1-5に示した鉄以下のものは微量元素と総称する。これらのうち，鉄や銅などのように機能が明確になっているものは少数である。微量元素は人体の重量中の極めて少量しか含まれないが，酵素などのタンパク質の特殊な機能を発揮するためには，必要不可決なものが含まれている。例えば，亜鉛の欠乏は味覚障害をおこしたり，セレンの欠乏が克山病[*1]を引きおこしたりすることはよく知られている。しかし，ビタミンと同じに必須栄養素であるが，通常の食生活をしていれば，わが国では欠乏症になることはほとんどない。微量元素は摂取量が極めて重要であり，必須微量元素といえども過剰に摂取すると有害であることが動物実験で確認されている。

[*1] 克山（ケシャン）病：中国の黒竜江省克山県で多発した心臓病で，この地方の土壌や河川の低さがこの地方の食物のセレン含量の低さにつながり，風土病の原因とされている。

1-4　生化学分野で使われる細胞研究法

（1）細胞の研究法の歴史

　細胞の研究は細胞のありかたに応じて細胞全体を調べることから始まり，組織や個体内の細胞の動きを追う方向と，細胞の内部に入り細胞小器官や分子集団，分子へと下降する方向とがある。とくに後者の分野では遺伝子工学の導入が研究法全体を一変し，細胞機能の理解にこの技術が不可欠となっている。歴史的にみると細胞の研究はまず光学顕微鏡を用いた観察から出発した。この観察のレベルが電子顕微鏡の導入により細胞小器官，高分子へと発展するのに平行して，構造と機能に関する理解は飛躍的に進展した。同じ時期，生体から特定の機能ユニットを分離して，これを精製し，可能な限り単純な実験系で解析するという生化学

的方法の中心を占める技術のひとつが超遠心法である．以下にこの方法の概略と他の代表的なタンパク質などの分離・精製にかかわる生化学的手法を紹介する．

(2) 細胞小器官の超遠心分離・分画法

細胞小器官の生化学的な分析のためには，おのおのの細胞成分の機能や働きを低下させないような条件下で細胞の構造を壊し，種々細胞小器官や巨大分子を分離し，精製するための技術が必要である．このため開発されたのが超遠心分離・分画法である．

ある細胞小器官を細胞から分離するには，まず細胞あるいは組織の機能を低下させない条件の溶媒（浸透圧による破壊を防ぐために等張液，例えば生理的食塩水やスクロース溶液（pH 7.4））に浸しながらWaringブレンダー（図1-5）などを用いて破砕する．

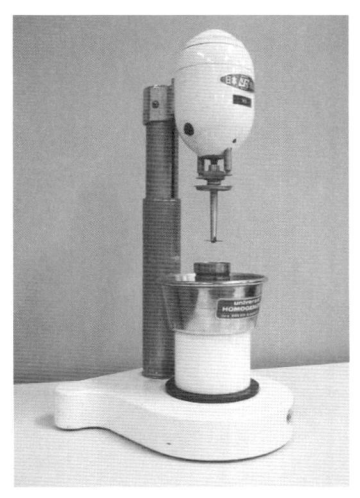
図1-5　Waringブレンダー

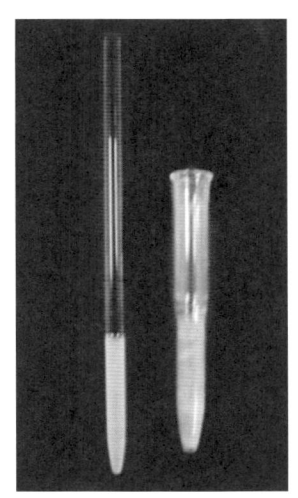
図1-6　ホモジナイザー

次に細胞あるいは組織を上記の抽出液とともに① 超音波，② 浸透圧の変化，③ 強制的に注射針のような小さい穴を通過させたり，④ ガラスホモジナイザー装置，図1-6（厚いガラスの外筒と内径を有する．内筒は細かいすりガラスでできており，この内外筒の隙間をとおるとき試料は細かく均一にすりつぶされる）などですりつぶして，均一なホモジェネート（homogenate，組織の破砕均一化液）あるいは抽出液にすることが必要である．

遠心分離法

得られたホモジェネートを遠心分離機（図1-7）により細胞成分の大きさと密度によって分けることを遠心分離法という．遠心には毎分数千回転から1～2万回転の汎用型分取用遠心機と，毎分数万回転から10万回転程度の超遠心分離機がある．細胞成分培養液から細胞を分離する場合などには低

図1-7 超遠心分離機の内部
図中の遠心操作での一般的な値

図1-8 ローター
（左）アングル型，（右）スイング型

回転の遠心分離機で十分であるが，より小さな細胞小器官を分離するには高速回転の超遠心機が必要になる。遠心分離機に使用されるローターには試料を入れるチューブの空間位置からアングル型，スイング型，バーティカル型などがある（図1-8）。

ホモジネートの入ったチューブをローターにおさめ，低温下・高速で回転して目指す細胞成分を沈降の速さや密度によって分離する。例えば，ある組織や細胞から得られたホモジネートをまず低速遠心分離すると，核や細胞骨格が沈殿に集められ，その上清を中速遠心すると沈殿

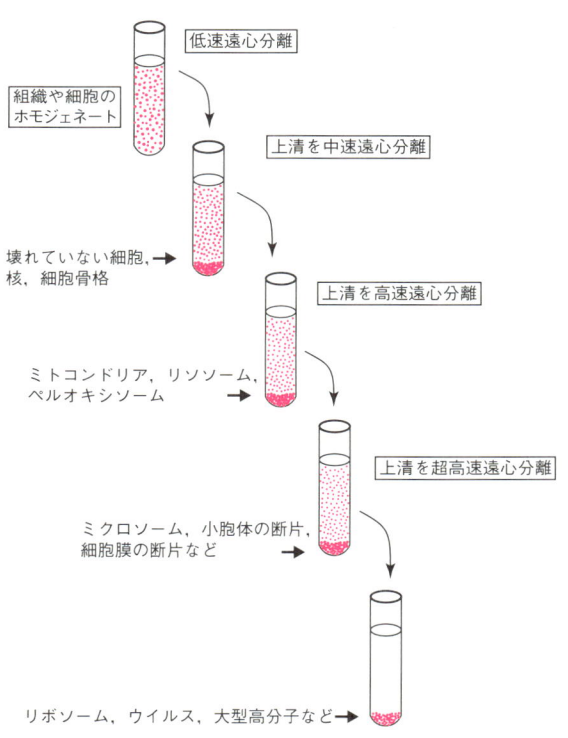

*1
低速：重力の1000倍で10分
中速：重力の2万倍で20分
高速：重力の8万倍で60分
超高速：重力の15万倍で180分

図1-9 超遠心分離機による細胞分画[*1]

にはミトコンドリア，リソソーム，ペルオキシソームなどが集められる。さらにその上清を高速で遠心分離することにより，ミクロソームや小粒子が沈殿し，加えてその上清をさらに超高速で遠心するとリボソーム，ウイルスなどが沈殿してくるというように，回転速度を徐々に上げることにより各細胞成分の分画を得る方法が速度沈降法（velocity sedimentation）と呼ばれるものである（図1-9）。

遠心法には細胞の大きさや形だけでなく，細胞の成分自身の密度と周囲の溶媒濃度との密度が等しい場所に移動する，といった浮遊密度（buoyant density）の違いによる平衡沈降法（equilibrium sedimentation）もよく用いられる。

> カラムクロマトグラフィー

タンパク質や核酸の分画や精製でよく使用されるのは，液体クロマトグラフィー（liquid chromatography）で，溶液中の分子を球状のビーズを詰めたカラム（細長い管）に流して，ビーズの性質により，溶質分子の質量，電荷，結合の大きさなどの違いを利用して分離・精製する方法である。

> ゲル電気泳動

タンパク質は，それ自体の荷電特性により，あるいは界面活性剤により荷電を付加することにより荷電をもつ。そのためタンパク質の溶液に電場をかけると，タンパク質は電荷や分子の大きさや形により異なる速度で移動する。これがゲル電気泳動法（gel electrophoresis）と呼ばれる分離法である。そのなかでも，支持体にポリアクリルアミド（poly acrylamid）のゲルと強力な界面活性剤で，負の荷電をもつドデシル硫酸ナトリウム（sodium dodecyl sulfate, SDS）を組み合わせたSDSポリアクリルアミド電気泳動法が，一般的に使われるようになった。SDS処理したタンパク質はサブユニットに解離[*1]し，長く伸びた構造になる。そして質量に比例したポリペプチドの長さがゲルの中での移動速度の差となり，分子量の異なるタンパク質を分離することが可能になるという原理に基づく。

---

*1 解離（dissociation）：酸，塩基，酵素−基質複合体などの生体高分子などをある構成単位に分けること。

タンパク質の化学

2-1　アミノ酸

(1) アミノ酸の種類と構造

　一般にアミノ基（$-NH_2$）とカルボキシル基（$-COOH$）の両方をもつ化合物をアミノ酸（amino acid）という。生体の構成成分の主体をなすタンパク質（protein）には，約20種類のアミノ酸が多数結合したものである。アミノ酸は基本的にアミノ基とカルボキシル基をおのおの1個以上と，アミノ酸によって異なる側鎖（R）をもつ。アミノ酸の一般的な構造を図2-1に示した[*1]。中央にある炭素原子の周囲に存在する置換基がすべて異なる場合に，この炭素原子を不斉炭素原子（asymmetric carbon atom）[*2] という。またカルボキシル基から数えて

[*1] プロリンを除くアミノ酸に共通。

[*2] キラル炭素原子（chiral carbon atom）ともいう。キラルとはギリシア語の掌（cheiro）に由来する。ある原子を中心に互いに異なる4つの原子/原子団と結合している炭素原子のことをいう。

$$
\begin{array}{c}
COOH \\
H_2N-\overset{|}{C}-H \\
R
\end{array}
$$

図2-1　アミノ酸の一般構造

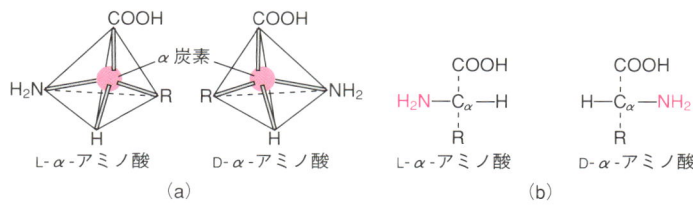

(a) はL型，D型の異性体を示す。
(b) の投影式では太い実線（—）は紙面から前方へ，破線（----）は紙面から後方へでている結合を示す。普通の太さの実線のみで記されている場合でも通常，中心のC_α（カルボキシル基から数えて最初の炭素原子をα位の炭素原子という）の上方または下方にでている結合は紙面の後方に，左右にでている結合は紙面の前方に向かっていることを示す。

図2-2　α-アミノ酸のL型とD型の構造の違い

2 タンパク質の化学

表 2-1 タンパク質中に存在する標準アミノ酸

常用名	略号 3文字	略号 1文字	構造式	等電点[*1]	
脂肪族の側鎖をもつもの					
グリシン (glycine)	Gly	[G]	H-CH(NH₂)-COOH	6.0	
アラニン (alanine)	Ala	[A]	CH₃-CH(NH₂)-COOH	6.0	
バリン (valine)	Val	[V]	(CH₃)₂CH-CH(NH₂)-COOH	6.0	
ロイシン (leucine)	Leu	[L]	(CH₃)₂CH-CH₂-CH(NH₂)-COOH	6.0	
イソロイシン (isoleucine)	Ile	[I]	CH₃-CH₂-CH(CH₃)-CH(NH₂)-COOH	6.0	
芳香環・複素環の側鎖をもつもの					
フェニルアラニン (phenylalanine)	Phe	[F]	C₆H₅-CH₂-CH(NH₂)-COOH	5.5	
チロシン (tyrosine)	Tyr	[Y]	HO-C₆H₄-CH₂-CH(NH₂)-COOH	5.7	10.1
トリプトファン (tryptophan)	Trp	[W]	(indole)-CH₂-CH(NH₂)-COOH	5.9	
硫黄原子を側鎖にもつもの					
システイン (cystein)	Cys	[C]	HS-CH₂-CH(NH₂)-COOH	5.1	10.2
メチオニン (methionine)	Met	[M]	CH₃-S-CH₂-CH₂-CH(NH₂)-COOH	5.7	
水酸基を側鎖にもつもの					
セリン (serine)	Ser	[S]	HO-CH₂-CH(NH₂)-COOH	5.7	
トレオニン (threonine)	Thr	[T]	CH₃-CH(OH)-CH(NH₂)-COOH	6.2	
酸やアミドを側鎖にもつもの					
アスパラギン酸 (aspartic acid)	Asp	[D]	HOOC-CH₂-CH(NH₂)-COOH	2.8	3.7
アスパラギン (asparagine)	Asn	[N]	H₂N-CO-CH₂-CH(NH₂)-COOH	5.4	
グルタミン酸 (glutamic acid)	Glu	[E]	HOOC-CH₂-CH₂-CH(NH₂)-COOH	3.2	4.3
グルタミン (glutamine)	Gln	[Q]	H₂N-CO-CH₂-CH₂-CH(NH₂)-COOH	5.7	
塩基を側鎖にもつもの					
アルギニン (arginine)	Arg	[R]	H₂N-C(=NH)-NH-CH₂-CH₂-CH₂-CH(NH₂)-COOH	10.8	12.5
リシン (lysine)	Lys	[K]	H₂N-CH₂-CH₂-CH₂-CH₂-CH(NH₂)-COOH	9.7	10.5
ヒスチジン (histidine)	His	[H]	(imidazole)-CH₂-CH(NH₂)-COOH	7.6	6.0
イミノ酸					
プロリン[*2] (proline)	Pro	[P]	(pyrrolidine)-COOH	6.3	

[*1] 等電点 (isoelectric point, pI) とはタンパク質などの両性電解質の正味の荷重が 0 になる pH をいう。タンパク質では電気泳動移動度は 0 となり，溶解度，安定性，結合性などの特性が等電点付近で著しく変化する。

[*2] 一般にはイミノ酸に分類されているが，タンパク質化学や栄養生化学の領域では環状アミノ酸として扱う。しかし，ピロリジン環内に C－NH－C，すなわち二級アミンの形で N が入っているので厳密にはイミノ酸でもない。

α位の炭素にアミノ基が結合している場合に，この炭素をα炭素（α-carbon）という。アミノ酸のなかで，グリシンはRが水素原子（H）であるので不斉炭素原子をもたないが，それ以外のアミノ酸はすべて不斉炭素原子をもっている。このようなアミノ酸をα-アミノ酸という。アミノ酸は立体的にL型とD型とがあり（図2-2），自然界に存在するアミノ酸はすべてL型である[*1]。

アミノ酸は側鎖のR基の違いにより分類できる。脂肪族，芳香環・複素環，硫黄原子，水酸基，酸やアミド，塩基などを側鎖にもつものとイミノ酸[*2]とに分類される。自然界に存在するアミノ酸の常用名と構造を表2-1に示す[*3]。アミノ酸の名前を省略するときに用いる略号は三文字略号と一文字略号とがある。

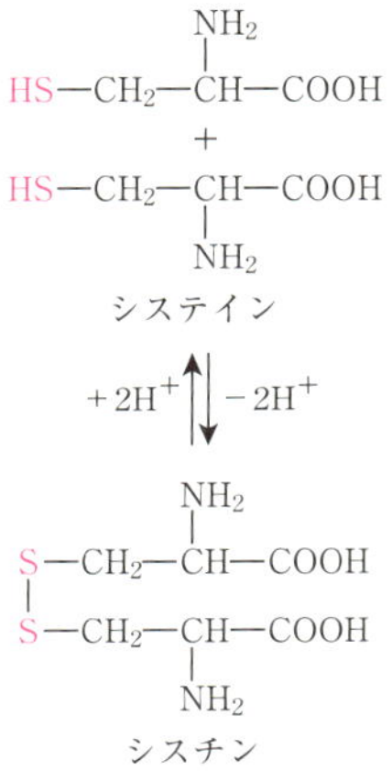

（2）アミノ酸の化学的性質

両性電解質

アミノ酸は，分子中のα炭素原子がアミノ基とカルボキシル基という二種類の解離基と結合している。さらに側鎖に解離性の置換基をもつ場合もある。アミノ酸は弱電解質であるので，水溶性の性質を示す。中性付近の水溶液中では，アミノ酸に含まれるα-アミノ基は正（$-NH_3^+$）に，α-カルボキシル基は負（$-COO^-$）に荷電する。このようにひとつの分子の中で同時に正と負の性質を示すイオンを両性イオン（amphoteric ion）または双極子イオン（dipolar ion）という（図2-3）。水溶液の状態で，酸およびアルカリ両方の性質を示す物質を両性電解質（ampholyte）という。

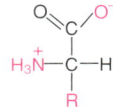

図2-3　両性イオンとしてのα-アミノ酸

アミノ酸が溶解している水溶液をさらに酸性にすると，カルボキシルイオンに溶液中の水素イオンが結合しカルボキシル基となる。このアミノ酸はアミノイオンだけの性質を示し，陽イオンだけをもつ。逆に水溶液を塩基性にすると，アミノイオンから水素イオンが解離してアミノ基となり，負の性質をもつようになる（図2-4）。イオン化する側鎖の荷電は，アミノ酸が溶解している溶液のpH，すなわち水素イオン濃度で決定される。

$$HOOC-\underset{R}{CH}-NH_3^+ \underset{+H^+}{\overset{-H^+}{\rightleftharpoons}} {^-OOC}-\underset{R}{CH}-NH_3^+ \underset{+H^+}{\overset{-H^+}{\rightleftharpoons}} {^-OOC}-\underset{R}{CH}-NH_2$$

酸性pH　　　　　中性pH　　　　　アルカリ性pH

図2-4　アミノ酸の解離

[*1] 合成品はD型とL型の混合物である。

[*2] アミノ酸のなかで，アミノ基（$-NH_2$）のかわりにイミノ基（$>NH$）が置換基であるものをいう。プロリンが該当する。p.17，表2-1，*2を参照。

[*3] システイン（cysteine）2分子が脱水素結合したものをシスチン（cystine）という。生体内ではシステインとシスチンは，周囲の条件によって酸化還元し簡単に変換できる。

$$HS-CH_2-\underset{NH_2}{CH}-COOH$$
$$+$$
$$HS-CH_2-\underset{NH_2}{CH}-COOH$$

システイン

$$+2H^+ \rightleftharpoons -2H^+$$

$$S-CH_2-\underset{NH_2}{CH}-COOH$$
$$|$$
$$S-CH_2-\underset{NH_2}{CH}-COOH$$

シスチン

等電点

溶液の水素イオン濃度は pH であらわし，次のように定義される。

$$pH = -\log[H^+]$$

一般にアミノ酸の解離基は酸として次のように表される。

$$HA \rightleftharpoons H^+ + A^-$$

プロトン［H^+］との親和性の強さを示す指標として次の式を用いる。

$$pK_a = -\log K_a$$

したがって，

$$K_a（解離定数）= [H^+][A^-]/[HA] \quad (1)$$

すべての α-アミノ酸は α 炭素原子に結合するアミノ基の pK_a（pH 9.5 付近）とカルボキシル基の pK_a（pH 2.2 付近）の両者をもつ。さらに R にアミノ基やカルボキシル基などの解離性側鎖をもっているアミノ酸（アスパラギン酸，グルタミン酸，アルギニン，リシン，アスパラギン，グルタミンなど）には解離側鎖に基づく pK_a がある。なお pK_a は，pH の低い方から pK_{a1}，pK_{a2}，pK_{a3} と呼ぶ。式（1）より次のようになる。

$$pH = pK_a + \log[A^-]/[HA] \quad (2)$$

アミノ酸は両性電解質の性質をもつ。アミノ基とカルボキシル基以外に側鎖にも解離性の置換基をもつ場合がある。水溶液中でアミノ酸が解離して示す pH を等電点という。アミノ酸の構造のなかに酸性を示すアミノ基が 2 個*1 あれば，そのアミノ酸は酸性側に 2 つの等電点をもつ。逆に塩基性側に 2 個のカルボキシル基*1 をもつ場合は，塩基性側に 2 つの等電点を示す（表 2-1）。

アミノ酸の定性

ニンヒドリン（ninhydrin）液をアミノ酸液とともに加熱すると特有の紫色*2 を示す。この反応をニンヒドリン反応（図 2-5）*3 という。イミノ酸を除くすべてのアミノ酸に鋭敏に反応するのでアミノ酸の定性に用いられる。

$$2 \begin{array}{c}\text{ニンヒドリン}\end{array} + \begin{array}{c}NH_2 \\ R-CH-COOH \\ \text{アミノ酸}\end{array} \longrightarrow \begin{array}{c}\text{紫色化合物}^{*2}\end{array} + R \cdot CHO + CO_2 + 3H_2O$$

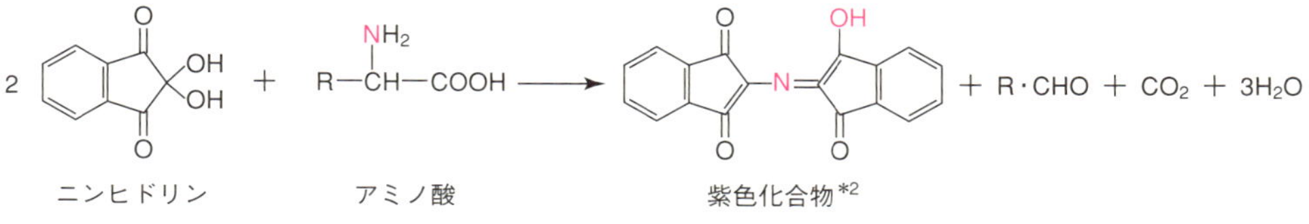

図 2-5 ニンヒドリン反応

*1 主に R にあるアミノ基（$-NH_2$）やカルボキシル基（$-COOH$）である。アスパラギンやグルタミンは R にもアミノ基があるので，アミノ基を 2 個もっている。アスパラギン酸やグルタミン酸は R にカルボキシル基があるので，カルボキシル基を 2 個もっている。

*2 この色調はニンヒドリンパープル（ninhydrin purple）といわれる。

*3 図 2-5 からわかるように，ニンヒドリン反応の結果生成する紫色化合物には，アミノ酸のアミノ基の窒素のみが残っている。したがって，ニンヒドリン反応は NH_3 でもおこる。イミノ酸（プロリン）の場合ニンヒドリン反応はおきない。

（3）ペプチド

ペプチド結合

アミノ酸が結合する場合は，隣り合ったアミノ酸残基のアミノ基とカルボキシル基とが互いに脱水結合する。一般に脱水結合のことを縮合という。この

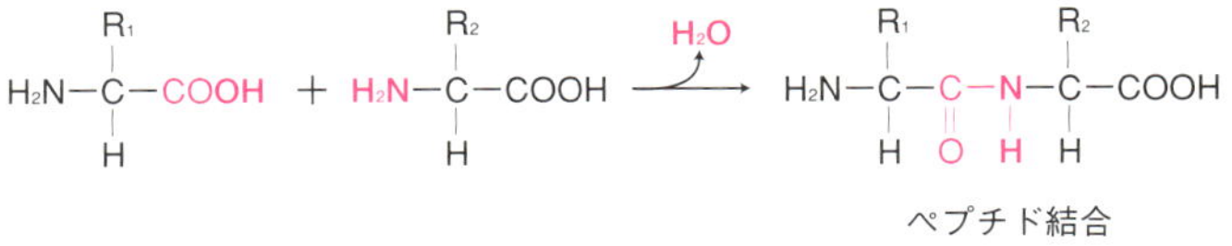

$$\text{H}_2\text{N}-\underset{\text{H}}{\overset{\text{R}_1}{\text{C}}}-\text{COOH} + \text{H}_2\text{N}-\underset{\text{H}}{\overset{\text{R}_2}{\text{C}}}-\text{COOH} \xrightarrow{\text{H}_2\text{O}} \text{H}_2\text{N}-\underset{\text{H}}{\overset{\text{R}_1}{\text{C}}}-\underset{\text{H}}{\overset{\text{O}}{\text{C}}}-\underset{}{\text{N}}-\underset{\text{H}}{\overset{\text{R}_2}{\text{C}}}-\text{COOH}$$

ペプチド結合

図2-6　ペプチド結合

ようなアミノ酸とアミノ酸の結合様式をペプチド結合（peptide bond）という（図2-6）。一般に遊離のアミノ基をもつアミノ酸をペプチド鎖の左側に示し，N末端アミノ酸残基と呼び，これに対して遊離のカルボキシル基をもつアミノ酸を右側に示し，C末端アミノ酸残基という。ペプチド結合したアミノ酸に番号をつける場合には，N末端アミノ酸側からC末端アミノ酸の方に向かって番号をつける（図2-8）。

ペプチドの種類　アミノ酸が2分子結合したペプチドをジペプチド（dipeptide），3分子結合した場合はトリペプチド（tripeptide）という。一般に結合したアミノ酸の数が10未満の場合，これをオリゴペプチド（oligopeptide）といい，それ以上のペプチドをポリペプチド（polypeptide）という。アミノ酸が約50以上結合したポリペプチドをタンパク質（protein）という。生体にはペプチドホルモン[*1]をはじめとして，さまざまなペプチドが生理的な作用を担当している。

*1　p. 136，8-5参照。ホルモンはその構造からペプチドホルモン，ステロイドホルモンなどに分類される。ペプチドホルモンには成長ホルモン，副腎皮質刺激ホルモン（ACTH），プロラクチン，オキシトシン，バソプレッシン，甲状腺ホルモン，インスリン，グルカゴン，ガストリン，コレシストキニン，セクレチンなどがある。

2-2　タンパク質

（1）タンパク質の分類

タンパク質を分類するには，その機能や構造と関連づけて種々の分類方法がある。タンパク質は酵素やホルモンとして働いているほか，筋肉の収縮や免疫抗体，生体の構造物質など重要な役割をもっている。タンパク質の生理的機能からの分類を表2-2に示す。

表2-2　タンパク質の生理的機能に基づく分類

分　類	例
酵素タンパク質	アミラーゼ，マルターゼ，スクラーゼなど
輸送タンパク質	ヘモグロビン，血清アルブミン，リポタンパク質
収縮タンパク質	アクチン，ミオシン，チューブリン
調節タンパク質	ペプチド性ホルモン，転写因子，ホルモン受容体
防御タンパク質	免疫グロブリン，フィブリノーゲン，毒素タンパク質
貯蔵タンパク質	フェリチン，卵白アルブミン，カゼイン
構造タンパク質	コラーゲン，フィブロイン，ケラチン

アミノ酸だけから構成されるアルブミン（albumin）やグロブリン（globulin）などのタンパク質を単純タンパク質（simple protein）とい

表2-3 複合タンパク質

名　称	種類と所在など
糖タンパク質	ムチン（唾液），オボムコイド（卵白），アビジン（卵白），コンドロムコイド（軟骨），オセオムコイド（骨），コラーゲン（軟骨）
リポタンパク質	リポプロテイン（血漿），リポビテリン，リポビテレニン（卵黄）
リンタンパク質	カゼイン（乳），ビテリン（卵黄），ホスビチン（卵黄）
色素タンパク質	ヘモグロビン（赤血球），ミオグロビン（筋肉），ロドプシン（網膜），シトクロムcオキシダーゼ（ミトコンドリア），ペルオキシダーゼ（細胞）
金属タンパク質	トランスフェリン（鉄含有），アルコールデヒドロゲナーゼ（亜鉛含有），ピルビン酸カルボキシラーゼ（マンガン含有），アスコルビン酸オキシダーゼ，セルロプラスミン，チロシナーゼ（銅含有）
核タンパク質	デオキシリボ核タンパク質（DNP），リボ核タンパク質（RNP）

う。タンパク質のなかには，アミノ酸以外の成分を含んでいるものもあり，これを複合タンパク質（conjugated protein）という（表2-3）。

タンパク質は鎖長全体の立体構造の形から，全体が丸い球状タンパク質と細長い繊維状タンパク質に分類される。これらはタンパク質の外側に水溶性のアミノ酸残基をだし，難溶性の部分はタンパク質の立体構造の内側に折りたたまれている。

(2) タンパク質の構造決定

タンパク質の精製　一般に生体成分や食品に含まれるタンパク質は他の成分と混在している。タンパク質の構造や性質を研究するためには，まず特定のタンパク質だけをできるだけ純粋に取りだす必要がある。これをタンパク質の精製といい，各種の方法がある。

① タンパク質の水溶液に高濃度の塩を加えると，タンパク質の溶解度が減少し沈殿する。このような性質を利用してタンパク質を分画する方法を塩析（salting out）といい，溶解度の差を利用してタンパク質を分けるときに用いる。この分画には塩として硫酸アンモニウム（$(NH_4)_2SO_4$，硫安ともいう）を用いるので，硫安分画法という。

② タンパク質の分子の大きさの違いを利用して精製する方法は，ゲルろ過クロマトグラフィー（gel-filtlation chromatography）と呼ばれる。

③ 高速液体クロマトグラフィー（high-performance liquid chromatography, HPLC）は，高密度に充填したカラムにタンパク質を含むサンプルを吸着させ，高圧で溶出液を流して分離する方法である。

④ イオン交換クロマトグラフィー（ion-exchange chromatography）は，陰イオン交換樹脂や陽イオン交換樹脂を担体としてカラムに充填しタンパク質をこれに結合させ，溶出液の塩濃度を徐々に上昇させて分離溶出させる方法である。

⑤ アフィニティークロマトグラフィー（affinity choromatography）は，目的とするタンパク質とカラム担体分子の特異的な相互作用を利用して分離する方法である。

⑥ 電気泳動（electrophoresis）は，タンパク質を電場の中で移動させ，その移動度の違いで分離する方法である。

このようなさまざまな方法を何段階も用い，目的とするタンパク質を分離精製する。

| アミノ酸組成 |

精製したタンパク質を加水分解し，そのなかにあるアミノ酸組成を調べることをアミノ酸分析という。一般に 6M 塩酸を使ってタンパク質を分解する，酸加水分解の方法を用いる。タンパク質の N 末端にフェニルイソチオシアネート（phenyl isothiocyanate, PITC）を結合させ，N 末端のアミノ酸を切り離して決定する Edman 分解法（Edman degradation）は有効な方法である（図 2-7）。これを繰り返すことによって，タンパク質のアミノ酸配列[*1]を解明できる。

*1 タンパク質を構成するアミノ酸の並ぶ順序を示したもの。これをタンパク質の一次構造という。p.23 参照。

*2 Edman 試薬。

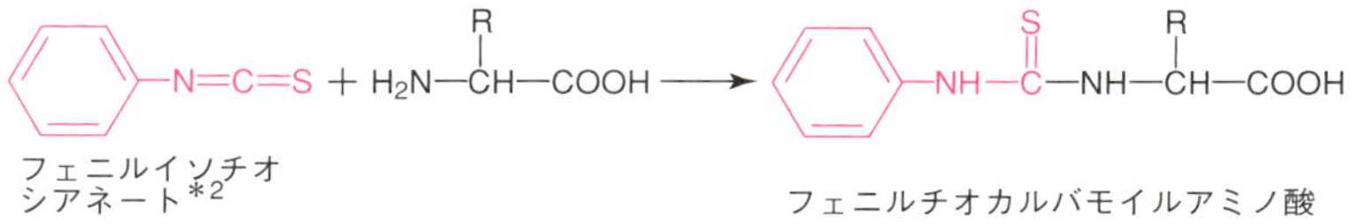

図 2-7 Edman 分解法

アミノ酸をフェニルイソチオシアネート（PITC）と反応させると，アミノ酸の α-アミノ基は PITC と反応し，フェニルチオカルバモイルアミノ酸（PTC アミノ酸）を生じる。

タンパク質の特異的な部位を分解する酵素を使ってタンパク質をペプチドに切断する方法も用いられる。プロテアーゼ（protease）はタンパク質のペプチド結合を切断してペプチドにする酵素である。トリプシン（trypsin）はリシンおよびアルギニンのカルボキシル側のペプチド結合を切断する酵素である。キモトリプシン（chymotrypsin）はフェニルアラニン，チロシン，トリプトファンなどの芳香族や疎水性の大きい側鎖をもつアミノ酸残基のカルボニル側のペプチド結合を切断する。このようなタンパク質の特異的な部位を切断する酵素を使ってタンパク質をペプチドにする。おのおののペプチドのアミノ酸の結合順序を決定したのち，タンパク質全体のアミノ酸の結合順序を決定する方法もある。

(3) タンパク質の高次構造

タンパク質は多数のアミノ酸がペプチド結合で連結した高分子である。生体内のタンパク質は DNA のもつ遺伝情報にしたがって生合成されるので，アミノ酸の並ぶ順序は各種のタンパク質に固有である。アミノ酸の配列順序が決まると，おのおののタンパク質の示す立体的な構造も決まってくる。タンパク質の高次構造には，一次構造，二次構造，三

次構造，四次構造がある。

一次構造　タンパク質を構成するアミノ酸の配列順序をアミノ酸配列（amino acid sequence）という。タンパク質のアミノ酸配列[*1]を表わしたものをタンパク質の一次構造（primary structure）と呼ぶ。生体内のタンパク質はDNAのもつ情報にしたがってアミノ酸残基を結合してつくられるので，あるタンパク質の一次構造は常に一定である。1953年にSangerはウシインスリンの構造を決定した。これはタンパク質の一次構造を解明した最初の研究である[*2]。

図2-8にヒトインスリンの一次構造を示す。A鎖，B鎖の間には2本のジスルフィド結合（S-S結合）[*3]があり，さらにA鎖のなかに1本のジスルフィド結合がある。Sangerの研究以後，同じような方法を用いてさまざまなタンパク質の一次構造が解明された。同一のタンパク質の一次構造は近縁の生物ほど極めて近いアミノ酸配列を示すので，これを比較することによって生物間の進化の過程を推測することができる。これを使ってシトクロムcなどのタンパク質の系統樹[*4]がつくられている。

*1　アミノ酸どうしはペプチド結合というアミドの連鎖によってつながれている。

*2　世界で初めてタンパク質の一次構造を解明した研究である。タンパク質の一次構造を決定する方法を開発し，その後のタンパク質研究の発端となった研究である。この功績によって，サンガー（F. Sanger）は1958年ノーベル化学賞を受賞した。まずウシインスリンをA鎖とB鎖に分けた。蛍光をもつ1-フルオロ2,4-ジニトロベンゼン（Sanger試薬）をペプチドのN末端に結合させたのち，ペプチドのN末端のアミノ酸を切断しアミノ酸の同定を行う。この方法を繰り返しウシインスリンの一次構造を決定した。

*3　2分子のシステインのSH残基が脱水素結合したもの。p. 18，*3参照。

*4　同一のタンパク質の一次構造を比較することによって，進化の相関関係を明らかにすることができる。これは進化に伴ってアミノ酸の置換がおこってきたと考えられるからである。シトクロムcはあらゆる好気性生物に存在するので，生物間の一次構造を比較しやすい。ヒトとチンパンジーのシトクロムcは同じ一次構造であることから，進化の面では近い関係であることがわかる。同様に植物のシトクロムcは互いによく似た一次構造をしている。近縁の生物はアミノ酸の置換が少なく類似の一次構造をしている。アミノ酸の置換数が多ければ進化の上では離れた関係であることがわかる。このようにどの生物にも広く存在するタンパク質の一次構造を例にとり，アミノ酸の置換数から生物の近縁の関係を表したものが系統樹である。

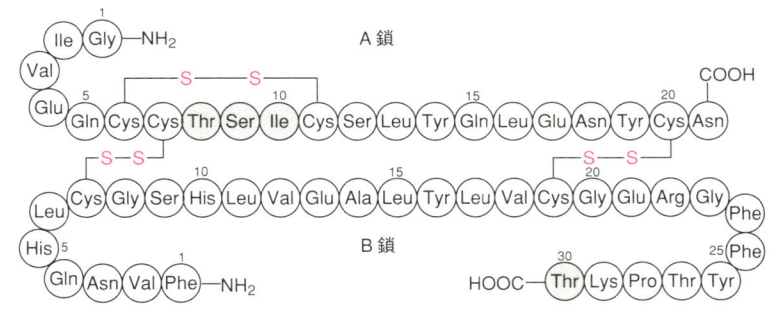

図2-8　ヒトインスリンの一次構造
A鎖のN末端アミノ酸残基から数えて8～10番目のアミノ酸の種類とB鎖の30番目のC末端アミノ酸の種類が，動物によって異なる。

二次構造　高分子であるタンパク質は平面で表わされる構造ではなく，三次元の立体的な構造をしている。タンパク質の中で部分的な立体構造に着目すると，規則的なくり返し構造がある。これを規則構造という。αヘリックス（α-helix）は，アミノ酸3.6残基で右巻きに1回転するらせん構造をもち，同じペプチド鎖のカルボニル基の酸素とアミド基の水素が水素結合することで立体的な構造を保っている。β構造は隣り合ったポリペプチド鎖のカルボニル基の酸素とアミド基の水素の間に水素結合が形成される規則構造のほかに，それぞれ立体構造が異なる不規則な構造があり，これを不規則構造と呼ぶ。このようなタンパク質の部分に見られる立体構造を二次構造

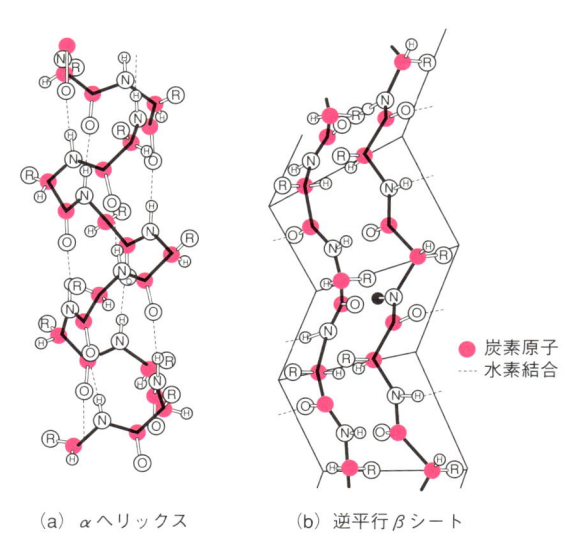

(a) αヘリックス　　(b) 逆平行βシート

● 炭素原子
--- 水素結合

図 2-9　αヘリックスとβシート

αヘリックスは3.6残基で1回転する右巻き（時計回り）のらせん構造になっている。同一ペプチド鎖内の >C＝O カルボニル基の酸素と >NH アミド基の水素の間に規則的な水素結合ができ，このため構造が安定する。βシートはペプチド鎖が何本か並んで，隣り合ったペプチド鎖の >C＝O と >NH の間で水素結合をつくっている。

という。同じタンパク質はアミノ酸配列が同一になるので，まったく同じ二次構造を示す。図 2-9 に規則構造であるαヘリックスとβシート（β-sheet）を示した。

三次構造　三次構造は1本のタンパク質鎖全体の立体的な構造を示す。図 2-10 に Kendrew と Perutz [*1] が研究したミオグロビンの三次構造を示す。ミオグロビンは全体が丸い球状タンパク質構造となっている。αヘリックスが多く全体の約75％を占める。図 2-10(b) でタンパク質鎖がコイル状になっている部分がαヘリックスである。ミオグロビンは1本のタンパク質鎖のなかに鉄を含むヘム[*2]があり，この鉄に酸素が結合する。ミオグロビンは筋肉に酸素を供給する役目をしている。ヘムの鉄に酸素が結合したり，解離したりする。このためヘムは極めて重要である。三次構造はおのおののタンパク質に固有で，同一の一次構造をもつタンパク質は同じ三次構造になる。

タンパク質鎖のなかのシステイン残基どうしが結合するジスルフィド結合（S-S 結合）[*3]，水素結合[*4]，van der Waals 力[*5]，疎水性効果などによって，タンパク質の中に固有の立体的な折れ曲がりができる。これが三次構造である。コンパクトに折りたたまれ，全体の形が丸い球状を示すものと，細長い繊維状を示すものとがある。前者を球状タンパク質，後者を繊維状タンパク質という。水に溶けやすいイオンを外側にだして折りたたまれた立体的な構造をとっているので，水溶性の性質を示

[*1] John C. Kendrew と Max Perutz はミオグロビン，ヘモグロビンの立体構造と機能の研究で 1962 年ノーベル化学賞を受賞した。

[*2] heme, ピロール環4個からなり，中心にある Fe に酸素を結合する。

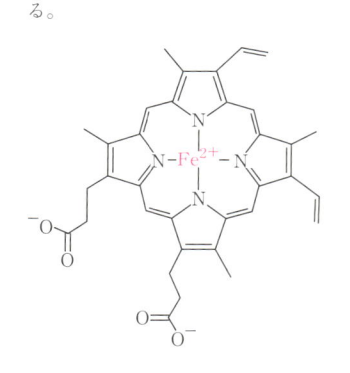

[*3] disulfide bond, 2分子のシステインの SH 基が脱水素結合したもの。

[*4] hydrogen bond, 距離的に近い水素原子と水素原子が弱い結合力をもつ。タンパク質の内部やタンパク質の間，DNA の二重らせん構造などに見られる。

[*5] van der Waals 力は非極性基間の結合で疎水結合である。

1	2	3	4	5	6	7	8	9	10	11	12	13	14	15	16	17	18	19	20	21	22	23	24	25	26	27	28	29	30
Val	Leu	Ser	Glu	Gly	Glu	Trp	Gln	Leu	Val	Leu	His	Val	Trp	Ala	Lys	Val	Glu	Ala	Asp	Val	Ala	Gly	His	Gly	Gln	Asp	Ile	Leu	Ile
31	32	33	34	35	36	37	38	39	40	41	42	43	44	45	46	47	48	49	50	51	52	53	54	55	56	57	58	59	60	61
Arg	Leu	Phe	Lys	Ser	His	Pro	Glu	Thr	Leu	Glu	Lys	Phe	Asp	Arg	Phe	Lys	His	Leu	Lys	Thr	Glu	Ala	Glu	Met	Lys	Ala	Ser	Glu	Asp	Leu
62	63	64	65	66	67	68	69	70	71	72	73	74	75	76	77	78	79	80	81	82	83	84	85	86	87	88	89	90	91	92
Lys	Lys	His	Gly	Val	Thr	Val	Leu	Thr	Ala	Leu	Gly	Ala	Ile	Leu	Lys	Lys	Lys	Gly	His	His	Glu	Ala	Glu	Leu	Lys	Pro	Leu	Ala	Gln	Ser
93	94	95	96	97	98	99	100	101	102	103	104	105	106	107	108	109	110	111	112	113	114	115	116	117	118	119	120	121	122	123
His	Ala	Thr	Lys	His	Lys	Ile	Pro	Ile	Lys	Tyr	Leu	Glu	Phe	Ile	Ser	Glu	Ala	Ile	Ile	His	Val	Leu	His	Ser	Arg	His	Pro	Gly	Asp	Phe
124	125	126	127	128	129	130	131	132	133	134	135	136	137	138	139	140	141	142	143	144	145	146	147	148	149	150	151	152	153
Gly	Ala	Asp	Ala	Gln	Gly	Ala	Met	Asn	Lys	Ala	Leu	Glu	Leu	Phe	Arg	Lys	Asp	Ile	Ala	Ala	Lys	Tyr	Lys	Glu	Leu	Gly	Tyr	Gln	Gly

(a)

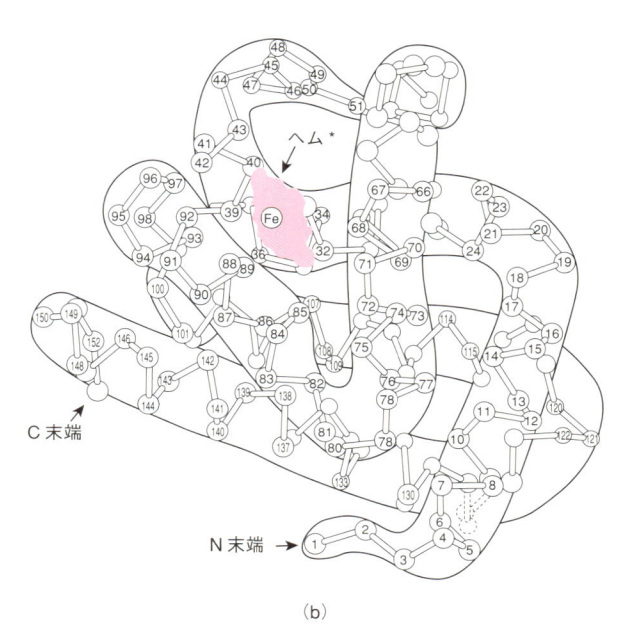

(b)

図2-10 マッコウクジラミオグロビンの一次構造(a)と三次構造(b)(Dickerson・Geis)
ヘム鉄は93番目のヒスチジンと配位結合し，ミオグロビンの二次構造の約75％はαヘリックスである。

す。一次構造が同じであれば，二次構造，三次構造も同一になる。

四次構造　タンパク質のなかには何本ものペプチド鎖から構成されているものもある。このような場合はペプチド鎖は偶数個集合している。四次構造はペプチド鎖が何本か集合して機能を表わす場合，タンパク質全体の立体構造が関与する。1本のペプチド鎖をサブユニットという。ヘモグロビンはミオグロビンと同じくその立体構造はKendrewとPerutzによって解明された。ヘモグロビンは1分子がペプチド鎖4本からなる四量体である（図2-11）。α鎖2本，β鎖2本からなるので，これを$\alpha_2\beta_2$と表現する。おのおののペプチド鎖のなかにヘム（heme）が存在している。呼吸によって肺胞に入った酸素は毛細血管に移動し，赤血球のヘモグロビンに結合する。4ヶ所のヘム鉄にそれぞれ酸素が結合し酸素ヘモグロビン（オキシヘモグロビン）となる。末梢の血管では細胞に酸素を供給するため酸素ヘモグロビンの酸素が解離し，還元ヘモグロビン（デオキシヘモグロビン）

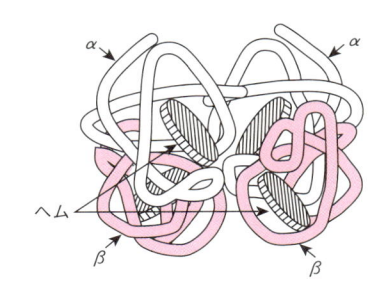

図2-11 ヘモグロビンの四次構造（Cole・Eastos）
ヘモグロビン分子は4個のポリペプチドからなり，おのおののペプチド鎖がヘムをとり囲んでいる。

となる*1。酸素ヘモグロビンと還元ヘモグロビンでは，そのコンフォメーション*2 が異なる。

(4) タンパク質の性質

タンパク質の一般的性質

タンパク質はアミノ酸から構成されているので，両性電解質であり，水溶性である。アルコール，エーテル，アセトンなどの有機溶媒には溶けにくい。タンパク質の水溶液に有機溶媒を加えると，溶解度が減少して沈殿してくる。タンパク質溶液は波長280 nm付近に特有の吸収を示すので，この吸収はタンパク質の定性や定量に用いられる。タンパク質の定量には硫酸銅を用いたビウレット反応*3 が一般的である。この反応はアルカリ性の条件下で540～550 nmに特有の紫青色を呈する。

タンパク質の変性と再生

熱，酸，尿素やドデシル硫酸ナトリウム*4 などの薬物や溶液の塩濃度などの変化によって，タンパク質に固有の立体構造が破壊され，それぞれのタンパク質に特有な折りたたまれたコンパクトな構造がほどけることがある。立体構造の破壊に伴い，タンパク質のもっている生物活性も失われることが多い。このような現象をタンパク質の変性*5 という。タンパク質溶液の変性は加えられた物理的あるいは化学的条件によって，タンパク質の立体構造を維持している水素結合やジスルフィド結合などが破壊されるためにおこる現象である。いったん変性がおきても，変性の程度が軽ければ条件によってはもとの立体構造にもどることができる場合もある。これを再生*6 という。図2-12にリボヌクレアーゼAの変性と再生を示した。リボヌクレアーゼAは尿素と2-メルカプトエタノール*7 の添加条件によって変性や再生がおきる。

酵素や抗体の特異的な働き

生体内のタンパク質には酵素や抗体などのように特有な働きをするものがある。酵素は生体内反応の触媒として働いているタンパク質である。酵素にはタンパク質だけからなるものもあるが，タンパク質以外の物質がその構

---

*1　$H_b + O_2 \rightleftarrows H_bO_2$

*2　還元ヘモグロビンは酸素が結合しやすいようにペプチド鎖が互いに少し離れたルーズな構造をとっている。酸素ヘモグロビンは2本のβ鎖が接近した密な立体構造になる。

*3　biuret reaction，硫酸銅の銅とタンパク質の窒素がキレートをつくる。アミノ酸が2個以上ペプチド結合しているときの反応。タンパク質の分子量が大きいと紫青色，小さいと赤紫色に呈色する。タンパク質のほか，トリペプチド以上のポリペプチドでも呈色する。

*4　sodium dodecyl sulfate. 略してSDSともいう。p.15 参照。

*5　denaturation

*6　renaturation。もとの高次構造や生物活性が回復することをいう。

*7　2-mercaptoethanol。省略して2MEともいう。

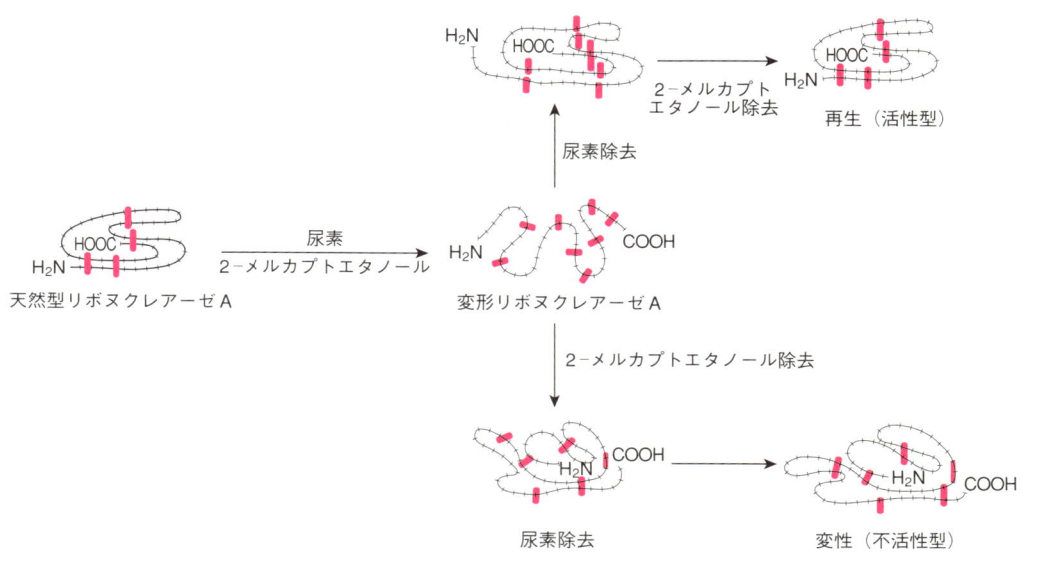

図 2-12　リボヌクレアーゼ A の変性と再生

天然型リボヌクレアーゼ A を尿素と 2-メルカプトエタノール（2 ME）で処理すると，タンパク質のジスルフィド結合[*1]が還元して離れ，立体構造がくずれる。この変形リボヌクレアーゼ A は可逆的で，この後の処理によりもとの立体構造にもどり，リボヌクレアーゼ A の活性をもつことができる。これを再生という。

造の中に含まれるものもある。例えば，セレンはグルタチオンペルオキシダーゼの構成成分になっている。酵素が働きかける材料を基質（substrate）という。酵素と基質の構造とは鍵と鍵穴の関係といわれ，立体的に合致する。これを基質特異性（substrate specificity）という。基質に酵素が働いて生成するものを生成物（product）と呼ぶ。酵素反応がおこるときには，温度と pH が重要である。

生体内に異物が侵入すると抗原として認識し，抗原に対抗するタンパク質が生体内でつくられる。このタンパク質を免疫グロブリン[*2]といい，抗体となる。抗体は抗原に対して特異的に働く。この反応を抗原抗体反応（antigen antibody reaction）という。生体内で抗体をつくる働きを免疫（immunity）と呼ぶ。

[*1] 2 分子のシステインの—SH が脱水素結合したもの。p. 18 *3 参照。

[*2] 免疫グロブリン（immuno globulin, Ig）には IgG, IgM, IgA, IgD, IgE の 5 種類が知られている。食物アレルギーのときに働くのは IgE である。IgE の機能は石坂公茂・照子夫妻らによって明らかにされた。p. 176, 表 10-5 参照。

3 酵素

　生物が生命活動を維持していくためにはさまざまな栄養素の代謝，すなわち化学反応が不可欠である。酵素（enzyme）は，この化学反応を進める"触媒"として機能するタンパク質である。酵素は生命活動の直接の担い手，ということもできる。

3-1　酵素の特性

（1）酵素反応

　生体内の代謝は，多数の化学反応で構成される。化学反応は一般に図3-1に示すように，①反応物どうしが衝突し，②活性錯合体（active complex）を形成し，③生成物ができる，という段階を経て進行する。反応物から活性錯合体が形成されるためには，エネルギー（活性化エネルギー）が反応系に加えられ，反応系の自由エネルギーが上昇すること

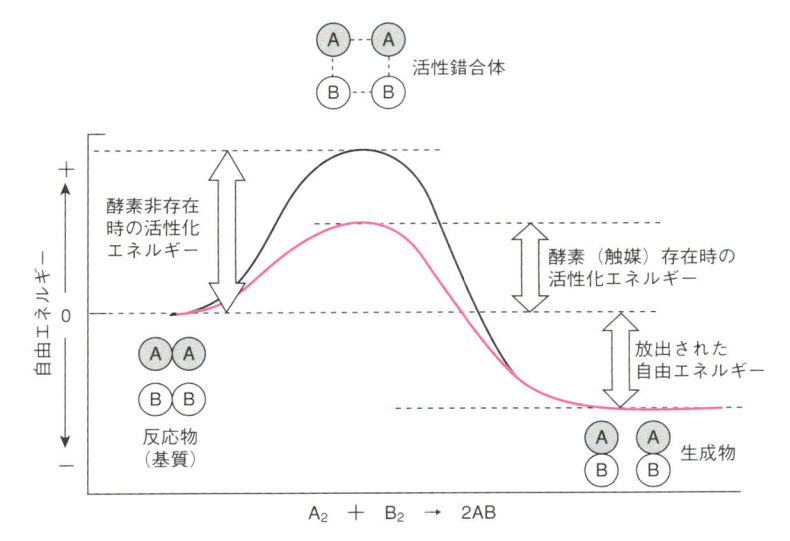

図3-1　化学反応における酵素（触媒）の作用

が必要である。しかし，酵素などの触媒が反応系に加わると，より小さい活性化エネルギーで活性錯合体が形成され，無触媒時よりも速やかに反応が進行する。

酵素反応は，通常以下のような反応式で示される。

E（酵素）＋ S（基質）⇌ ES（酵素-基質複合体）⟶ E ＋ P（生成物）

酵素が結合し作用できる物質を基質（substrate）という。酵素はまず基質と結合して酵素-基質複合体（enzyme-substrate complex）を形成する。この段階で，基質は活性錯合体を形成していることになる。次に，これが生成物（product）に変換され，生成物が酵素から離れる。このような反応過程が繰り返しおこるが，この反応の前後で酵素自体は変化がおこらない。

(2) 酵素の基質特異性

酵素の結合できる基質の種類は，酵素ごとに極めて厳格に限定されており，特定の構造の化合物（および一部の類縁物質）にだけ作用することができる（図3-2）。この性質を，酵素の基質特異性という。

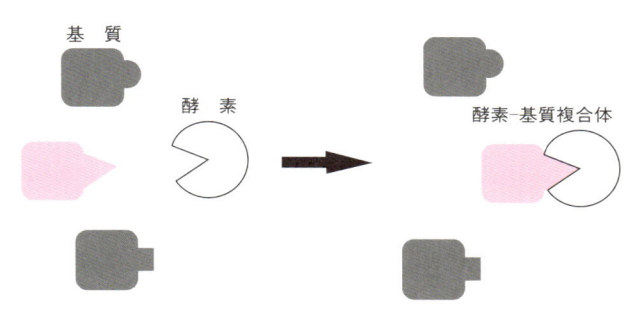

図3-2 酵素の基質特異性

(3) 酵素の最適温度・最適pH

一般に化学反応は温度が高いほど速やかに進行するが，酵素反応はある一定温度（最適温度）で最も反応速度が大きくなり，それ以上に温度が上昇すると活性は低下する（図3-3(a)）。これはある程度以上の温度では，酵素タンパク質の立体構造に変化がおこる（熱変性する）ためである。最適温度はそれぞれの酵素により異なり，人体に含まれる多くの酵素のように体温（37℃）付近を最適温度とするものもあれば，好熱細菌の酵素のように最適温度が70℃以上のものも知られている。

また，酵素反応はpHの影響を大きく受け，それぞれの酵素ごとに最適のpHがある（図3-3(b)）。これもpH変化が酵素タンパク質の立体構造に影響を及ぼすためである。

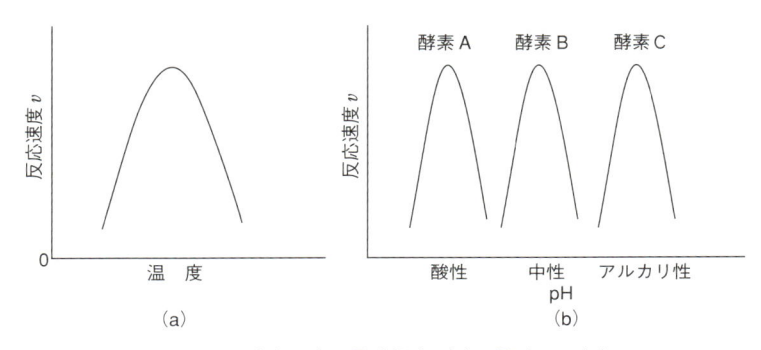

図3-3 酵素反応の最適温度（a）・最適pH（b）

（4）酵素活性と基質濃度

酵素活性の大きさは，一般的に単位時間当たりの生成物のできる量で示される。これを酵素の反応速度という。酵素の反応速度（v）は酵素の濃度（$[E]$）が一定の場合，基質濃度（$[S]$）の上昇に比例して増大するが，基質濃度がある程度以上になると次第に頭打ちになり，ついには一定になる（最大速度；V_{max}），という現象がみられる。この関係を式に示すと，以下のようになる。

$$v = \frac{V_{max} \cdot [S]}{K_m + [S]}$$

この式をMichaelis-Mentenの式という。式中のK_mはMichaelis定数といい，V_{max}の1/2の速度をもたらす$[S]$である。vと$[S]$の関係をグラフに表すと図3-4のようになる[*1]。K_mはそれぞれの酵素に固有の数値であり，酵素と基質の親和性を示し，値が小さいほど親和性が高い。すなわち，少しの$[S]$の変化でvが大きく変化することを意味する[*2]。

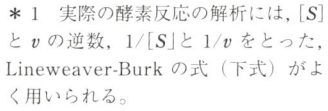

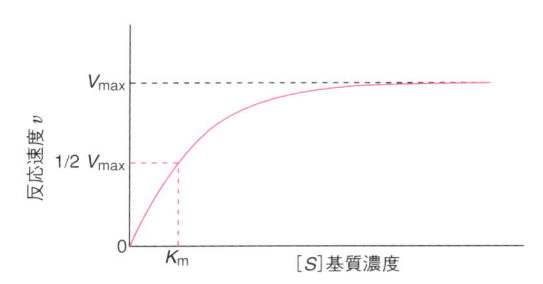

図3-4 酵素反応における基質濃度と反応速度の関係
（Michaelis曲線）

（5）補因子

酵素が機能するためには，酵素タンパク質以外の低分子物質が必要とされる場合がしばしばみられる。これらの低分子物質のことを補因子（補助因子）という。補因子には金属イオンと低分子の有機化合物とが

---

*1　実際の酵素反応の解析には，$[S]$とvの逆数，$1/[S]$と$1/v$をとった，Lineweaver-Burkの式（下式）がよく用いられる。

$$\frac{1}{v} = \frac{K_m}{V_{max} \cdot [S]} + \frac{1}{V_{max}}$$

この式に基づいてグラフにプロットすると，基質濃度と反応速度の関係は直線関係になり（下記の図），それぞれの座標軸の切片からV_{max}とK_mが容易に求められる（Michaelis曲線ではかなり高濃度の基質濃度に達しないとV_{max}が決定できないことに注意）。

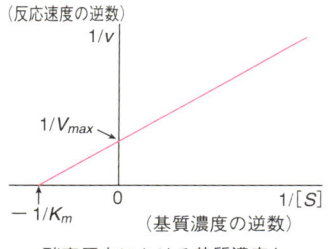

酵素反応における基質濃度と反応速度の関係
Lineweaver-Burkのプロット。酵素活性の基質濃度依存性表示式，K_m，V_{max}を求めるためのプロット。

*2　生体内では，多くの酵素の基質となる分子の濃度はおおむねK_m以下である。したがって，K_mの小さい酵素ほど，生体分子のわずかな濃度変化で反応速度が大きく変わるので，迅速な代謝調節に貢献できることになる。

あり，後者のうち，酵素タンパク質と非共有結合でゆるい結合をして作用を発揮するものを補酵素，また酵素タンパク質と共有結合で堅固に結合しているものを補欠分子族という（図3-5）。

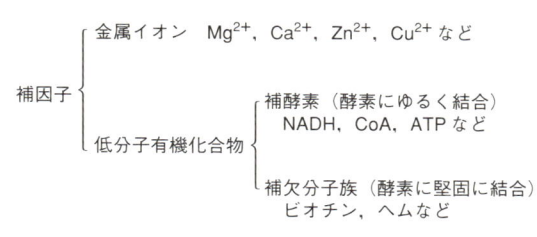

```
         ┌ 金属イオン  Mg²⁺, Ca²⁺, Zn²⁺, Cu²⁺ など
         │
補因子 ─┤              ┌ 補酵素（酵素にゆるく結合）
         │              │    NADH, CoA, ATP など
         └ 低分子有機化合物
                        │
                        └ 補欠分子族（酵素に堅固に結合）
                             ビオチン，ヘム など
```

図3-5　補因子の分類

代表的な補酵素を以下に示す[*1]。

表3-1　主な補酵素の構造と機能

(1) チアミンニリン酸（thiamin diphosphate; TDP），
　　チアミンピロリン酸（thiamin pytophosphate; TPP）ともいう。

チアミンニリン酸（TDP）

〔作用の例〕ピルビン酸，α-ケトグルタル酸の酸化的脱炭酸反応の補酵素として働く。

(2) フラビンアデニンジヌクレオチド（flavin adenine dinucleotide; FAD）

フラビンアデニンジヌクレオチド（FAD）

酸化型（FAD）　⇌（+2H / −2H）　還元型（FADH₂）

〔作用の例〕各種デヒドロゲナーゼやオキシダーゼなどの酸化還元反応の補酵素（水素（電子）受容体になる）として働く。

(3) ピリドキサル5'-リン酸（pyridoxal 5'-phosphate; PLP）

ピリドキサル5'-リン酸（PLP）

〔作用の例〕アミノ基転移酵素やアミノ酸の脱炭酸の補酵素。体内でトリプトファンからナイアシンの生合成にも必須。

[*1]　表3-1に示した以外には以下のような補酵素がある。
・ビオシチン（biocytin）：カルボキシル化反応の補酵素
　以下の3つはいずれもメチル基転移反応の補酵素である。
・テトラヒドロ葉酸（tetrahydrofolic acid）
・アデノシルコバラミン（adenosylcobalamin）
・S-アデノシルメチオニン（S-adenosylmethionine, AdoMet）

[*2]　還元部位。

(4) ニコチンアミドアデニンジヌクレオチド（nicotinamide adenine dinucleotide; NAD$^+$）およびニコチンアミドアデニンジヌクレオチドリン酸（nicotinamide adenine dinucleotide phosphate; NADP$^+$）

ニコチンアミドアデニンジヌクレオチド（NAD$^+$）

ニコチンアミドアデニンジヌクレオチドリン酸（NADP$^+$）

NAD$^+$ または NADP$^+$（酸化型）　　NADH または NADPH（還元型）

＊N の電荷の変化に注意（電子をひとつ獲得している）

〔作用の例〕デヒドロゲナーゼによる酸化還元反応の補酵素（水素（電子）受容体になる）として働く。

(5) コエンザイム A（coenzyme A; CoA あるいは化学反応式などでは HS・CoA と記す）

D-パントイン酸　β-アラニン　　　　　　反応基

ピロリン酸　　パントテン酸　　2-アミノエチルメルカプタン（システアミン）

パンテテイン

アデノシン 3'-リン酸

コエンザイム A

〔作用の例〕アシル化・アセチル化反応の補酵素として働く。

(6) リポ酸（α-lipoic acid）

$$\underset{\underset{S\!-\!S}{}}{\overset{8}{CH_2}\!-\!\overset{7}{CH_2}\!-\!\overset{6}{CH}\!\cdot\!\overset{5}{CH_2}\!\cdot\!\overset{4}{CH_2}\!\cdot\!\overset{3}{CH_2}\!\cdot\!\overset{2}{CH_2}\!\cdot\!\overset{1}{COOH}}$$

$+2H \updownarrow -2H$

$$\underset{\underset{SH\ \ \ SH}{}}{\overset{8}{CH_2}\!-\!\overset{7}{CH_2}\!-\!\overset{6}{CH}\!\cdot\!\overset{5}{CH_2}\!\cdot\!\overset{4}{CH_2}\!\cdot\!\overset{3}{CH_2}\!\cdot\!\overset{2}{CH_2}\!\cdot\!\overset{1}{COOH}}$$

ジヒドロリポ酸（dihydrolipoic acid）

〔作用の例〕α-ケト酸の酸化的脱炭酸反応の補酵素として働く。

(7) コエンザイム Q（coenzyme Q; CoQ$_{10}$, ユビキノン-10 ; ubiquinone; UQ）＊1

〔作用の例〕電子伝達系の補酵素（水素（電子）受容体になる）として働く。

＊1　CoQ$_{10}$ の還元型をユビキノール-10 という。酸化型をユビキノン-10 という。ユビキノン-10 の C-1 位および C-4 位の =O が，それぞれ -OH になったものがユビキノール-10 である。

3-2 酵素の分類と酵素反応

（1）酵素の名称と分類

酵素の名称は，通常，その酵素の触媒する反応名または基質名に"−ase"を付けたものが用いられる。名称には系統名（その酵素の触媒する反応に基づく正確な表現）と推奨名（従来の名称を基本にした慣用的な表現）があり，一般には推奨名が使われる場合が多い。例として，乳酸脱水素酵素の系統名と推奨名を示すと以下のようになる。系統名：L-lactate：NAD^+ oxidoreductase，推奨名：lactate dehydrogenase（LDH）

酵素はその触媒する反応の種類により分類される。IUBMB（国際生化学分子生物学連合）の分類では，全ての酵素を以下の6群に大別している。

表3-2 酵素の分類

群	分類名
1	酸化還元酵素（オキシドレダクターゼ；oxidoreductase）
2	転移酵素（トランスフェラーゼ；transferase）
3	加水分解酵素（ヒドロラーゼ；hydrolase）
4	脱離酵素（リアーゼ；lyase）
5	異性化酵素（イソメラーゼ；isomerase）
6	合成酵素（リガーゼ；ligase）

さらにこの分類では，それぞれの酵素に4組からなる固有の番号（酵素番号；EC番号）が与えられている。例えば上述の乳酸脱水素酵素の酵素番号はEC1.1.1.27 [*1]となる。この数字のうち，最初の数字が6群のどれに分類されるかを示すものである。

（2）各酵素群の反応様式

上述の酵素の6群について，代表的な反応例をひとつずつ挙げると，次のようになる。

1群：酸化還元酵素

酸化還元反応，すなわち，ある分子の電子（水素原子）を他の分子へ移す酵素である。脱水素酵素はこの分類に含まれる。例として乳酸脱水素酵素（lactate dehydregenase）の反応を示す。オキシダーゼ（oxidase），ペルオキシダーゼ（peroxidase），オキシゲナーゼ（oxygenase），レダクターゼ（reductase）などの名称をもつ酵素はこの群に分類される。電子（水素原子）の受容や供与には，$NADH+H^+$や$FADH_2$などの補酵素が関与する場合が多い。

[*1] それぞれの番号の意味は以下のとおりである。
1：6群の分類の群番号…第一分類。
1：第一分類の中で反応の種類・反応の部位を示す（この場合，−CHOHが水素供与体であることを示す）。…第二分類。
1：第二分類の小分類（この場合，NADが水素受容体であることを示す）。…第三分類。
27：第三分類のなかの通し番号。

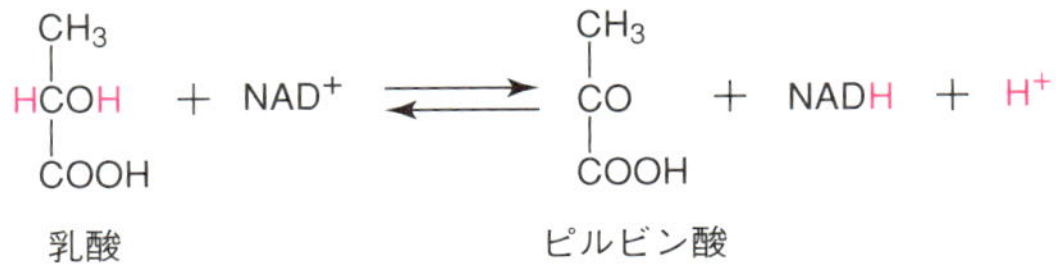

$$\underset{\text{乳酸}}{\underset{|}{\overset{CH_3}{\underset{COOH}{HCOH}}}} + NAD^+ \rightleftharpoons \underset{\text{ピルビン酸}}{\underset{|}{\overset{CH_3}{\underset{COOH}{CO}}}} + NADH + H^+$$

図3-5　乳酸脱水素酵素の反応

2群：転移酵素

ある分子の基（官能基）を別な分子に転移させる酵素である。例としてアミノ酸代謝の重要な酵素であるアミノ基転移酵素（aminotransferase）を示す。その他，キナーゼ（kinase），ホスホリラーゼ（phospholyase）などがこの群に分類される。ピリドキサルリン酸（PLP）などの補酵素が反応に必要とされる場合も多い。

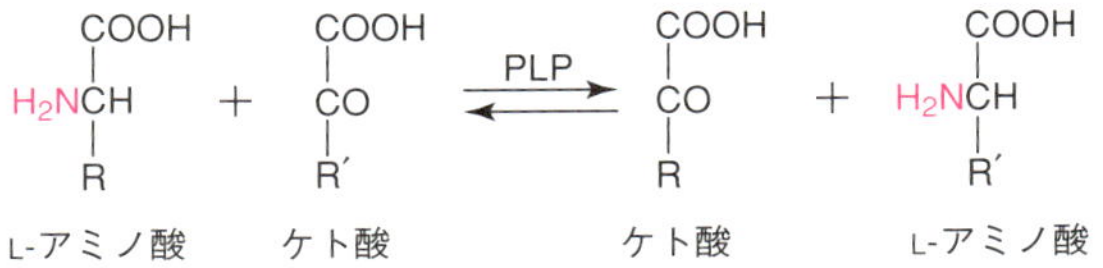

$$\underset{\text{L-アミノ酸}}{\overset{COOH}{\underset{R}{H_2NCH}}} + \underset{\text{ケト酸}}{\overset{COOH}{\underset{R'}{CO}}} \underset{}{\overset{PLP}{\rightleftharpoons}} \underset{\text{ケト酸}}{\overset{COOH}{\underset{R}{CO}}} + \underset{\text{L-アミノ酸}}{\overset{COOH}{\underset{R'}{H_2NCH}}}$$

図3-6　アミノ基転移酵素の反応

3群：加水分解酵素

加水分解反応を触媒する酵素であり，通常は補酵素は必要とされず，逆反応は別経路で行われる場合が多い。例としてジペプチドを加水分解するジペプチダーゼ（dipeptidase）の反応例を示す。グリコシダーゼ（glycosidase），ヌクレアーゼ（nuclease），いわゆる消化酵素群はこの群の分類になる。

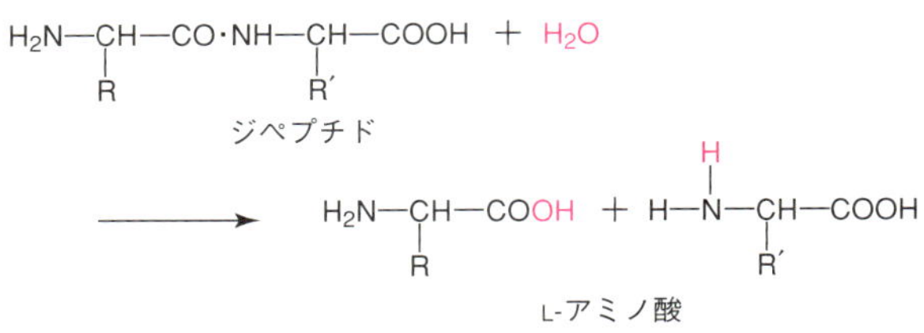

$$\underset{\text{ジペプチド}}{H_2N\text{-}\underset{R}{CH}\text{-}CO\cdot NH\text{-}\underset{R'}{CH}\text{-}COOH} + H_2O$$

$$\longrightarrow H_2N\text{-}\underset{R}{CH}\text{-}COOH + H\text{-}\underset{R'}{\overset{H}{N}}\text{-}CH\text{-}COOH$$
　　　　　　　　　　　　　　　　L-アミノ酸

図3-7　ジペプチダーゼの反応

4群：脱離酵素

基質から加水分解や酸化を伴なわないで，ある基を脱離させ，二重結合を残す反応を触媒する酵素である。通常は逆反応も触媒し，この場合は二重結合への付加反応となる。このような作用からみて，この群の酵素は"除去付加酵素"ともいわれる。例として，ピルビン酸デカルボキシラーゼ（pyruvate decarboxylase）の反応を示す。デアミナーゼ（deaminase），アルドラーゼ（aldolase），シンターゼ（synthase）などがこの群に分類される。多くの酵素は反応に補酵素を必要とする。

図3-8 ピルビン酸デカルボキシラーゼの反応

5群：異性化酵素

異性体間の変換を触媒する酵素である。例として解糖系の酵素であるトリオースリン酸イソメラーゼ（triosephosphate isomerase, p.82参照）を示す。ラセマーゼ（racemase），ムターゼ（mutase），エピメラーゼ（epimerase）などの酵素がこの群に分類される。

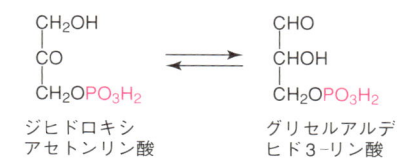

図3-9 トリオースリン酸イソメラーゼの反応

6群：合成酵素

2つの分子を結合させる反応を触媒する酵素であり，反応の際にATPなどの分解を伴なう。シンターゼ（synthase），カルボキシラーゼ（carboxylase）などの酵素がこの群に分類される。例として脂肪酸代謝に関わるアシルCoAシンターゼ（acyl-CoA synthase, 脂肪酸：CoAリガーゼ；fatty acid：CoA ligase）の反応を示す。

R·COOH + ATP + HS·CoA ⟶ R·CO〜S·CoA + AMP + PPi
脂肪酸　　　　　コエンザイムA　　　アシルCoA　　　　ピロリン酸

図3-10 アシルCoAシンターゼの反応[*1]

*1 従来はATPの消費を伴う合成反応の酵素名としてシンテターゼ（synthetase）がシンターゼ（synthase）と厳密に区別して用いられたが，現在はシンテターゼは推奨されていない用語。

(3) アイソザイム

同一の反応を触媒する異なる酵素タンパク質群が数種存在する場合，これらの酵素をアイソザイム（isozyme）と呼ぶ。アイソザイムには，それぞれの酵素が全く別々なタンパク質である場合と構成するサブユニットが異なる場合とがある。このためアイソザイムどうしではK_mが異なったり，基質特異性にいくらか違いがみられることがある。

例としてヘキソキナーゼ（hexokinase）のアイソザイムの種類とK_mの違いを表3-3に示す。

$C_6H_{12}O_6$ + ATP
（ヘキソース）
⟶ $C_6H_{11}O_6-PO_3H_2$ + ADP
（ヘキソース6-リン酸）

表 3-3 ヘキソキナーゼアイソザイムの分類

アイソザイムの種類	グルコースに対する K_m (M)
I型	$2～9 \times 10^{-5}$
II型	$1.4～2.5 \times 10^{-4}$
III型	5×10^{-6}
IV型	$1～2 \times 10^{-2}$*

*IV型はとくにグルコースに対する K_m が高いため，グルコキナーゼ（glucokinase）として，別に扱われる。

3-3 酵素反応の阻害機構

ある物質は酵素の特定部位に結合し，その活性を低下させる。これを酵素反応の阻害といい，その作用のある物質を阻害物質（inhibitor）という。阻害には，一次的な阻害である可逆的阻害と永続的な不可逆的阻害とがある。活性阻害機構にはさまざまな様式があるが，代表的なものに，競合阻害と非競合阻害とがある。

（1）競合阻害

競争阻害あるいは拮抗阻害ともいう。基質と類似した構造をもつ阻害物質が，酵素の基質結合部位（活性部位）を基質と奪い合うことによっておこる阻害である（図3-11）。

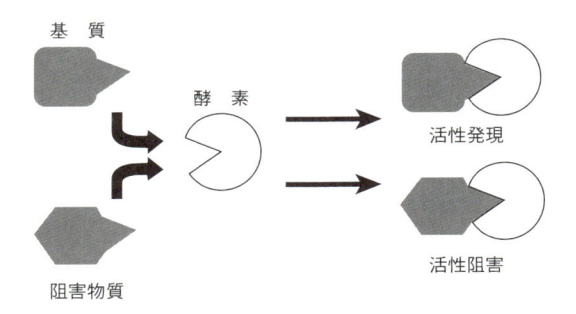

図 3-11 酵素の競合阻害

基質の酵素との結合部位と似た構造をもつ物質（阻害物質）は基質同様に酵素と結合できる。そのため，基質と阻害物質が酵素を奪い合うことになる。

具体例としては，コハク酸脱水素酵素（succinate dehydrogenase）に対する競合阻害物質としてのマロン酸やオキサロ酢酸が挙げられる。

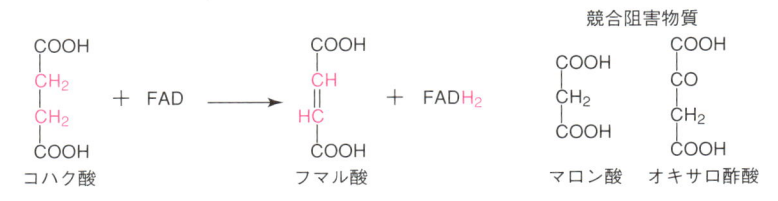

図 3-12 コハク酸脱水素酵素の反応と競合阻害物質

この阻害による反応速度の変化は，通常の酵素反応において基質濃度が減少した場合に相当する。

(2) 非競合阻害

非競争阻害あるいは非拮抗阻害ともいう。阻害物質が酵素の基質結合部位以外の部分に結合することにより，酵素の立体構造が変化し，本来の基質との結合が妨げられておこる阻害である（図3-13）。この阻害による反応速度の変化は，通常の酵素反応において酵素濃度が減少した場合に相当する。

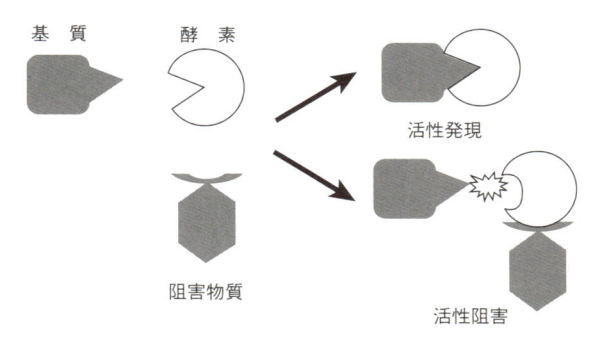

図 3-13　酵素の非競合阻害
阻害物質は酵素の基質結合部位以外の部分に結合する。その結果，酵素の立体構造が変化して，基質と結合できなくなる。

3-4　酵素の代謝調節

(1) 律速酵素による代謝速度の調節

生体機能を維持していくためには，さまざまな代謝系を効率よく稼動させる必要がある。すなわち，代謝される基質濃度の変化やさまざまな生体内シグナルの伝達などに応じ，代謝速度を調節する必要がある。代謝系は多数の酵素反応が複合して行われるが，それら全体の速度は，特定の酵素反応の段階で行われるのが普通である。例を挙げると，解糖（p. 82, 図6-2）は全部で10段階あるいは11段階の反応から構成されるが，反応速度の調節に関与する酵素は，ヘキソキナーゼ，ホスホフルクトキナーゼおよびピルビン酸キナーゼの3種類である。また，コレステロール合成経路（p. 119, 図7-15）の場合は3-ヒドロキシ3-メチルグルタリル CoA レダクターゼ（HMG-CoA reductase）が調節段階となる。このように，代謝速度の調節に関わる反応段階の酵素を律速酵素（rate-limiting enzyme，または調節酵素）という。律速酵素の活性の調節は，アロステリック効果（allosteric effect）または化学修飾（chemical modification）によってなされる。

| アロステリック効果 |

酵素の基質結合部位以外の場所に低分子の化合物（エフェクター分子，effector molecular）が非共有結合で相互作用することをアロステリック効果といい，酵素の立体構造が可逆的に変化し，活性が変化する現象である。エフェクター分子としては種々の代謝産物が作用する場合が多い。例を挙げると，解糖のヘキソキナーゼに対しては，反応生成物のグルコース 6-リン酸が阻害作用を有する。

| 化学修飾による調節 |

この調節機構で代表的なものは，タンパク質のリン酸化による調節である。リン酸化とは，他の酵素（キナーゼ）の作用により，酵素タンパク質のセリンやトレオニンなどの側鎖の水酸基にリン酸基が転移し，リン酸エステル結合を形成することをいう。リン酸基の酵素タンパク質への結合あるいは解離により，酵素タンパク質の立体構造に変化が生じ，その酵素の活性化あるいは不活性化が切り替えられる。すなわち，タンパク質のリン酸化は活性発現のためのスイッチの ON/OFF の意味をもつことになる。例を表 3-4 に示す。

表 3-4　リン酸化により調節される酵素の例

酵素	活性型	不（低）活性型
ピルビン酸デヒドロゲナーゼ	リン酸化	脱リン酸化
グリコーゲンシンターゼ	脱リン酸化	リン酸化
ホルモン感受性リパーゼ	リン酸化	脱リン酸化

(2) フィードバック調節

一連の代謝反応系において，反応系の最終産物が過剰に産生された場合，その生成物が反応系の初発段階の酵素の働きを阻害することで，生成物自体の生成量を低下させるような調節方法をフィードバック調節（feedback regulation）[*1] という。反応経路が途中で分岐する場合には分岐直後の酵素が阻害の標的になることもある（図 3-14）。多くの場合に阻害はアロステリック効果による。いずれの場合も抑制的な調節であり，これらをとくに負のフィードバックともいう。

*1　フィードバック制御ともいう。

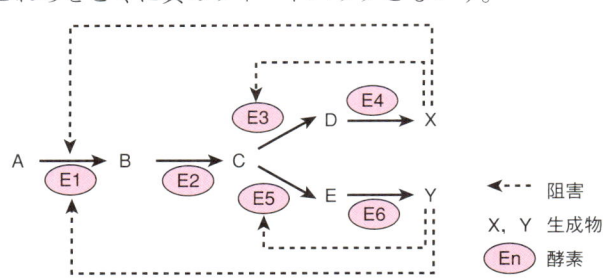

図 3-14　フィードバック阻害の様式

一連の反応系の最終生成物である X，Y が反応系の初発酵素 E1 を阻害することで X，Y 自身の生成を抑制する。X が反応系の分岐直後の酵素 E3 を阻害することで，Y の生成を妨げずに，X 自身の生成を抑制するパターンもある。

4

炭水化物と脂質の化学

4-1 炭水化物

　炭水化物（carbohydrate）は体内での含量が体重のわずか 0.5％ほどであるが，エネルギー源として大切な役割を担っている。最近ではタンパク質や脂質に結合した形の複合糖質の糖鎖が細胞間の認識にかかわることが明らかになり，糖質（saccharide）のエネルギー源以外での重要性も認識されている。炭水化物は炭素，水素，酸素の3原子からなる多価アルコールのカルボニル化合物[*1]およびその誘導体や重合体を指す。$C_n(H_2O)_m$の組成式で表されるものが多く，炭水化物の名前の由来でもある。窒素，リン，硫黄を含むものもある。

[*1] カルボニル基（>C=O）を分子内にもつ化合物。

（1）炭水化物の分類

　炭水化物は単糖（monosaccharide），オリゴ糖（oligosaccharide），多糖（polysaccharide）に分類される（表4-1）。単糖は炭水化物を構成する最小単位であり，オリゴ糖や多糖の酸や酵素での加水分解でも得られる。

表4-1　自然界にある主な炭水化物

単 糖	ペントース	リボース，キシロース，アラビノース
	ヘキソース	グルコース，フルクトース，マンノース，ガラクトース
単糖誘導体	アミノ糖	グルコサミン，ガラクトサミン，N-アセチルグルコサミン
	デオキシ糖	2-デオキシリボース，フコース
	ウロン酸	グルクロン酸，ガラクツロン酸
	糖アルコール	ソルビトール，マンニトール
オリゴ糖	二 糖	マルトース，スクロース，ラクトース
	三 糖	ラフィノース
	四 糖	スタキオース
多 糖	ホモ多糖	デンプン，グリコーゲン，セルロース
	ヘテロ多糖	コンニャクマンナン，ヘミセルロース，グリコサミノグリカン

*1 p.89, ペントースリン酸側路の代謝中間体, セドヘプツロース（C_7化合物）。

*2 炭水化物と糖質
　生化学分野では炭水化物と糖質はほとんど同義で用いられるが, 栄養学分野では炭水化物を食物繊維と糖質に分けて用いることが多い。この場合, 消化酵素で分解され吸収される利用可能な炭水化物を糖質といっている。

*3 これら2つのトリオースは体内での糖質代謝の中間体として重要である。

*4 原子模型を組み立ててみると分かるが, グリセルアルデヒドの不斉炭素原子からでている4本の結合手は正四面体の4つの角のように立体的に配置している。これを平面（紙の上）で表わすには不斉炭素の2本の結合手が紙面手前の左右に, 残りの2本の結合手が紙面背後の上下に位置するように分子を置いて紙面に投影する。糖質の構造では炭素鎖を上下に, さらに酸化末端（アルデヒド基など）を上方に書くのが普通である（Fischerの投影式）。

　最も簡単な単糖は炭素原子を3個をもつトリオース（triose）である。さらに炭素原子の数でテトロース（tetrose）, ペントース（pentose）, ヘキソース（hexose）, ヘプトース（heptose）*1 などに分類される。単糖にはアミノ糖やデオキシ糖などの誘導体がある。

　オリゴ糖は単糖が2～10個程度結合した糖である。甘味料として用いられるスクロースのように, 単糖が2つ結合した二糖が一般的である。多糖は単糖が多数結合した長い鎖で, デンプン, グリコーゲン, セルロースなど重要なものが多い。

(2) 糖質*2 の一般的構造と化学的性質

糖の鎖状構造

アルドースとケトース　単糖の炭素原子は互いに単結合で結合し, しかも枝分かれしていない。炭素原子のひとつは酸素原子と二重結合してカルボニル基を形成し, 他の炭素原子はそれぞれ1個の水酸基と結合している。カルボニル基がアルデヒド基（－CHO）の場合はその単糖をアルドース（aldose）, ケト基（＞C＝O）の場合はケトース（ketose）という。先の炭素原子の数と一緒にしてアルドヘキソース, ケトヘキソースなどと呼ぶ。単糖で最も炭素数の少ないトリオースでは, グリセルアルデヒドがアルドトリオース, ジヒドロキシアセトンがケトトリオースである（図4-1）*3。重要な単糖であるグルコース, マンノース, ガラクトースはアルドヘキソース, フルクトースはケトヘキソースである。

グリセルアルデヒド　ジヒドロキシアセトン
（アルドトリオース）　（ケトトリオース）

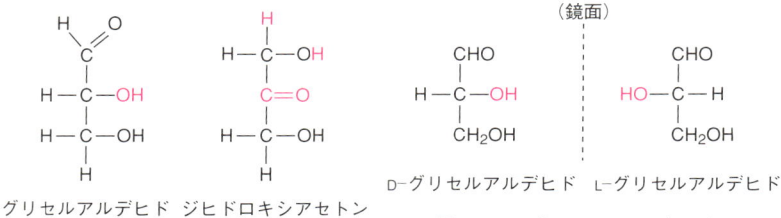

図4-1　2つのトリオース

D-グリセルアルデヒド　L-グリセルアルデヒド

図4-2　グリセルアルデヒドの
2つの光学異性体
（Fischerの投影式）

D型とL型　図4-1でグリセルアルデヒドの真ん中（2番目）の炭素に注目すると, この炭素は4本の結合手すべてに異なる配位基をもつ不斉炭素原子である。そのためグリセルアルデヒドの構造を鏡に映すと実像と鏡像のように2種の光学異性体が存在する。右旋性を示すものをD-グリセルアルデヒド, 左旋性を示すものをL-グリセルアルデヒドと呼んでいる（図4-2）*4。グリセルアルデヒドは糖質の光学異性体表示の基準となっている。

　炭素を4個以上もつ単糖では, 不斉炭素原子がn個あれば2^n個の異性体をもつ。例えば, グルコースの属する炭素6個のアルドヘキソー

スは，4 個の不斉炭素原子をもつので，$2^4 = 16$ 個の異性体がある。これらのうち，アルデヒド基から一番遠い不斉炭素原子の立体配置が図 4-2 の D-グリセルアルデヒドと同じ場合（右側に水酸基がある）を実際の旋光性に関係なく D 型，L-グリセルアルデヒドと同じ場合（左側に水酸基がある）を L 型とする*1。16 個の異性体のうち 8 個が D 型，8 個が L 型である。代表的なアルドヘキソースを図 4-3 に示した。

*1　自然界にある糖は D 型が多いが，アラビノース（ペントース），フコース（デオキシ糖）などは L 型で存在する。

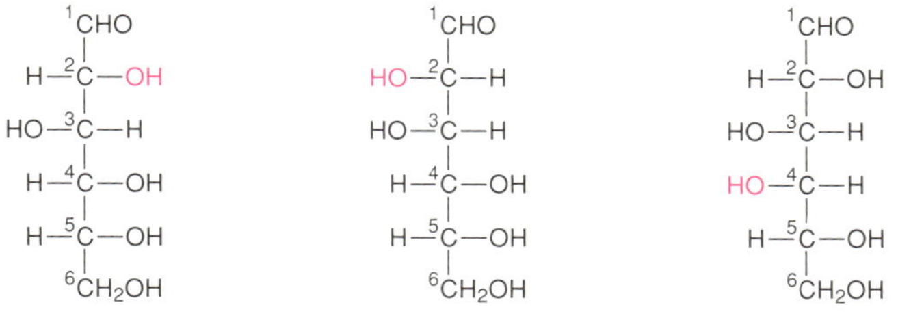

D-グルコース　　D-マンノース　　D-ガラクトース

図 4-3　代表的なアルドヘキソース*2

*2　Fischer の投影式。

2 つの糖でひとつの炭素原子の立体配置だけが異なるものをエピマー（epimers）という。例えば，図 4-3 の D-グルコースと D-マンノースは C-2 位*3 の立体配置が異なるエピマーであり，D-グルコースと D-ガラクトースも C-4 位の立体配置が異なるエピマーである。

*3　炭素原子はカルボニル基にもっとも近い炭素鎖の端から番号がつけられている。C-1 位，C-2 位などと示す。

糖の環状構造

アノマー異性体　これまでは単糖の鎖状構造の表し方についてみてきたが，実際には炭素原子 5 個のペントース以上の単糖は水溶液中では環状の構造をとることが多い。グルコースを例として示す*4 と，下図のようになる。

*4　グルコースは水溶液中ではほとんど環状構造をとっており，α-D-グルコースと β-D-グルコースが直鎖構造を介して相互変換し，一定の割合で平衡状態となる。このとき水溶液中のグルコースの約 1/3 は α-D-グルコース，約 2/3 は β-D-グルコースで，わずかに直鎖構造も存在する。

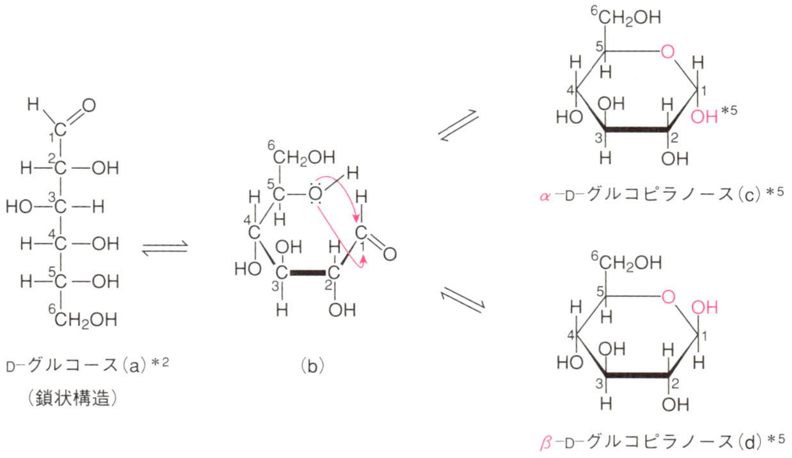

図 4-4　D-グルコースの環状構造

*5　Haworth の投影式。C-1 位の−OH は α 型では下に，β 型では上に書く（次ページ参照）。

鎖状構造のグルコース（a）が環状構造（c と d）をとるのは，C-1 位のアルデヒドと C-5 位のアルコール性水酸基が反応して分子内にヘミ

アセタール*1 という構造を形成するためである。これによってC-1位の炭素原子は不斉炭素となり，新たに2種類の異性体（α-D-グルコースとβ-D-グルコース）が存在することになる。このグルコースの2種の異性体のように，ヘミアセタール炭素原子（この場合C-1位）の立体配置だけが異なる異性体をアノマー（anomers）*2 と呼び，この炭素原子をアノマー炭素といっている。この炭素原子に結合した水酸基はアノマー性水酸基と呼び，他の水酸基と区別している*3。

ピラノースとフラノース　図4-4（c）・（d）のグルコースのような環状構造をとるものを六員環のピラン*4 に似ていることからピラノース（pyranose）といい，五員環のフランに似ているものはフラノース（furanose）という*5。α-D-グルコピラノース，α-D-フルクトフラノースなどのように表す。

六員環のピラノースの構造は実際にはいす型（図4-5）や舟型の立体配置をとっている。これを分かりやすく表示したのがHaworth投影式で，手前の環の線が太線で示され，糖の環状構造を表すのに普通に用いられる。

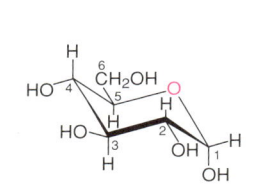

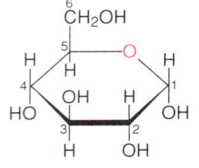

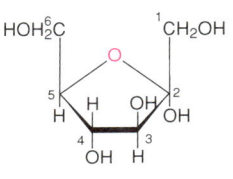

図4-5　α-D-グルコピラノースのいす型配置

図4-6　Haworth投影式で表わしたグルコピラノースとフルクトフラノース

糖質の化学的性質

グルコースなどの単糖は45ページに示すように酸化されてウロン酸になったり，還元されて糖アルコールを生じるが，さらに2価の銅イオン（Cu^{2+}），3価の鉄イオン（Fe^{3+}），1価の銀イオン（Ag^+）のような弱い酸化剤でも酸化される。これらのイオンにより酸化される糖は還元糖と呼ばれ，他の物質を還元する性質がある。銅による酸化は酸化銅（Cu_2O）の赤色沈殿を生じ，還元糖の定性・定量（Fehling反応など）に古くから用いられている。

二糖の形成

二糖は2つの単糖の水酸基どうしが結合した構造をとる。この場合に片方の糖の水酸基はもう一方の糖のアノマー性水酸基と結合し，グリコシド結合*6 を形成する*7。図4-7のラクトースの例では，ガラクトースのアノマー炭素（C-1位）とグルコースのC-4位の水酸基がグリコシド結合を

*1　一般にアルデヒドやケトンのカルボニル基とアルコールの水酸基は反応してヘミアセタール（ケトンではヘミケタール）をつくる性質がある。単糖のアルコール性水酸基も同一分子内のアルデヒドやケトンのカルボニル基と反応してヘミアセタール（またはヘミケタール）を形成する。

*2　アノマー炭素の水酸基の立体配置がC-5位のヒドロキシメチル基（-CH_2OH）と同じ側にくるものをβ-アノマー，反対側にくるものをα-アノマーという。

*3　アノマー炭素原子に結合する水酸基以外の水酸基はアルコール性水酸基である。アノマー性水酸基はアルコール性水酸基に比べ反応性に富んでいる。

*4　ピランとフラン

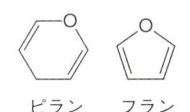

　　　ピラン　　フラン

*5　ペントース，ヘキソースはそれぞれピラノース型・フラノース型をとれるが，図4-3の3種のアルドヘキソースは通常ピラノース型，ケトヘキソースであるフルクトースやキシロース，アラビノースなどのペントースは普通フラノース型が安定である。

*6　図4-7は単糖のアノマー炭素と酸素を介した結合なのでO-グリコシド結合である。ヌクレオチドなどにみられるアノマー炭素と窒素との結合はN-グリコシド結合である。

*7　同時に水が脱離するので脱水縮合反応である。この反応の逆が加水分解反応である。

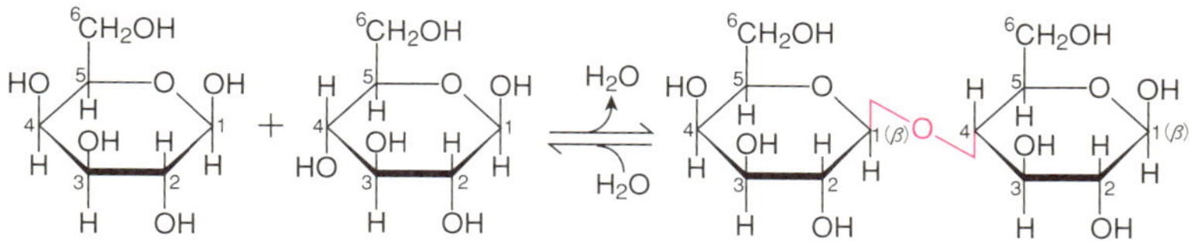

図4-7 ガラクトースとグルコースからラクトースの生成*1

*1 母乳中のα型とβ型は2：3の比率，ラクトース部分のC-1位に付く－OHと－Hとが逆の場合がβ-D-ラクトース。

しており，ガラクトースのC-1位水酸基の立体配置はβ型である。このような結合を"β-1,4結合"あるいは"β（1→4）結合"と表す。

右側のグルコースはアノマー性水酸基が遊離の状態にあり，還元性を保持している。このグルコースのような端の糖を還元末端といい，左側のガラクトースのようにアノマー性水酸基が結合に関与していて，還元性をもたない端の糖を非還元末端という。多糖は単糖が隣りの単糖とグリコシド結合で多数つながった分子である。

（3）単糖とその誘導体

単糖　単糖は糖質の基本構造である。自然界には炭素数6個のヘキソース，5個のペントースが多い（図4-8）。下記の単糖ではリボースとキシロースがペントース，それ以外はヘキソースである。

D-リボース（ribose）　核酸のRNAを構成している（p.147参照）。FAD, NAD, NADH, CoAなどの構造の一部でもある。

D-キシロース（xylose）　木材，稲わら，まめ殻などに含まれる植物細胞壁多糖キシラン（xylan）を構成する。

D-グルコース（glucose）　ぶどうに初めてみいだされたことからブドウ糖ともいう。果実やその他の植物組織に遊離の形で豊富に含まれる。体内では血糖（70〜100 mg/dl）として存在する。デンプン，グリコーゲン，スクロース，ラクトースなどを構成する最も重要な単糖である。

D-フルクトース（fructose）　代表的なケトースである。果実に含まれることから果糖ともいい，甘い果実，はちみつなどに単糖として存在するほか，二糖であるスクロースの構成成分である。天然の糖では最も甘味が強い*2（構造は図4-6）。

D-マンノース（mannose）　コンニャクマンナンなど植物由来のマンナンを構成している。動植物の糖タンパク質の構成成分としても重要である。

D-ガラクトース（galactose）　単糖として存在することはまれである。二糖のラクトースの成分として知られるほか，寒天，アラビアゴムなどの多糖を構成している。糖タンパク質，糖脂質にも含まれる。

*2 異性化糖：デンプンを分解して生じたグルコースにグルコースイソメラーゼを作用させると一部フルクトースに異性化される。このグルコースとフルクトースの等量混合物はスクロースに匹敵する甘さであり，しかも安価なことから"果糖ブドウ糖液糖"として清涼飲料水や製菓に用いられている。

単糖誘導体

単糖にはいくつかの誘導体がある。これらは多糖や糖タンパク質，糖脂質の構成成分となっている。

アミノ糖（amino sugar） 糖の水酸基がアミノ基で置換された化合物で，アミノ基はアセチル化されていることが多い。アミノ糖は天然では多くの多糖，グリコサミノグリカン，糖タンパク質，糖脂質の構成成分となっている。D-グルコースのC-2位の水酸基がアミノ基に置換した糖をD-グルコサミンと呼ぶ。アミノ基がアセチル化されると，N-アセチルグルコサミンとなる。D-マンノース，D-ガラクトースにも同様にアミノ糖がある。キチンはN-アセチルグルコサミンの重合体である（p.48, 図4-11）。

デオキシ糖（deoxy sugar） 単糖の水酸基を水素原子で置換するとデオキシ糖が得られる。ペントースのデオキシ糖ではD-リボースのC-2位が置換された2-デオキシ-D-リボースがDNAの構成成分として知られる（p.149, 図9-2）。L-ガラクトースとL-マンノースのC-6位の水酸基が水素原子に置き換わると，それぞれL-フコース，L-ラムノースという糖になる。これらはC-6位がメチル基となるので，メチルペントースとも呼ばれる。

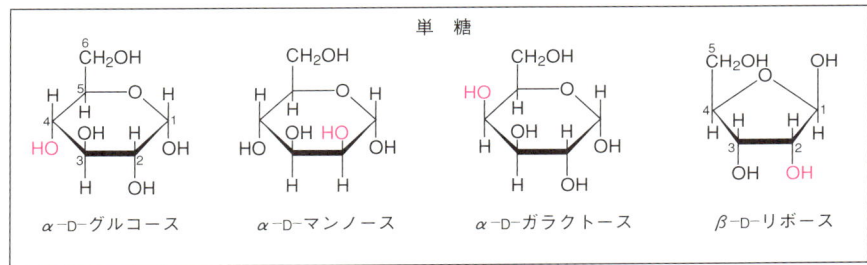

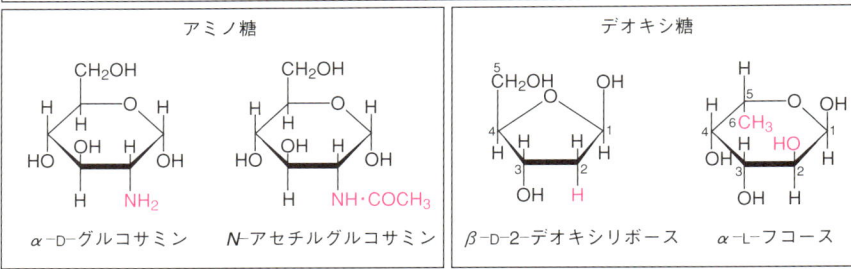

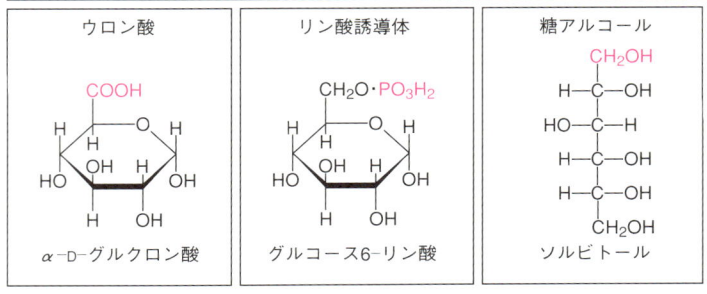

図4-8 単糖と単糖誘導体

ウロン酸（uronic acid） アルドースの炭素鎖末端のヒドロキシメチル基（−CH$_2$OH）が酸化され，カルボキシル基となったカルボン酸である。グルコースではグルクロン酸，ガラクトースではガラクツロン酸という*1。ヒアルロン酸などのグリコサミノグリカンやペクチン，アルギン酸の構成成分になっている。

糖アルコール（sugar alcohol） アルドースやケトースを還元すると糖アルコールが得られる。グルコース，キシロース，マルトース（二糖）の糖アルコールは，それぞれソルビトール*2，キシリトール，マルチトールという。難消化性・低う蝕性の性質が食品に利用されている。

リン酸誘導体 糖質代謝の中間体は糖そのものではなく，リン酸化されている場合が多い。例えば，グルコース代謝の解糖過程（p. 82）ではほとんどの中間体がリン酸化されている。図4−8には一例としてグルコース6−リン酸の構造を示した。

（4）オリゴ糖

単糖が2〜10個程度グリコシド結合したものをオリゴ糖（少糖）という。通常知られるオリゴ糖のほとんどが二糖である（図4−7および図4−9）*3。生体内で遊離のオリゴ糖として存在するのは，デンプンの消化中間体のマルトオリゴ糖くらいであるが，膜タンパク質に結合した短い糖鎖や糖タンパク質の一部として存在し，生理的に重要な役割を果たしている。スクロースやラクトースは食物として摂取される。

マルトース　マルトース（maltose）はD−グルコース2分子が$α−1,4$結合した二糖で麦芽糖ともいう。デンプンの消化過程で中間体として生じるが，さらに小腸粘膜上皮細胞の微絨毛膜に存在するマルターゼによりグルコースに分解され吸収される。水あめの主成分であり，デンプンに麦芽やさつまいもなどの$β$−アミラーゼを作用させると生成する。通常は$β$型の一水和物として得られる。

スクロース　スクロース（sucrose）*4はショ糖（cane sugar）ともいう。$α$−D−グルコースと$β$−D−フルクトースが結合した二糖で，両者のアノマー性水酸基どうしが結合しているため還元性をもたない。いわゆる砂糖としてデンプンについで多く摂取される炭水化物である。光合成を行うあらゆる植物中に存在するが，工業的にはさとうきびやてんさいから得られる。小腸粘膜上皮細胞の微絨毛膜に存在するスクラーゼによりグルコースとフルクトースに分解されて吸収される。

*1 ガラクトースの−CH$_2$OHが酸化されて−COOHになったのがウロン酸であり，C-4位の−OHが下に位置するのが$α$-D-グルクロン酸，上に位置するのがガラクツロン酸である。

*2 グルコースのアルデヒド基（−CHO）を還元してつくられる糖アルコールのD-ソルビトール（sorbitol）は血糖値を上昇させないので，糖尿病患者の甘味料として利用される。

*3 三，四糖の例としてはラフィノース，スタキオースがある。これらは量は少ないが，スクロースが比較的多量に存在する植物に広く分布している。ラフィノースはスクロースにガラクトースが結合した三糖，スタキオースはラフィノースにさらにガラクトースが1分子結合した四糖である。

*4 スクロースの変旋光，転化糖：スクロースの比旋光度は＋66.5°である。スクロースを希酸または酵素で分解するとD−グルコースとD−フルクトースを生じるが，このとき旋光度が＋66.5°から−20°（右旋→左旋）に変わる（変旋光）。生じたD−グルコース，D−フルクトースの混合物を転化糖という。

＊1 スクロースのフルクトース部分はC-2位がアノマー性－OHであるので，グルコースとフルクトースのアノマー性－OHどうしが結合するので，スクロースにはアノマー性－OHがないので非還元性である。

＊2 膜タンパク質では糖鎖は常に膜の外側に存在している（p.6）。

＊3 糖タンパク質の糖含量は1～70％とさまざまである。糖鎖とタンパク質の結合にはO-グリコシド結合とN-グリコシド結合の2つのタイプがある。糖鎖は前者ではN-アセチルガラクトサミンとアミノ酸のセリンまたはトレオニンを介して，後者ではN-アセチルグルコサミンとアミノ酸のアスパラギンを介してタンパク質と結合している。

＊4 N-アセチルノイラミン酸（シアル酸）はN-アセチルマンノサミンにピルビン酸残基が結合した炭素数9個の単糖である。

＊5 ABO式血液型の抗原は血液型によって細胞表面にある糖脂質のオリゴ糖部分が異なる。

＊6 多糖では大きな分子中に還元末端は1ヶ所のみである。非還元末端は直鎖状分子では1ヶ所であるが，多糖が分岐している場合は分岐の数だけ存在することになる。

| ラクトース |

ラクトース（lactose）はD-ガラクトースとD-グルコースがβ-1,4結合した二糖であり，非還元末端の糖はガラクトースである。乳汁中に数％含まれ（人乳約6.7％，牛乳約4.5％），乳糖ともいう。スクロースと同じく，小腸の膜酵素ラクターゼによりD-ガラクトースとD-グルコースに分解され，吸収される（構造は図4-7）。

| トレハロース |

トレハロース（treharose）はD-グルコース2分子のアノマー性の水酸基どうしが結合した二糖である。スクロースと同様に還元性をもたない。昆虫の体液や酵母・カビ・きのこなどに存在が知られる。動植物の耐寒性保持に関係がある。最近では食品の品質向上の目的で各種加工食品に用いられている。

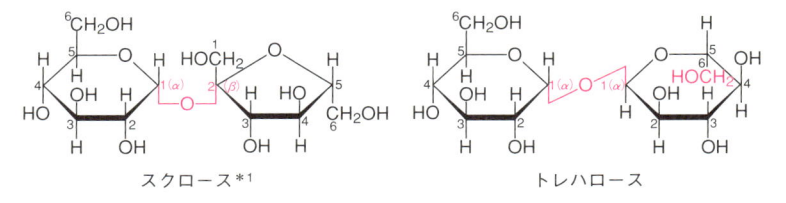

図4-9 オリゴ糖の構造

| 糖タンパク質・糖脂質のオリゴ糖鎖 |

細胞膜の表面に存在する膜タンパク質（赤血球膜のグリコホリンなど）には短い糖鎖が結合＊2し，細胞相互の認識や細胞間の情報伝達に関与している（図1-3）。また，タンパク質として知られる多くは糖タンパク質であり，分子中に糖鎖をもっている（卵白アルブミン，顎下腺ムチンなど）＊3。この種の糖鎖を構成する単糖は，D-マンノース，D-ガラクトース，N-アセチルグルコサミン，N-アセチルガラクトサミン，L-フコース（p.44，図4-8）など多種にわたる。ヘプトースのアミノ糖であるN-アセチルノイラミン酸（シアル酸）＊4を含むのも特徴である。糖脂質の糖鎖も同様に細胞間の認識に関与している＊5。

（5）多　糖

多糖には食物として多量に摂取するデンプン（starch），体内での貯蔵多糖であるグリコーゲン（glycogen），消化に重要な役割を果たす食物繊維（dietary fiber）としてのセルロース（cellulose）など重要なものが多い。1種類の単糖から成るものをホモ多糖（デンプン，グリコーゲン，セルロースなど），複数の単糖から成るものをヘテロ多糖（コンニャクマンナン，ヘミセルロース，植物ガム，グリコサミノグリカンなど）という。多糖は単糖が多数グリコシド結合したものである。タンパク質ではアミノ酸が直鎖状に結合しているが，多糖には分岐構造＊6を

とるものが多い。これは単糖のいずれの水酸基もグリコシド結合をすることができるからである。

デンプン

炭水化物の中で通常最も多く摂取され、エネルギー源として非常に重要な物質である。植物の種子、根茎などに多量に含まれる[*1]。アミロース（amylose）とアミロペクチン（amylopectin）と呼ばれる2つの物質の混合物で、両者ともグルコースからなる多糖である。アミロースはグルコースが$α-1,4$結合で直鎖状に結合しており、分子量は50万～200万程度である。グルコース6～7個でひと巻きするらせん構造をとっており、その中にヨウ素が取り込まれるとヨウ素デンプン反応で青色を示す。うるち米デンプンでは約20%がアミロースである。アミロペクチンは$α-1,4$結合で結合したグルコースが20～25個に1個の割合で$α-1,6$結合で分岐した構造である。分子量1500万～4億程度の巨大分子で、ヨウ素デンプン反応は赤紫色を示す。もち米やもちとうもろこしデンプンはほとんどがアミロペクチンである。デンプンは唾液・膵液の$α$-アミラーゼ、小腸粘膜上皮細胞の微絨毛膜に存在するマルターゼや$α$-限界デキストリナーゼなどの作用で、グルコースまで分解され吸収される。ついでグルコースは門脈をとおり肝臓に運ばれ代謝される。

[*1] デンプンは顆粒状（デンプン粒）で存在し、その形や大きさは植物の種類によって特徴的である。

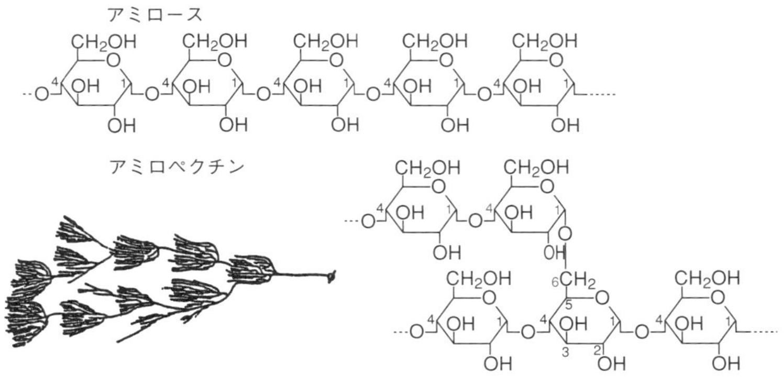

図4-10 デンプンの部分構造（アミロースとアミロペクチン）
（アミロペクチンの左図は分子全体の様子を示すFrenchの房状構造モデル）

グリコーゲン

体内で消化吸収された炭水化物のほとんどは一時的にグリコーゲンの形で貯えられ[*2]、その後分解されてグルコースとして使われる。体内ではグリコーゲンの合成と分解が活発に行われている。ほとんどすべての細胞に含まれるが、とくに肝臓（最大5～6%）や筋肉（0.5～1%）に多い。$α-1,4$結合したグルコースが8～10個に1個の割合で、$α-1,6$結合で分岐している構造をとり、結合様式はデンプンのアミロペクチンと同じであるが、アミロペクチンより分岐が密である。

[*2] 細胞内の浸透圧は、単位体積あたりの物質の分子数（重量ではない）に比例する。このため糖質の体内での貯蔵は単糖のグルコースより高分子のグリコーゲンの方が適している。また、グリコーゲンの高度に分岐した構造は速やかに分解や合成をするのに好都合である。

食物繊維　"人の消化酵素で消化されない食品中の難消化成分の総体"と定義される食物繊維の大部分は多糖である。水に対する溶解性（水溶性・不溶性），水を多く含む性質，ゲル形成能などの物理的性質が食物繊維としての機能に結びつく。

セルロース　グルコースがβ-1,4結合で直鎖状に結合した多糖である。植物の細胞壁を構成する多糖のひとつで，自然界にもっとも多く存在する炭水化物であるが，人はこれを分解する消化酵素をもたない。牛や羊などの反芻動物は，胃（第一胃）の中にはセルロースを分解する微生物が存在しており，セルロースをエネルギー源として利用している。

ペクチン　D-ガラクツロン酸がα-1,4結合で連結した多糖である。ガラクツロン酸のカルボキシル基の一部はメチル化されている。高等植物の細胞間におもに存在する。酸，糖類を添加するとゲルをつくる（ジャム）。

コンニャクマンナン　こんにゃくの球茎に含まれるヘテロ多糖で，D-グルコースとD-マンノースが1：1.6の割合でβ-1,4結合したグルコマンナンである。

キチン　えびやかになどの甲殻類の甲羅や昆虫の外骨格，カビやきのこ類の細胞壁に含まれる多糖である。N-アセチルグルコサミンがβ-1,4結合で直鎖状に結合している。自然界ではセルロースに次いで多く存在する。

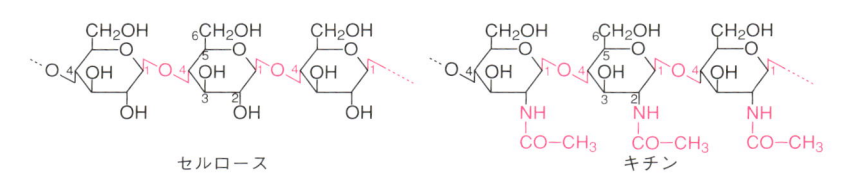

図4-11　セルロースとキチンの部分構造

グリコサミノグリカン（ムコ多糖）　細胞外マトリックス[*1]中のヘテロ多糖で，ヒアルロン酸（hyaluronic acid）[*2]，コンドロイチン硫酸（condroitin sulfate）[*3]，ヘパリン（heparin）[*4]など多くの種類がある。いずれもウロン酸とヘキソサミンからなる二糖の繰り返し構造をとる。これらの水溶液は粘性

グルクロン酸　N-アセチルグルコサミン
ヒアルロン酸

グルクロン酸　N-アセチルガラクトサミン
コンドロイチン6-硫酸

図4-12　グリコサミノグリカンの二糖の繰り返し構造

[*1] 細胞外マトリックス：動物組織の細胞間を満たす物質。結合組織に多くみられる。コラーゲン，エラスチン，プロテオグリカン（グリコサミノグリカンとタンパク質が結合），グリコサミノグリカンなどを含む。細胞接着だけでなく，さまざまな細胞の働きを調節している。

[*2] ヒアルロン酸は皮膚，腱，軟骨組織などに広く分布している。粘性が強く，衝撃吸収あるいは潤滑剤として優れている。眼球ガラス体，関節液の成分でもある。

[*3] コンドロイチン硫酸は軟骨，血管壁，腱など広く結合組織に含まれる。伸張性や弾力性に関係している。

[*4] ヘパリンは結合組織の成分ではなく，動物のマスト細胞が合成する。血液凝固阻止物質として知られる。

と弾力性が高く粘液状を呈している*1。ヒアルロン酸はグルクロン酸とN-アセチルグルコサミンからなり，他のグリコサミノグリカンとは異なり，硫酸基をもたない。コンドロイチン硫酸はグルクロン酸と硫酸化したN-アセチルガラクトサミンからなる。N-アセチルガラクトサミンに硫酸基のつく場所により，コンドロイチン4-硫酸*2とコンドロイチン6-硫酸に区別される。

*1 グリコサミノグリカン（glycosaminoglycan）は硫酸基やウロン酸残基の存在により強い負電荷を帯びている。このため分子は溶液中で伸びた状態で存在し，高い粘性を呈する。

*2 コンドロイチン4-硫酸はN-アセチルグルコサミンのC-4位に硫酸基（$-SO_3H$）が入る。

4-2 脂 質

　脂質（lipid）は多糖やタンパク質と異なり高分子化合物ではないが，体内では脂質と呼ばれる広範囲の化合物の形で重要な役割を担っている。脂質は主として炭素，水素，酸素の3原子からなるが，窒素，リン，硫黄などの原子を含むものもある。脂質は体内では主として脂肪組織に中性脂肪の形で含まれ，内臓の保護や熱の発散を防ぐほか，栄養的には効率のよいエネルギー源となる。また，複合脂質や誘導脂質の形で，細胞や細胞小器官の膜構造を構築したり，ステロイド，イコサノイド，脂溶性のホルモンやビタミンなどの前駆体になる。なお，脂質は脂肪酸分子を介して，シグナル伝達物質として情報伝達などに関与するなど，細胞の生存や生体機能にとって大切な役割を担っている。しかし一方では細胞内での過剰な蓄積は，脂質の恒常性の維持に破綻をきたし，肥満，高血圧，動脈硬化，糖尿病などの生活習慣病になる可能性を秘めている。

（1）脂質の分類

　脂質の分子内に長鎖脂肪酸，長鎖炭化水素，長鎖塩基などの親油性基

表4-2　主な脂質

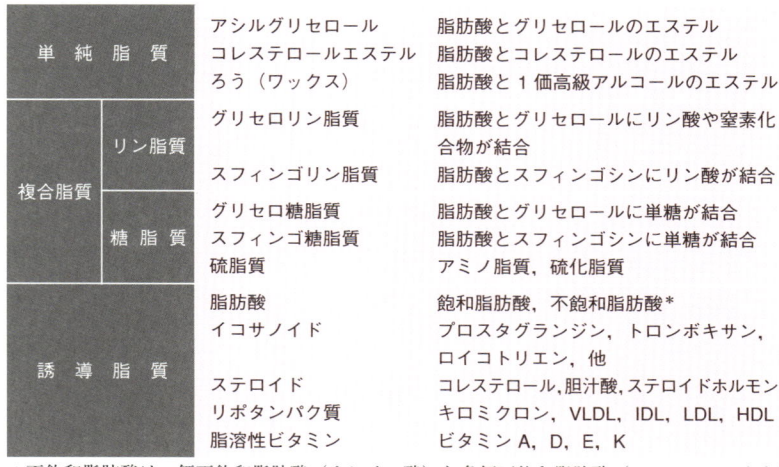

分類			種類	内容
単純脂質			アシルグリセロール	脂肪酸とグリセロールのエステル
			コレステロールエステル	脂肪酸とコレステロールのエステル
			ろう（ワックス）	脂肪酸と1価高級アルコールのエステル
複合脂質	リン脂質		グリセロリン脂質	脂肪酸とグリセロールにリン酸や窒素化合物が結合
			スフィンゴリン脂質	脂肪酸とスフィンゴシンにリン酸が結合
	糖脂質		グリセロ糖脂質	脂肪酸とグリセロールに単糖が結合
			スフィンゴ糖脂質	脂肪酸とスフィンゴシンに単糖が結合
			硫脂質	アミノ脂質，硫化脂質
誘導脂質			脂肪酸	飽和脂肪酸，不飽和脂肪酸*
			イコサノイド	プロスタグランジン，トロンボキサン，ロイコトリエン，他
			ステロイド	コレステロール，胆汁酸，ステロイドホルモン
			リポタンパク質	キロミクロン，VLDL，IDL，LDL，HDL
			脂溶性ビタミン	ビタミンA，D，E，K

*不飽和脂肪酸は一価不飽和脂肪酸（オレイン酸）と多価不飽和脂肪酸（n-3・n-6など）

＊1 エステル（ester）結合とはアルコールと酸とが脱水により結合すること。

＊2 アミド（amide）結合とは，−COOHとアンモニアあるいはアミンの−NH$_2$とから水1分子が除かれて結合すること。

をもち，エステル結合＊1，エーテル結合あるいはアミド結合＊2 などを介して多種類の極性基が結合した有機化合物と定義されている。脂質は化学的には単純脂質，複合脂質および誘導脂質に分類できる（表4-2）。単純脂質は脂肪酸と各種アルコールとのエステルであり，複合脂質は単純脂質にさらにリン酸，窒素化合物，単糖，硫黄などが結合した化合物である。また誘導脂質は上記の脂質類が加水分解により生成した化合物で，非極性溶媒に可溶な性質をもつ。

(2) 脂質の化学的性質

脂質の一般的な性質　脂質は水よりも軽く，一般に水（極性溶媒）に不溶あるいは極めて難溶であり，エーテル・クロロホルム・アセトン・メタノールなどの有機溶媒（非極性溶媒）に溶けやすい性質をもつ。しかし生理活性脂質などは水に溶けやすく，従来の水に不溶あるいは難溶であるという表現は不適切な表現となる。一般に極性基の少ない脂質は水に不溶であるが，極性基の多い脂質は水に溶けやすい性質をもつ。脂質の融点（mp）は構成脂肪酸により異なり，不飽和脂肪酸は液体であり，不飽和脂肪酸の多い脂質は融点が低い。

脂肪酸の性質　脂肪酸の炭化水素鎖は疎水性であり，炭素数4個以上の脂肪酸は不溶性である。脂肪酸は飽和脂肪酸と不飽和脂肪酸とに大別され（p.59，表4-4），いずれも少数の例外を除いて炭素数は偶数であり，しかも直鎖状のものが圧倒的に多い。飽和脂肪酸の炭素原子間はすべて単結合であり，不飽和脂肪酸は二重結合を1個以上含む。例として，飽和脂肪酸で炭素数18のステリアン酸，一価不飽和脂肪酸で炭素数18で二重結合をC-9位とC-10位の炭素原子間にもち，その部分の立体構造がトランス（*trans*）型のエライジン酸と，シス（*cis*）型のオレイン酸の構造＊3 を図4-13に示す。

＊3 シス型とは二重結合の立体配置で，二重結合をはさむ2つの置換基が分子の同じ側に結合しているものをいい，トランス型は反対側にある場合をいう。

飽和脂肪酸は分子がジグザグ状の鎖をつくり，これらが何本か集って規則的な配列をとりやすい。構造は堅固であり，炭素数が多いほど融点は高く安定である。これに反して，トランス型のエライジン酸は構造がステアリン酸に似ているが，二重結合部位での自由回転が不可能なため並びにくく，融点が低くなる。さらにシス型のオレイン酸は分子に屈曲性が現われ，二重結合の数がふえると，多価不飽和脂肪酸のリノール酸やアラキドン酸のように屈曲がさらに進む（図4-13）。これらの独特の形状は，いくつかの同一分子の配列を困難にし，構造は脆さとなって現われる。

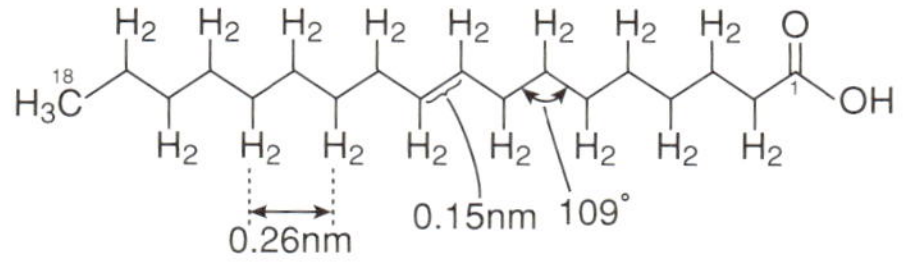

ステアリン酸（18：0，mp 69.6℃）

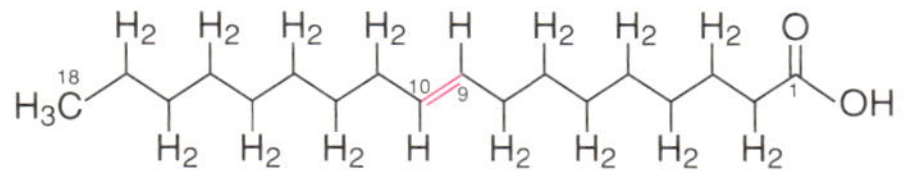

エライジン酸（18：1（トランス-9），mp 44℃，合成品）

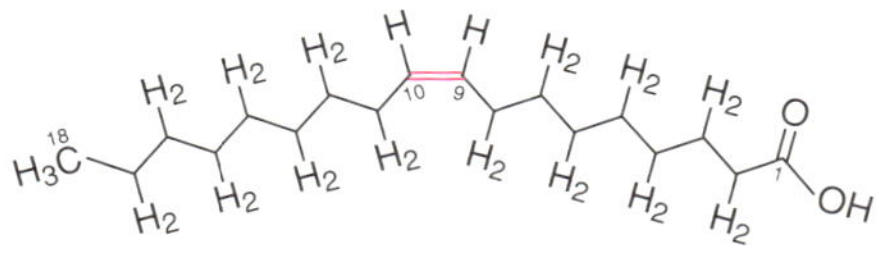

オレイン酸（18：1（シス-9），mp 16℃）

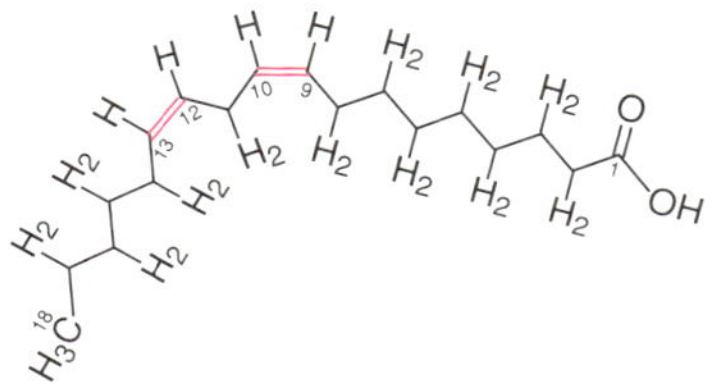

リノール酸（18：2（シス-9,12）） 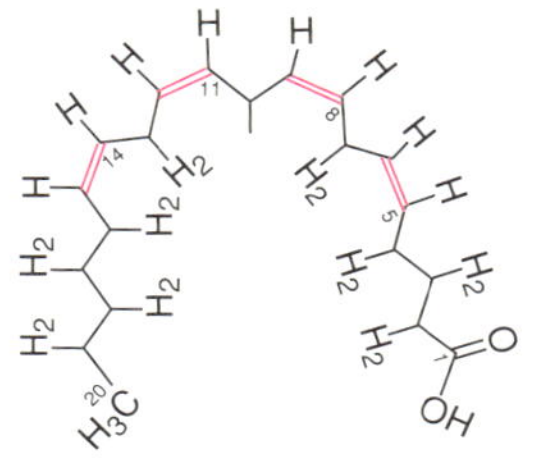　　アラキドン酸（20：4（シス-5,8,11,14））

図 4-13　飽和脂肪酸と不飽和脂肪酸の構造の比較

脂肪酸の炭素原子に番号を付ける場合は，カルボキシル基の炭素原子を1位とし，以下メチル基の方に向かって番号を付ける。またカルボキシル基の隣りの2位の炭素原子を α 位の炭素，3位の炭素原子を β 位の炭素というように順次ギリシア文字を付けて表すこともある。一方，脂肪酸の栄養生化学的な説明をする場合には，不飽和脂肪酸である必須脂肪酸など，末端のメチル基の炭素を n 位（ω 位ということもある）の炭素原子として $n-1$, $n-2$, $n-3$ というようにカルボキシル基の方向に番号を付けることもある（図4-24参照）。

（3）単純脂質

単純脂質（simple lipid）には，アシルグリセロール（トリ-，ジ-，モノアシルグリセロール），コレステロールエステル，ろう（ワックス）などが分類される。

アシルグリセロール　　アシルグリセロールとは脂肪酸とグリセロールのエステルの総称であり，グリセロールに結合する脂肪酸の数により，トリアシルグリセロール，ジアシルグリセロールおよびモノアシルグリセロールの3種類が存在する[*1]。

トリアシルグリセロール　　グリセロールの3個の水酸基に3分子の脂肪酸がそれぞれエステル結合したグリセロールエステルをトリアシルグリセロール（triacylglycerol）あるいはトリグリセリド（triglyceride）という（図4-14）。トリアシルグリセロールは脂肪酸の組み合わせが

*1　グリセロールは3価のアルコールであり，水酸基（-OH）を3個もつので，1～3分子の脂肪酸とエステル結合（アルコールとカルボン酸の間の結合反応）で結合することが可能である。

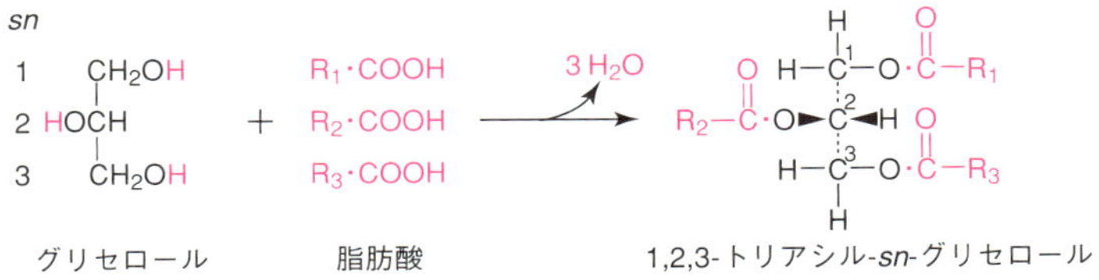
sn
グリセロール
脂肪酸
1,2,3-トリアシル-sn-グリセロール

図 4－14　トリアシルグリセロールの構造

RCO－をアシル基という。グリセロールの炭素原子は上から 1，2，3 の番号を付け，これを－*sn*－（stereochemical numbering，立体化学番号）の表示で示す。C－1 位と C－3 位は三次元的に同じではない。

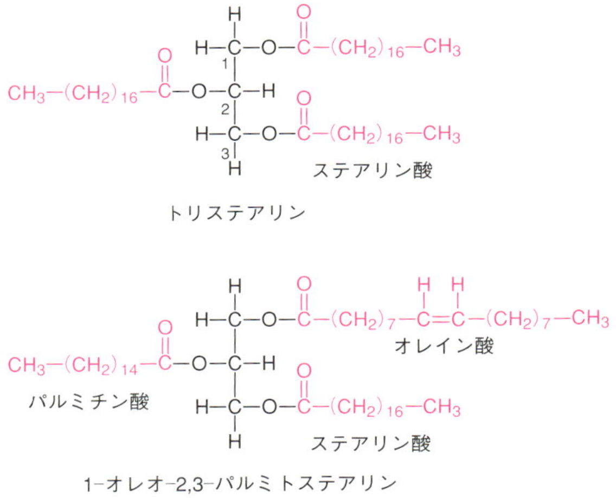
ステアリン酸
トリステアリン
オレイン酸
パルミチン酸
ステアリン酸
1-オレオ-2,3-パルミトステアリン

図 4－15　単純トリアシルグリセロールと混合トリアシルグリセロールの構造の例

グリセロールの炭素原子は上から順に，1，2，3 位の炭素原子と名付ける。飽和脂肪酸を S，不飽和脂肪酸を U と略記すると，上は S_3 型，下は S_2U 型トリアシルグリセロール。天然の脂肪は単純トリアシルグリセロール，混合トリアシルグリセロールの混合物である。

種々あり，同一脂肪酸よりなるものを単純トリアシルグリセロール，2～3 種類の脂肪酸を含むものを混合トリアシルグリセロール*1 という（図 4－15）。

飽和脂肪酸を S，不飽和脂肪酸を U で略記すると，食用油脂類のトリアシルグリセロールは，S_3（三飽和脂肪酸）型，S_2U（二飽和・一不飽和脂肪酸）型，SU_2（一飽和・二不飽和脂肪酸）型および U_3（三不飽和脂肪酸）型など各種トリアシルグリセロール混合物からなる。さらに脂肪酸の配列様式によりトリアシルグリセロールは，対称型の S－U－S，U－S－U と非対称型の S－S－U，U－U－S などが存在する。トリアシルグリセロールは天然油脂の主成分であり*2，植物では種子，果実，穀類の胚芽に，動物では体内の脂肪組織，とくに皮下組織，肝臓，筋肉および腹腔に豊富に存在する。

＊1　天然の食用油脂は，単純トリアシルグルセロールより混合アシルグリセロールの方が多い。例えば，だいず油の場合，前者としてトリオレイルグリセロールが 2 %，トリリノレイルグリセロールが 15 % で，残りの 83 % は混合アシルグリセロールである。

＊2　トリアシルグリセロールは普通は，脂肪（中性脂肪）という。

ジアシルグリセロール　グリセロールの 3 個の水酸基に，2 分子の脂肪酸がエステル結合したものをジアシルグリセロール（diacylglycerol）という。したがって脂肪酸の結合方式により 3 種類のジアシルグ

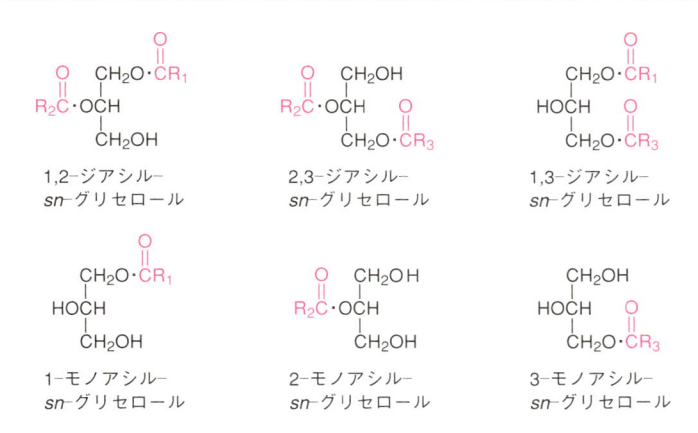

図4-16 ジアシルグリセロールとモノアシルグリセロール異性体の構造

リセロールが存在する（図4-16）。ジアシルグリセロールを摂取しても体内ではトリアシルグリセロールに合成されにくい。

モノアシルグリセロール グリセロールの3個の水酸基のうちのひとつに，1分子の脂肪酸がエステル結合したものをモノアシルグリセロール（monoacylglycerol）という。したがって3種類のモノアシルグリセロールが存在する（図4-16）[*1]。

コレステロールエステル 遊離型のコレステロール（p.63, 図4-28）のC-3位の炭素原子にβ配置[*2]で結合している水酸基に，主としてパルミチン酸，ステアリン酸，オレイン酸，リノール酸などの長鎖脂肪酸がエステル結合した化合物をコレステロールエステル（cholesterol ester）あるいはエステル型コレステロールという（図4-17）。コレステロールエステルは遊離型のコレステロールより疎水性が強い。コレステロールエステルは，コレステロールを脂肪内に貯蔵する目的で，あるいは血液中を運搬する目的で生成される。しかし水に溶けないので，リポタンパク質中のリン脂質や両親媒性タンパク質などと複合体をつくり運搬される。

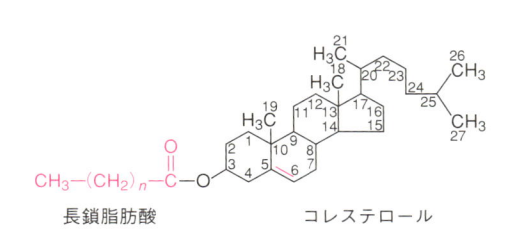

図4-17 コレステロールエステルの構造

（4）複合脂質

単純脂質のトリアシルグリセロールは，体内の組織中で量的に最も多く含まれ変動も大きいが，生化学的には必ずしも重要な脂質ではない。

[*1] ジアシルグリセロールやモノアシルグリセロールは脂質代謝の代謝中間体であり，天然の食用油脂にはほとんど含まれていない。これらの混合物は，食用乳化剤やパン老化防止剤などの食用添加物として利用されている。

[*2] コレステロールのC-3位の炭素原子に結合する水酸基は，ステロール核の上方に位置するのでβ配置といい，実線で水酸基を示す。これに対して，7-デヒドロコレステロール，エルゴステロール，コール酸，グリココール酸などの水酸基は，ステロール核の下方に位置するのでα配置といい，破線で水酸基（‥OH）を示す（p.63, 図4-28）。

複合脂質（compound lipid）の化学組成は種類によりかなり異なるが，多くの生体膜中に高濃度で含まれ，組織中の含量はトリアシルグリセロールのような変動はみられない。リン脂質と糖脂質について述べる。

| リン脂質 | リン脂質（phospholipid）は一般にワックス状の固体であり，体内では生体膜の二重層を形成するほか，脂質の運搬の役割を担っている。リン脂質は含まれているアルコール類により二つのグループ，すなわちグリセロールを含むグリセロリン脂質（glycerophospholipid）とスフィンゴシンを含むスフィンゴリン脂質（sphingophospholipid）とに大別される。前者は7種類，後

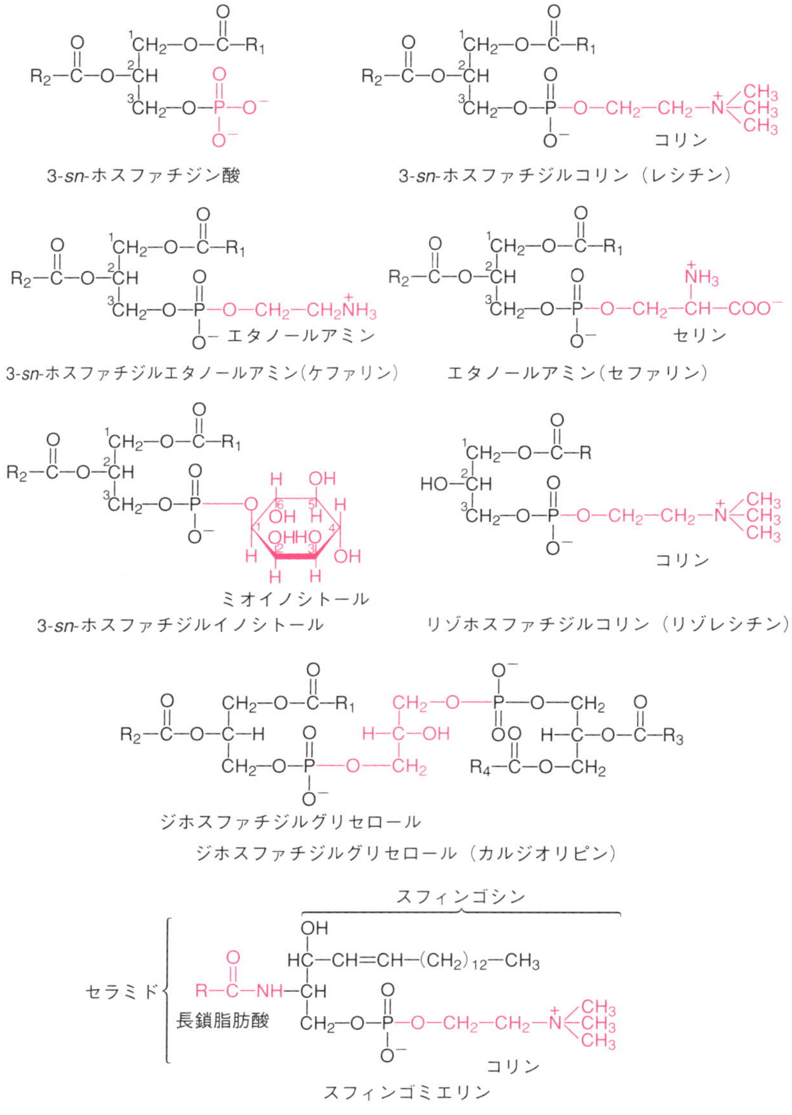

図4-18 リン脂質の構造
スフィンゴミエリン以外はすべてグリセロリン脂質であり，ホスファチジン酸のリン酸にアルコールがエステル結合した誘導体である。

者は1種類（スフィンゴミエリン）が存在する（図4-18）[*1]。

ホスファチジン酸（phosphatidic acid） ホスファチジン酸は，1,2-ジアシルグリセロールのC-3位にリン酸が1分子結合した化合物[*2]で，各種グリセロリン脂質の前駆体である。これらは，ミトコンドリア内でジホスファチジルグリセロール（カルジオリピン，cardiolipin）に変化する。

3-ホスファチジルコリン（3-phosphatidylcholine，PC [*3]） 血清中のリン脂質の約66％はPCである（表4-3）。PCはsn-3位にコリン（choline）[*4]を含むグリセロリン脂質で，グリセロールのsn-1位に飽和脂肪酸（ステアリン酸残基またはパルミチン酸残基）を，sn-2位に多価不飽和脂肪酸残基をもつ[*5]。PCは肝臓における脂質代謝に重要な役割を果たし，体内での脂質の輸送[*6]にとって大切なリン脂質である。またPCは体内の各組織に広く分布しており[*7]，リン酸基の供給源である。PCは医薬品の界面活性剤としても利用されている。PCから1分子の脂肪酸を除くと，リゾホスファチジルコリンとなる。

表4-3 人の血清リン脂質

総リン脂質 (mg/dl)	総リン脂質に対する％					
	LYSO	PC	SPH	PI	PS	PE
200±25*	9.4±3.5	66.0±4.7	21.5±2.5		3.0±0.5	
195±32	7.7±2.3	66.4±3.8	20.0±1.6	2.6±0.3	―	3.2±0.4

*平均値±SD。薄層クロマトグラフィーで測定。LYSO：リゾレシチン，PC：ホスファチジルコリン，SPH：スフィンゴミエリン，PI：ホスファチジルイノシトール，PS：ホスファチジルセリン，PE：ホスファチジルエタノールアミン（Wagenerら，山本ら）

3-ホスファチジルエタノールアミン（3-phosphatidylethanolamine，PE） PEはホスファチジン酸のリン酸基にエタノールアミンがエステル結合したリン脂質である。PEは主として血液の血小板のなかにみいだされており，血液がゼリー状に固まるときに必要である。なお体内で，新しい組織がつくられるときの無機リン酸基の供給源でもある。R_1とR_2の脂肪酸残基はPCと同様である。

3-ホスファチジルセリン（3-phosphatidylserine，PS） PSはホスファチジン酸のリン酸基にアミノ酸のセリンが結合したリン脂質であり，R_1とR_2の脂肪酸はPCと同様である。

3-ホスファチジルイノシトール（3-phosphatidylinositol，PI） PIはホスファチジン酸のリン酸残基に塩基のかわりにミオイノシトールが結合したリン脂質であり，R_1はパルミチン酸，R_2はアラキドン酸などの脂肪酸が結合している。3-ホスファチジルイノシトール4,5-二リン酸はリン脂質のなかで重要な成分であり，ホスホリパーゼCの作用で分解されると，1,2-ジアシルグリセロールとイノシトール1,4,5-三

[*1] この他に，リン原子の結合状態としてリン酸エステルを含むもの（グリセロホスホ脂質）と，P-C結合でもつホスホン酸を含むもの（スフィンゴホスホ脂質）があり，天然に存在するリン脂質で4グループに分類することもある。最近はリン脂質の一員として分類されるようになった。

[*2] 1,2-ジアシル-sn-グリセロール3-リン酸（sn：sterospecific numbering）。

[*3] 卵黄に多く含まれ一般に食品学の分野ではレシチン（lecithin）という。

[*4] 体内においてはコリンの大部分がPCの形で蓄えられる。

[*5] 脂肪酸部分は非極性，リン酸および塩基のコリン部分は極性である。

[*6] リポタンパク質（p. 67）を形成する一員。

[*7] 血清リン脂質で最も含量が多い。

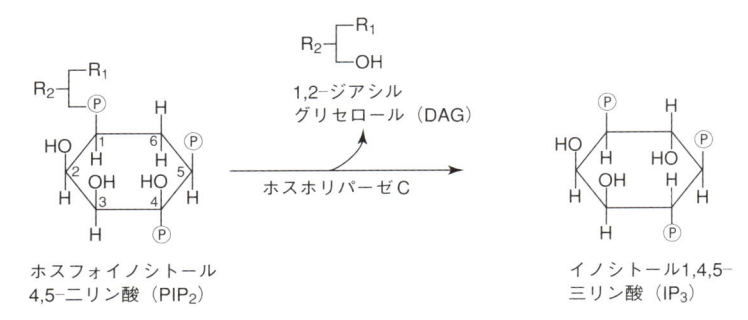

図 4-19 ホスホリパーゼ C による PIP_2 の分解
ホスホリパーゼ C は PIP_2 を分解して DAG と IP_3 を生成する。R_1 と R_2 は一般にそれぞれステアリン酸およびアラキドン酸である。

リン酸になる（図 4-19）。これらは細胞内シグナルあるいは第二メッセンジャーとして作用する。

リゾホスファチジルコリン（3-lysophosphatidylcholine, LYSO） LYSO はアシル基を sn-1 位に 1 個含むリン脂質であり，PC の C-2 位のアシル基が水酸基に変わっただけで，他の部分は PC と同様である。一般にはリゾレシチン（lysolecithin）という。LYSO はホスホアシルグリセロール代謝の代謝中間体である。LYSO は赤血球を破壊し，筋肉の収縮機能を阻害する作用が知られている。

スフィンゴミエリン（sphingomyelin, SPH） リン脂質のなかでスフィンゴリン脂質として唯一の SPH は，スフィンゴシン 1 分子が脂肪酸とアミド結合したセラミドのヒドロキシメチル基にリン酸とコリンとが 1 分子ずつ結合したリン脂質である。SPH は両親媒性で，細胞内の種々の膜の脂質二重層に含まれる[*1]。その名が示すように，神経組織のミエリン鞘（神経線維を包む膜）の約 5％は SPH である。

各種のリン脂質は脂質二重層を構成するだけではなく，生理的に重要な独特の役割を担っている。例えば，PC と PI は膜内にある特殊なホルモン，増殖因子，神経伝達物質，その他のリガンド（ligand）[*2]の受容体と共役することが知られている。血小板活性化因子（PAF）というホルモンは，アルキルアシルグリセロリン脂質と呼ばれるエーテル結合を含むリン脂質である（図 4-20）。この PAF は白血球や他の産生細胞から分泌されると，白血球，肝細胞，脳細胞などの標的不可能の受容

*1 動物の種類により異なる赤血球膜の脂質組成も PC と SPH の和がほぼ一定であることから，これらの生体膜構成成分としての働きも同様であると考えられている。

*2 配位子。機能タンパク質に特異的に結合する物質のことで，補酵素，調節因子，サイトカインなどもリガンドである。

*3 Platelet adivating factor。1-アルキル-2-アセチルグリセロホスホコリン。

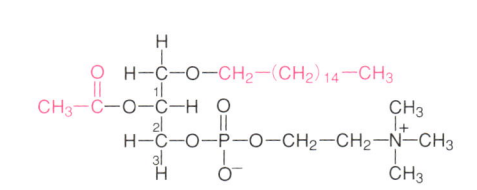

図 4-20 血小板活性化因子（PAF）[*3]の構造

体と結合する。PAF は炎症やアレルギー反応などの種々の過程を調節している。

糖脂質　糖脂質（glycolipid）は体内のあらゆる組織，とくに脳の神経組織の細胞膜の外層に局在し，細胞表面の炭水化物の形成に関与している。糖脂質は1個以上の糖がグリコシド結合によって脂質部分，例えばモノ–またはジアシルグリセロールや長鎖塩基あるいはセラミドに結合した脂質であり，リン酸は含まれていない。

糖脂質は構造の違いから，グリセロ糖脂質，スフィンゴ糖脂質，その他の糖脂質に大別される。いずれも脂肪酸やスフィンゴシンのような疎水性の強い脂質部分と水酸基の多い親水性の糖質部分をもつ化合物である[*1]。

グリセロ糖脂質（glycoglycerolipid）　グリセロールを1分子以上含む糖脂質である。典型的なグリセロ糖脂質は，ジアシルグリセロールに単糖（主にガラクトース）あるいはオリゴ糖が結合した化合物である。代表的な 3-モノガラクトシル，ジアシルグリセロール（図 4–21）は，1,2-ジアシルグリセロールの C–3 位のヒドロキシメチル基にガラクトースが1分子結合したもので，体内ではリポタンパク質を構成し，生体膜に多く含まれている。

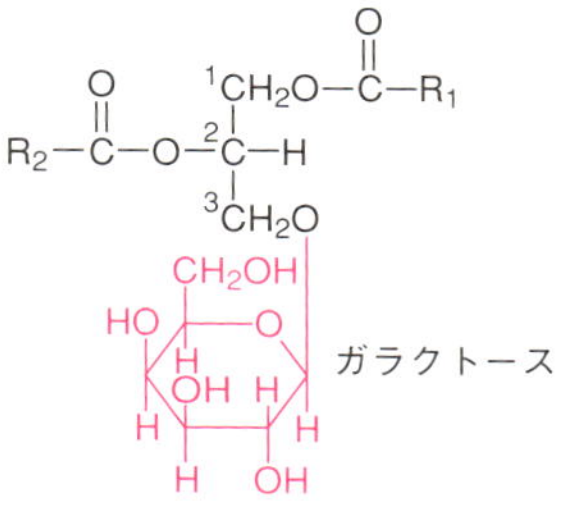

*1　リン脂質と類似しているが，主な違いはリン脂質のリン酸基の代わりに，単糖（主にガラクトース残基であるが，グルコース残基やオリゴ糖の場合もある）を含む。アルコール部分は，グリセロールとスフィンゴシンの場合がある。

図 4–21　3-モノガラクトシルジアシルグリセロールの構造

スフィンゴ糖脂質（sphingoglycolipid）　スフィンゴシンのアミノ基に長鎖脂肪酸が，末端のヒドロキシメチル基に単糖（主にガラクトー

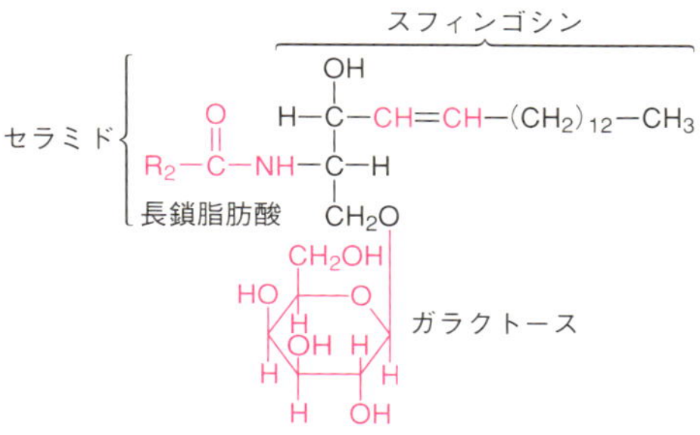

図 4–22　セレブロシドの構造

ス）がグリコシド結合した最も簡単なスフィンゴ糖脂質をセレブロシド（cerebroside，図4-22）という。代表的なセレブロシドとして，長鎖脂肪酸がC_{24}のセレブロン酸（$CH_3-(CH_2)_{21}-CH(OH)-COOH$）を含むガラクトセレブロシド（ガラクトシルセラミドともいう）は脳や神経細胞に多く含まれるほか，血清や脾臓にも存在する重要なスフィンゴ糖脂質であるが，他の組織には少ない。

セレブロシド含量のとくに多い膜が生体中にあり，例えば，ミエリン鞘の脂質の約15％はガラクトースを含むセレブロシドである。なお糖質としてガラクトース2分子あるいはラクトースなどの結合した糖脂質が，心臓や肝臓から発見されている。

ガングリオシド（ganglioside）はオリゴ糖がセラミドに結合した糖脂質であり，セレブロシドと同様に糖脂質でありながらスフィンゴ脂質でもある。両親媒性であり，オリゴ糖の構成はガングリオシドの種類により異なる。ガングリオシドはグルコセレブロシド[*1]より生成され，1分子以上のシアル酸（sialic acid）残基を含むスフィンゴ糖脂質であり，ガングリオシドはセレブロシドとともに神経や脳組織の細胞膜でみいだされ，ハプテン（hapten）[*2]としての性質をもつ。

(5) 誘導脂質

誘導脂質（derived lipid）の多くは単純脂質や複合脂質の加水分解物であり，非極性溶媒に溶け，水に不溶な不けん化物の主体をなす化合物である。脂肪酸，イコサノイド，ステロイド，カロテノイド，リポタンパク質，脂溶性ビタミンなどがこの分類に属する。

脂肪酸 脂肪酸（fatty acid）は各種アシルグリセロールを加水分解すると得られるカルボン酸の一種である[*3]。すなわち，炭素原子と水素原子からなる炭化水素の鎖状分子の端にカルボキシル基が付いた化合物で，組成式は$CH_3\cdot(CH_2)_n\cdot COOH$と示すことができる。脂肪酸は炭素原子2個のユニットが連なって生合成されるため（p.110，図7-8参照），少数の例外を除きnは2の倍数からなる。特殊な例を除き，枝分かれ構造はみられない。炭素数4～6個のものを短鎖脂肪酸，8～12個のものを中鎖脂肪酸，14個以上のものを長鎖脂肪酸という。

脂肪酸は二重結合の有無により，飽和脂肪酸（saturated fatty acid）と不飽和脂肪酸（unsaturated fatty acid）に大別される。

飽和脂肪酸 炭素原子間が単結合でジグザグの鎖をつくって連なり，すべて水素原子で飽和されており，規則的な配列をとりやすく構造的に堅固であり，反応性は少なく，炭素数10以上の脂肪酸は室温では固体であり，炭素数が多いほど融点が高く安定である[*4]。

[*1] ガラクトセレブロシドのガラクトース残基に変化したもの。

[*2] ハプテン自体には抗原性はないが，タンパク質などと結合することで抗体生成の特殊な母型を決定し，抗体と免疫反応を示す化合物。

[*3] 脂肪酸は一般にエステルの形で存在しており，単純脂質や複合脂質を構成する。脂肪酸の分子式は，R-COOHで表わされ，Rはアルキル鎖で，その鎖長から，短鎖・中鎖・長鎖脂肪酸に分類される。

[*4] 炭素数8以下の脂肪酸は常温で液体，炭素数10以上の脂肪酸は固体である。また同じ炭素数の飽和脂肪酸と不飽和脂肪酸を比べると後者の融点が低く，なお不飽和結合の多いほど融点が低くなる。例えば，C18のステアリン酸は固体（融点71.5℃）であるが，オレイン酸は液体（融点13.4℃）である。

不飽和脂肪酸　炭素原子間にみられる二重結合の数と位置によって分類され，二重結合を1個もつものを一価不飽和脂肪酸（モノエン酸），二重結合を2個もつものをジエン酸，以下同様に二重結合の数によりトリエン酸，テトラエン酸，ペンタエン酸，ヘキサエン酸などといい，二重結合2個以上のものを総称して多価不飽和脂肪酸（ポリエン酸）という。これらは室温で液状である。

人の体脂肪，母乳および血漿の脂肪酸組成の例を表4-4に示す。人体には主に炭素数14〜18の飽和脂肪酸とオレイン酸系（オレイン酸・リノール酸・α-リノレン酸）とパルミトレイン酸などの不飽和脂肪酸が含まれている。また母乳には炭素数4〜12の短鎖および中鎖飽和脂肪酸が含まれるのが特徴であり，とくに酪酸は乳類にだけ含まれる脂肪酸である。なお，血漿の脂肪酸はすべて遊離型であり，これを体脂肪の脂肪酸組成と比べるとオレイン酸が少なく，ステアリン酸とリノール酸の多いことがわかる。しかし，ノルアドレナリン投与により脂肪組織からの脂肪酸の放出が促進される場合などでは，オレイン酸の増加とステアリン酸の減少がみられ，脂肪組織の組成に近くなるといわれている。これはひとつの例にすぎないが，脂肪酸組成は種々の条件——内因性の原因だけではなく，食事内容などの外因性条件を含めて——の相違

表4-4　人体構成成分の脂肪酸組成（全脂肪酸に対する重量％）

慣用名	IUPAC*名	略記号**	体脂肪	母乳	血漿
〔飽和脂肪酸〕					
酪酸	ブタン酸	4：0	—	0.4	—
カプロン酸	ヘキサン酸	6：0	—	0.1	—
カプリル酸	オクタン酸	8：0	—	0.3	—
カプリン酸	デカン酸	10：0	—	2.2	—
ラウリン酸	ドデカン酸	12：0	0.4	5.5	—
ミリスチン酸	テトラデカン酸	14：0	3.4	8.5	2.5
パルミチン酸	ヘキサデカン酸	16：0	22.7	23.2	27.9
ステアリン酸	オクタデカン酸	18：0	4.3	6.9	11.9
アラキジン酸	イコサン酸	20：0	0.9	1.1	—
〔不飽和脂肪酸〕					
カプロイン酸	9-デセン酸	10：1	—	0.1	—
9-ラウロレイン酸	9-ドデセン酸	12：1	—	0.1	—
ミリストレイン酸	cis-テトラデカン酸	14：1	1.0	0.6	—
パルミトレイン酸	cis-9-ヘキサデセン酸	16：1 (n-7)	8.4	3.0	6.6
オレイン酸	cis-9-オクタデセン酸	18：1 (n-9)	45.4	36.5	30.9
リノール酸	cis-9,12-オクタデカジエン酸	18：2(n-6)*1	9.7	7.8	17.9
α-リノレン酸	cis-9,12,15-オクタデカトリエン酸	18：3(n-3)*1	0.7	0.4	—
アラキドン酸	cis-5,8,11,14-イコサテトラエン酸	20：4 (n-6)	こん跡	0.9	2.5
イコサペンタエン酸	cis-5,8,11,14,17-イコサペンタエン酸***	20：5 (n-3)	—	—	—
ドコサヘキサエン酸	cis-4,7,10,13,16,19-ドコサヘキサエン酸***	22：6 (n-3)	—	—	—
ネルボニン酸	cis-15-テトラコセン酸****	24：1 (n-10)	—	—	—
その他			3.3	2.4	—

* International Union of Pure and Applied Chemistry（国際純正応用化学連合）の略。** 炭素原子数：二重結合の数と（　）内は不飽和脂肪酸のメチル基末端から数えて最初に二重結合が現われる炭素の番号。***魚類に多い。****脳スフィンゴ脂質に含まれている。

*1　生理活性油脂として自然界に存在する多価不飽和脂肪酸の大部分はn-3系とn-6系である。DHAは胎児や乳幼児の脳の発達に必要である。

によって変化する。

リノール酸，α-リノレン酸，アラキドン酸，イコサペンタエン酸およびドコサヘキサエン酸などの不飽和脂肪酸は，栄養生化学の分野で必須脂肪酸（essential fatty acid）[*1]と呼ばれている（図4-23）[*2]。これらの多価不飽和脂肪酸は体内で糖質やアミノ酸から合成されず，また例えばリノール酸からアラキドン酸が合成されても量的に必要量を満たすことができないので，食事から摂取しなければならない。これらの必須脂肪酸の構造の特徴は，① シス型の配置をとる二重結合が分子内に2個以上あり，2個の二重結合の間に1個の活性メチレン基（$-CH_2-$）が存在し，② 末端のメチル基の炭素原子から数えて6～7位と9～10位の炭素原子間に必ず二重結合が存在することである。なおn-3系脂肪酸とn-6系脂肪酸とは体内における機能が異なる。

リノール酸
　18：2(9,12)，n-6

α-リノレン酸
　18：3(9,12,15)，n-3

アラキドン酸
　20：4(5,8,11,14)，n-6

イコサペンタエン酸
　20：5(5,8,11,14,17)，n-3

ドコサヘキサエン酸
　22：6(4,7,10,13,16,19)，n-3

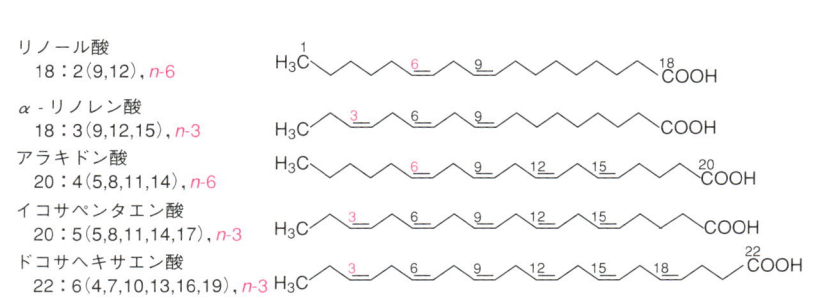

図4-23　必須脂肪酸の構造の比較

有機化学の約束とは逆に，メチル基の炭素原子から数えて最初の二重結合をもつ炭素原子の位置をnナンバーで表すと，リノール酸とアラキドン酸はn-6系脂肪酸，またα-リノレン酸，イコサペンタエン酸（IPA），ドコサヘキサエン酸（DHA）はn-3系脂肪酸である。体内においてリノール酸からアラキドン酸が，α-リノレン酸からIPAやDHAが誘導合成される。IPAはEPA（エコサペンタエン酸）ともいう。アラキドン酸とイコサペンタエン酸を丸めて書くと図4-24のようになる。

リノール酸とα-リノレン酸は動植物性油脂に広く存在するが，アラキドン酸は動物油脂のみに存在し，肝臓のミクロソームにおいてリノール酸よりγ-リノレニルCoAを経て誘導合成される。アラキドン酸はリノール酸に比べて20倍以上の効率で組織にとり込まれるという[*3]。イコサペンタエン酸とドコサヘキサエン酸は，体内ではα-リノレン酸から合成され，食品では魚類に多く含まれる。

現在のわが国の栄養摂取の現状からみて，動物：植物：魚類由来の脂質摂取割合は4：5：1程度であり，これがひとつの摂取の目安になっている。脂肪酸の必要量は決められていないが，質的配慮として生活習慣病予防を指標とすると，飽和脂肪酸：一価不飽和脂肪酸（オレイン酸）：多価不飽和脂肪酸（必須脂肪酸含量が多い）[*4]の摂取比率を3：4：3にすることが望まれている。この場合，多価不飽和脂肪酸のn-6系脂肪酸とn-3系脂肪酸の摂取比率を4：1程度にすることが適切

[*1] これらは人の生体膜，皮膚，その他さまざまな組織を維持するために必須である。

[*2] n-3系脂肪酸のα-リノレン酸は必須性が疑問視されたこともあったが，人の神経，網膜などに存在しており，α-リノレン酸やその代謝中間体はIPAなどを生合成するので，その機能が再認識されている。
　動物の脳内のPUFAは主としてアラキドン酸とDHAであり，DHAは胎児の脳の発達に必要である。脳細胞内でのDHAの取り込み部位は，シナプス，ミトコンドリア，ミクロソーム（小胞体）の膜の部分であることが確かめられている。
　リノール酸，α-リノレン酸，IPAはほとんど認められない。生理活性油脂としてのPUFAの大部分はn-3系とn-6系である。

[*3] アラキドン酸はイコサノイドと呼ばれる一連の化合物群を生合成するための大切な前駆物質となる。

[*4] 体内で過酸化物を生成し，動脈硬化性疾患や悪性腫瘍などの健康障害を引きおこす恐れがあるので，過酸化物の生成を抑制するために，ビタミンC，ビタミンE，カロテノイド，コエンザイムQ-10など抗酸化作用をもつ物質を同時に摂取することが大切である。

であると考えられている。

イコサノイド

C_{20}-多価不飽和脂肪酸を前駆体として，生体の組織で生合成される一群の生理活性物質をイコサノイド（icosanoid）[*1] と総称する。代表的なものに，プロスタグランジン，トロンボキサンおよびロイコトリエンなどが知られている[*2]。

プロスタグランジン（prostaglandin，PG） PG はイコサノイドのなかで最も多くの種類が知られている。基本構造はプロスタン酸[*3] であり，中央の五員環の構造の違いにより現在 A～J の 10 種類のシリーズに，また α 鎖や ω 鎖部分の二重結合の数により 3 種類のタイプに分類されている[*4]。PG は生体のあらゆる細胞で，必要なときに直ちにごく微量産生され，産生組織の近くで生理活性を発揮する。

PG のなかで最も普遍的に存在する PGE と PGF シリーズを例に，3 種類のタイプの違いを図 4-24 に示す。また PG のなかで生理活性のよく知られている PGI_2（プロスタサイクリンともいう）の構造を図 4-25 に示す。

PG は，血管の拡張（$PGE_1 \cdot PGE_2 \cdot PGI_2$），血小板凝集の抑制（$PGE_1 \cdot$

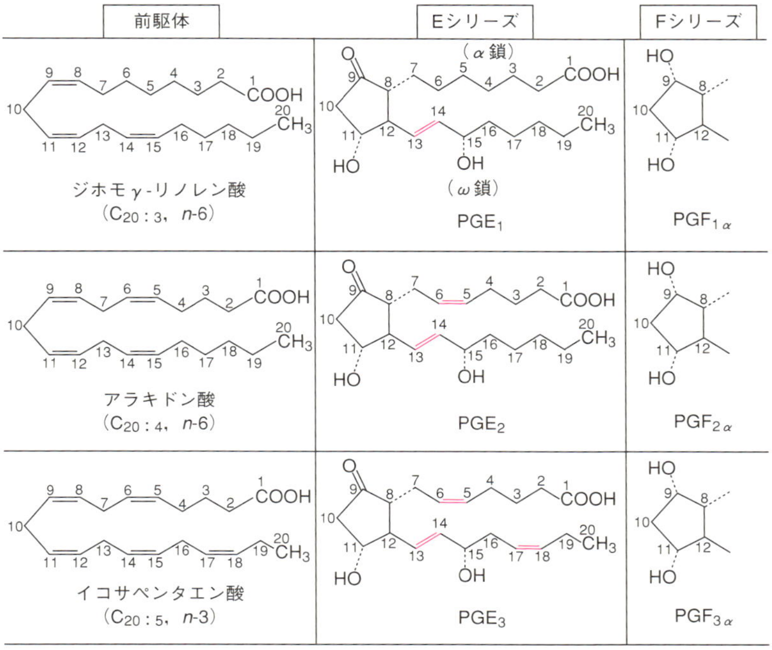

[*1] エイコサノイド（eicosanoid）ともいう。

[*2] 化学的には脂肪酸の一種である。

[*3] プロスタン酸の構造

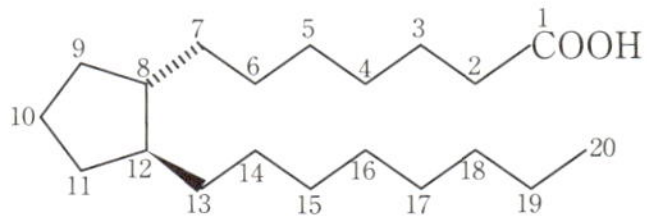

[*4] 炭素数 20 個の 3 種類の不飽和脂肪酸（前駆体）の閉環や酸素添加により生合成される。

図 4-24 プロスタグランジン E および F とそれらの前駆体の構造（Gurr & James）
ジホモγ-リノレン酸とアラキドン酸はリノール酸から，イコサペンタエン酸は α-リノレン酸から生合成される。PGE は五員環部分の C-9 位にオキソ基，C-11 位に水酸基（α 配置）をもち，PGF は C-9 位と C-11 位に水酸基（α 配置）が付いている。PGF の側鎖（α 鎖と ω 鎖）は PGE と同様である。タイプも PGE と同様に側鎖中の二重結合の数 1～3 個の違いによって 1～3 の番号が付けられる。

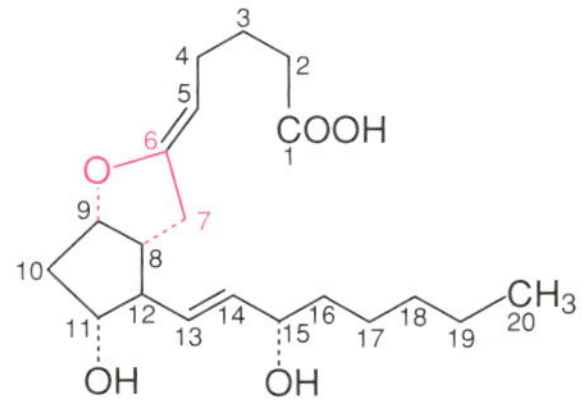

図 4-25　PGI_2 の構造

PGI_2），腸管の収縮（$PGF_{2\alpha}$），臓器の血流増加（PGI_2）胃酸の分泌抑制（PGE_1・PGE_2・PGI_2），睡眠誘発作用（PGD_2），細胞増殖抑制（PGJ_2，早石修らが発見し命名）などの生理効果のあることが知られている。

トロンボキサン（thromboxane，TX）　PG の前駆体からトロンボキサンシンターゼによって TX が合成される。TX はトロンバン酸*1 を基本構造としてもち，オキサン環部分にエポキシドをもつ TXA と，2 個の水酸基を C-9 位と C-11 位の炭素原子にもつ TXB とが知られており，PG と同様にタイプ 1 ～ 3 に区別される。

アラキドン酸由来の TXA_2（図 4-26）は血液凝固における血小板凝集，動脈や血管の平滑筋の収縮などに対して強力な生理活性をもち，血栓症，狭心症，気管支喘息発作などの成因のひとつと考えられている。

＊1

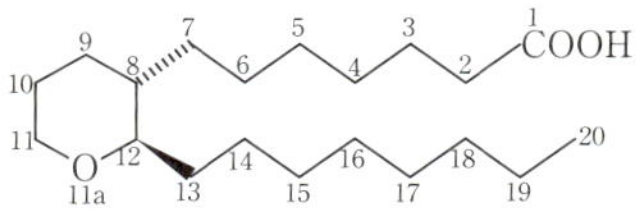

トロンバン酸の構造

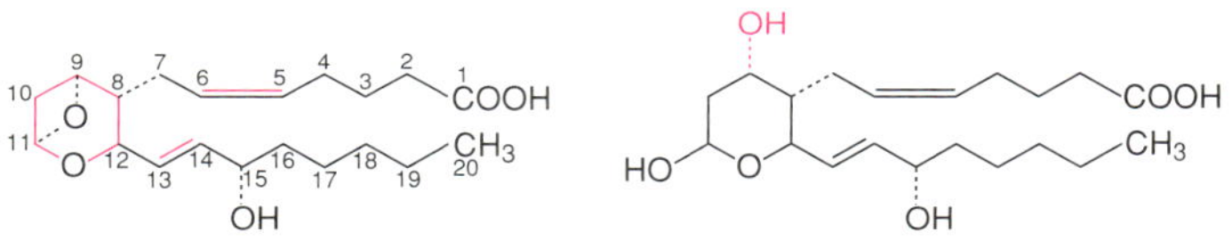

TXA_2　　TXB_2

図 4-26　トロンボキサンの構造

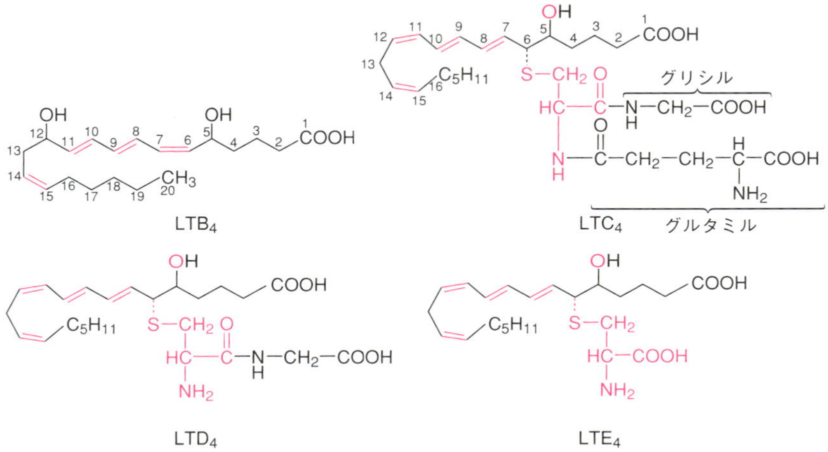

LTB_4　LTC_4　LTD_4　LTE_4

図 4-27　ロイコトリエンの 4-シリーズの構造

C-6 位の炭素原子に，LTC_4 は Cys・Glu・Gly が，LTD_4 は Gys・Gly が，LTE_4 は Cys が結合している。

しかし，TXA$_2$は半減期が短く（約30秒），不安定な化合物であり，水和されてTXB$_2$（図4-26）に変化するが，このものは生理活性はあまりみられない。

ロイコトリエン（leukotrien, LT） アラキドン酸から誘導される生理活性物質にLTがある。その化学構造はC-5位の炭素原子に水酸基をもち，また3個の共役二重結合*1をもつのが特徴であり，側鎖の違いによりAからEまで5種類の化合物が知られている（図4-27）。LTB$_2$は白血球遊走*2を促進する。LTC$_4$, LTD$_4$およびLTE$_4$は呼吸器系平滑筋の収縮により気管支に持続性の収縮をおこしたり，回腸平滑筋の収縮により小腸の運動を促進させる作用がある。なお，LTD$_4$とLTE$_4$は血管透過性を亢進させる作用が知られている。

ステロイド ステロイド（steroid）は脂質の不けん化物のなかに含まれ，ペルヒドロシクロペンタノフェナントレン核*3 あるいはこれと関連した閉鎖の核構造をもつ一群のアルコール性化合物である。ステロイドの多様性は種々の不飽和結合の種類や，環のさまざまな場所に結合する他の基の存在による。C-3位の炭素原子に水酸基，C-17位の炭素原子にC$_8$〜C$_{10}$の炭素原子

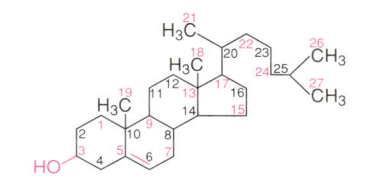

図4-28 ステロールとステロール誘導体の構造

*1 二重結合と単結合が交互に連なっている結合をいう。

*2 leukocytoplania, 白血球の膜通過のこと。

*3 ステロイド核とも略称され，複雑な4つの環状構造をもち，その環状構造の3つ（A・B・C環）はシクロヘキサン環，ひとつ（D環）はシクロペンタン環が結合した構造をもつ。6員環はベンゼン核ではなく，水素原子で完全に飽和した炭素6員環である。C-3位に水酸基が結合したステロイドをステロールという。C-10位とC-13位にはメチル基が，C-17位には側鎖が付く。

*4 コレステロールの27個のCのうち，15個は酢酸（アセチルCoA）の-CH$_3$に由来し，12個は-COOHから誘導されたものである。前者のC番号を赤で，後者のC番号を黒で示した。

*5 NH$_2$-(CH$_2$)$_2$・SO$_3$-H（p.121参照）

*1 C-3位の水酸基以外には極性の基がないので，グリセロリン脂質やスフィンゴ脂質よりはるかに疎水性である。

を側鎖にもつステロイドをステロール（sterol）と呼ぶ。一般的なステロールはコレステロール（cholesterol）で，脳や神経組織，多くの生体膜に高濃度に存在する。体内には重要な生理作用をもつステロイドとして，コレステロール，7-デヒドロコレステロール，胆汁酸，ステロイドホルモンなどがある。

コレステロール　コレステロールは主に肝臓でアセチル CoA から合成され，HMG-CoA レダクターゼが律速酵素（p.37）として働く（p.119）。コレステロールは血中の各種リポタンパク質に存在する（p.67）。体内では最も多く存在するステロイドである*1。コレステロールは体内において不可欠な化合物であり，生体の構築成分であり，その比率は膜の 0～40％である。閉環核構造をもつので，炭化水素鎖のような柔軟さはなく，膜の固さを増すのに役立つ。コレステロールは胆汁酸，ステロイドホルモン，ビタミン D などの前駆体である。

肝臓は体内コレステロールのバランスを制御しており，1 日の必要なコレステロール量（3～5 g）の約 90％を合成しているが，その合成量は血液中を循環しているコレステロール量により制御される。コレステロールは体内で種々の重要な役割を果たしている反面，血中コレステロ

*2 肝臓で生成され，胆管をとおって十二指腸に分泌されるまで胆のうに貯蔵される液体である。乳化剤の働きのある胆汁酸塩（bile salt）を含むので，脂肪，胆汁色素，コレステロールの消化を助ける。アルカリ性であり，食物が小腸に達すると胃から分泌される酸を中和する。

表4-5　人の胆汁*2 の成分

成分（％）	肝臓胆汁	胆のう胆汁
水分	97.00	85.92
固形質	2.52	14.08
胆汁酸	1.93	9.14
ムチン，胆汁色素	0.53	2.98
脂肪酸，エステル	0.14	0.32
コレステロール	0.06	0.26
電解質 (mEq/l) Na^+	145	130
K^+	5	7～10
Ca^{2+}	5	7～15
Cl^-	75～110	40～90
HCO_3^-	25～50	0～15
pH	7.1～7.3	6.9～7.7

（Murvay ら）

*3 人の肝臓で生成される一次胆汁酸は，タウロコール酸，グリココール酸，タウロケノデオキシコール酸，グリコケノデオキシコール酸であり，これらは小腸の腸内細菌でそれぞれ二次胆汁酸（表4-6, p.121, 図7-16参照）に変換される。

表4-6　人の胆汁中の胆汁酸*3

胆汁酸の種類	水酸基の位置*	含有比率（％）
コール酸	$3\alpha, 7\alpha, 12\alpha$-OH	50
ケノデオキシコール酸	$3\alpha, 7\alpha$-OH	30
デオキシコール酸	$3\alpha, 12\alpha$-OH	15
リトコール酸	3α-OH	5

ール量と心臓病などの危険性との間に高い相関性が知られ，近年は一般に"悪者"とみなされている。

胆汁酸　胆のうから分泌される胆のう胆汁のなかに含まれる胆汁酸（bile acid）は，肝臓においてコレステロールから合成され（p.121），側鎖にカルボキシル基をもつ C_{24}-モノカルボン酸の一種である。人の肝臓胆汁と胆のう胆汁の化学的な成分の違いを表4-5に示す。環状構造に付く水酸基の位置の違いから4種類の胆汁酸が知られている（表4-6）。人の胆汁中の主な胆汁酸はコール酸（cholic acid）と，そのC-12位に水酸基のないケノデオキシコール酸（chenodeoxycholic acid）である。

肝臓において胆汁中の胆汁酸は，カルボキシル基にグリシンやタウリン[*1]が結合したグリココール酸やタウロコール酸などの胆汁酸塩（bile salt, 抱合型胆汁酸ともいう）[*2]の形で存在する（図4-28）。胆汁酸塩は摂取した食物中の脂質類と結合し，水溶性のミセル[*3]をつくり，表面張力を下げるので，リン脂質やモノアシルグリセロールとともに脂質類を乳化し，消化吸収を促進する。なお，胆汁酸塩には小腸管腔のリパーゼを活性化する働きもある。

ステロイドホルモン　ステロイド核をもつホルモン[*4]をステロイドホルモン（steroid hormone）といい，副腎皮質ホルモンと性ホルモンとがある[*5]。血漿リポタンパク質はステロイドホルモンの原料となる。

副腎皮質ホルモン：副腎皮質で生成されるコルチコステロイドのうち，生理活性を示すのは，①グルココルチコイドと②ミネラルコルチコイドであり，大部分のコルチコステロイドはその前駆体あるいは代謝中間体である。これらのステロイドの分泌は，下垂体前葉からACTH[*6]によって調節されるほか，身体的・精神的ストレスによって増加されることが知られている。

グルココルチコイド（glucocorticoid）の代表的なものは，コルチゾ

[*1] タウリン（taurine）は2-アミノエタンスルホン酸ともいう。H_2N-CH_2-CH_2-SO_3OH

[*2] これらのステロイド核は疎水性，グリシンやタウリン部分は親水性であるので，界面活性作用があり，摂取した食物中の脂質と消化酵素とを混合し，消化吸収を助ける働きがある。

[*3] ミセル（micell）：極性と非極性部位をもつ分子が会合し，極性あるいは非極性溶媒中で形成される球状のコロイド分散構造。

[*4] ホルモンは分泌される器官により分類されるのが一般的であるが，生化学的本質や形成様式により，①ステロイドホルモン，②アミノ酸からつくられるホルモン，③ペプチドホルモンの3群に分類できる。

[*5] 活性ビタミンD_3（$1\alpha,25$-ジヒドロコレカルシフェロール）も広い意味ではステロイドホルモンに含まれる。

[*6] ACTH：adrenocorticotropic hormone，副腎皮質刺激ホルモン。コルチコトロピン（corticotropin）ともいわれる。副腎皮質に対して，特異的に作用し副腎皮質ホルモンの産生—分泌を促進する。アミノ酸残基39個の単鎖ポリペプチドである。

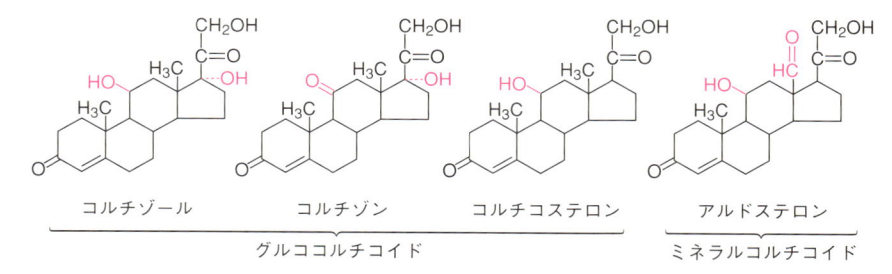

図4-29　副腎皮質ホルモンの構造

コルチゾール／コルチゾン／コルチコステロン　グルココルチコイド
アルドステロン　ミネラルコルチコイド

グルココルチコイドは筋タンパク質分解，血糖上昇，抗炎作用などに働く。ミネラルコルチコイドはNa^+，Cl^-吸収促進，K^+排泄促進作用がある。

ール，コルチゾンおよびコルチコステロンであり（図4-29），糖質・脂質・タンパク質の代謝を調節する．すなわち，細胞のタンパク質を分解し，糖新生を行ない血糖を上昇させるインスリンの分泌を誘発させる．また脂肪組織の脂肪の分解を促進し，血中コレステロールや遊離脂肪酸を増加させ，貯蔵脂肪の肝臓への移動を促進する．

ミネラルコルチコイド（mineral corticoid）の代表的なものはアルドステロンであり（図4-29），腎臓の尿細管におけるNa^+やCl^-の再吸収を促進し，K^+の尿中排泄を増加し，腎臓のMg^{2+}クリアランス*1を増加させる．なおアルドステロンは全身的な電解質調節作用がある．

性ホルモン：性ホルモンは下垂体の性腺刺激ホルモン（FSH・LH*2）により性腺で産生・分泌されるステロイドホルモンであり，コレステロールより生合成される．精巣の間質細胞でテストステロンが産生・分泌され，尿からアンドロステロンが分離されている．これらを総称してアンドロゲン（androgen）*3と呼ぶ．また卵巣から分離される性ホルモンは2種類あり，ひとつは卵胞ホルモンのエストロン，エストラジオール，エストリオールなどであり，エストロゲン（estrogen）と総称する．他のひとつは，排卵のあと黄体で産生されるプロゲステロンで，黄体ホルモン（corpus luterum hormone）*4と呼ばれる（図4-30）．

*1 clearance．ある物質が腎臓や肝臓から排泄される場合，単位時間当たり何mlの血液から，その物質を完全に浄化できるかを示した値．

*2 FSH（follicle-stimulating hormone）：卵胞刺激ホルモン．卵胞の発育促進作用がある．LH（luteinizing hormone）：黄体形成ホルモン．黄体形成を促進する作用がある．

*3 炭素数19のステロイドであり，male sex hormone（男性ホルモン）ともいう．

*4 ゲスターゲン（gestagen）ともいう．

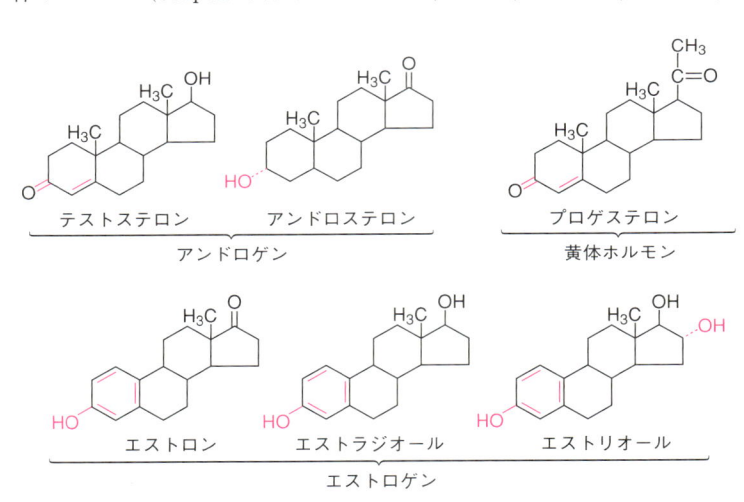

図4-30　性ホルモンの構造
アンドロゲンは男子性器発達やタンパク質合成促進作用があり，エストロゲンは女子性器発達，卵胞発育促進，子宮内膜肥厚などの作用がある．黄体ホルモンは受精卵着床準備に働く．

リポタンパク質

脂質とタンパク質（アポタンパク質）の複合体をリポタンパク質（lipoprotein）*5という．体内で皮下脂肪や黄色腫以外，脂質はタンパク質と結合し分散している．構造リポタンパク質は各種生体膜の主要構成成分であり，血液中には血漿リポタンパク質の形で存在している．血漿リポタ

*5 リポタンパク質は，疎水性の脂肪の血漿中での運搬体である．血液中の主なリポタンパク質は表4-7のとおりである．IDLは，VLDLからLDLが生じるときにできる．脂肪酸は脂肪組成にTGの形で貯蔵されている．この脂肪酸はキロミクロンおよびVLDL中のTGとして脂肪組成に運ばれ，脂肪組織にくるとただちにキロミクロンは分解される．VLDLは脂肪組織内で分解されてLDLとなり，コレステロールを運搬するリポタンパク質の主要成分として血液中に出ていく．HDLは常に血液中に存在するリポタンパク質である．

HDLはFCをCEに変化させる．ホスファチジルコリン：コレステロールアシルトランスフェラーゼ（LCAT）を包含している．LCATは次の反応を触媒する．

コレステロール　エステル型コレステロール
⇌
ホスファチジルコリン　リゾホスファチジルコリン

ンパク質は，トリアシルグリセロール，コレステロール，脂溶性ビタミンなど水に不溶な脂質の吸収や合成の場（小腸・肝臓），あるいは貯蔵や利用の場（末梢組織）の間の運搬の役割[*1]を担っている。

リポタンパク質に共通な構造の模型図を図4-31に示す。すなわち，トリアシルグリセロールとコレステロールエステルよりなる疎水性分子を中心（コアという）に，リン脂質，遊離型コレステロール，アポリポタンパク質を表層としたミセル様粒子の形をとる。

[*1] 脂質の合成臓器から脂質を必要とする臓器へ運搬する。

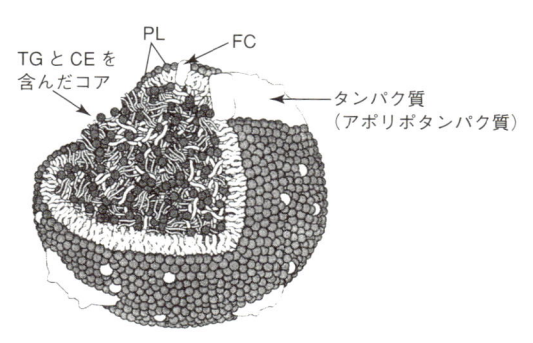

図4-31 リポタンパク質の構造の模型図（Horton ら）

トリアシルグリセロール（TG）とコレステロールエステル（CE）からなるコア（芯）を，タンパク質と遊離型コレステロール（FC）を埋め込んだリン脂質（PL）の膜が覆っている。

人の血漿中のリポタンパク質は，サイズ，密度，電気泳動の移動度[*2]などから分類される。表4-7は，リポタンパク質の密度の違いによる超遠心分離処理法により分画したものであり，① キロミクロン（chylomicron, CM, カイロミクロンともいう），② VLDL（very low-density lipoprotein, 超低密度リポタンパク質），③ IDL（intermediate-density lipoprotein, 中間密度リポタンパク質），④ LDL（low-density lipoprotein, 低密度リポタンパク質），⑤ HDL（high-density lipoprotein, 高密度リポタンパク質）など5種類に分類される。なお HDL は

[*2] 血漿リポタンパク質のアガロースゲル電気泳動法による分画。

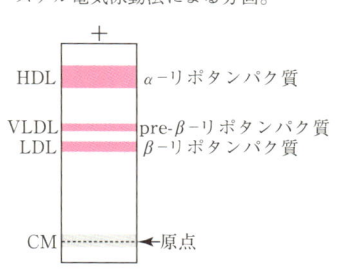

表4-7 人の血漿中のリポタンパク質の種類と特徴

名称	密度 (g/ml)	サイズ 直径 (nm)	タンパク質 (%)	総脂質 (%)	総脂質に対する%					電気泳動移動度	主要アポリポタンパク質
					TG	PL	CE	FC	FFA		
キロミクロン	0.95	80	1〜2	98〜99	88	8	3	1	—	原点	A-I, B, C-I〜III, E
VLDL	0.95〜1.006	30〜80	7〜10	90〜93	56	20	15	8	—	プレβ（α_2）	B, C-I〜III, E
IDL	1.006〜1.019	25〜30	11	89	29	18	34	9	—	プレβとβの間	B, E
LDL	1.019〜1.063	20〜30	21	79	13	28	48	10	—	β	B
HDL$_2$	1.063〜1.125	10〜20	41	67	16	43	31	10		α_1	A-I, A-II
HDL$_3$	1.125〜1.210	7.5〜10	56	43	13	46	29	6		α_1	A-I, A-II

TG：トリアシルグリセロール，PL：リン脂質，CE：コレステロールエステル，FC：遊離型コレステロール，FFA：遊離脂肪酸。
（Murray ら）

＊1 リポタンパク質の構造決定に重要な役割を果たすほか，リポタンパク質代謝においても重要な機能を担当し，キータンパク質ともいえる。

主なアポリポタンパク質の種類と性状

種類	機能	合成部位
A-I	LCAT 活性化	肝, 小腸
A-II	HDL の構造	肝, 小腸
B	TG 転送	肝, 小腸
C-I	LCAT, LPL 活性化	肝
C-II	LPL の活性化	肝
C-III	LPL の抑制	肝
E	レムナント代謝	肝(?), 小腸

LCAT：レシチンコレステロールアシルトランスフェラーゼ，LPL：リポプロテインリパーゼ，TG：トリアシルグリセロール

HDL_2 と HDL_3，VHDL（very high density lipoprotein，超高密度リポタンパク質）に分けられる。

リポタンパク質のタンパク質部分はアポリポタンパク質（apolipoprotein）＊1 と呼ばれ，1種あるいは多くは数種類（A-I，A-II，B，CI〜CIII，E など）のものが知られている。また含まれる量にも著しい差があり，例えば CM には 1〜2％，HDL_3 には約 56％のアポリポタンパク質が含まれている。アポリポタンパク質は ① リポタンパク質の代謝に関与する酵素の調節因子として，② 組織のリポタンパク質の受容体のリガンドとして，③ 脂質の輸送タンパク質としての機能などの役割を果たしている。

5 生体エネルギーの生成と利用

　生物がその機能を営むためには，必ずエネルギー（energy）が必要とされる。さまざまな生命現象は物質代謝を伴なうが，物質代謝は分子間の化学反応であり，エネルギーのやり取りを背景としている。この章では生体におけるエネルギーの位置づけと役割について述べる。

5-1　生体エネルギー

(1) 自由エネルギー

　エネルギーという用語はしばしば用いられるが，そもそも，"エネルギー"とは仕事をなし得る能力を示す量である。熱力学によると，生体のようなほとんど等温・等圧の環境で，ある物質のなし得る仕事の量はG（Gibbsの自由エネルギー）という関数で表現される。ある物質のもつGの絶対量を知ることは困難であるが，ある物質が状態変化する際のGの変化量（ΔG）を知ることはできる。化学反応から生じるエネルギーを測り，化学反応の進行を予測したりする場合には，このΔGが重要な意味をもつことになる[*1]。

(2) 化学反応とエネルギー

　ある物質Aが物質Bに変化する化学反応（A → B）を考えた場合に，A，Bそれぞれの自由エネルギーをG_A，G_Bとすると，ΔGは次の式のように示される。

$$\Delta G = G_B - G_A$$

　この反応系において，$\Delta G < 0$であれば，反応は自発的に進行し，余剰のエネルギーは反応系の外部に放出される（発エルゴン反応，exergonic reaction）。逆に，$\Delta G > 0$であれば，外部からのエネルギー注入がないとA → Bの反応は進行しない（吸エルゴン反応，endergonic reaction）。反応が平衡状態に達したときには，$\Delta G = 0$になる。

[*1] 化学反応の自由エネルギー変化（ΔG）は反応条件によって左右される。比較対照の便宜を図る上で，基準となる反応条件が設けられていて，これを標準状態という。生化学反応における標準状態は1気圧，pH = 7.0と定められており，この状態での自由エネルギーの変化を$\Delta G°'$と表す。

したがって，ある化学反応の ΔG の正負・大小は，その化学反応の進行の仕方と，その反応がおこる際に出入りするエネルギーの大きさを示すことになる。具体的には ΔG の値が負で大きいほど，反応のおこる際に放出されるエネルギーは大きいことになる[*1]。

*1 実際の反応状態での ΔG は反応物と生成物の濃度が関係する。
A + B ⇌ C + D という反応を考えた場合，$\Delta G = \Delta G^{\circ\prime} + RT \ln Q$ となる。ここで，R は気体定数，T は温度，$Q = [C][D]/[A][B]$ である（[ ]はそれぞれの物質の濃度）。

5-2 高エネルギーリン酸化合物の種類と役割

生体内で産生されるエネルギーは，炭水化物，脂肪，アミノ酸などの異化反応，すなわち酸化反応によって得られるが，得られたエネルギーの大部分は，最終的に ATP の形態で回収される。

(1) ATP の構造と役割

ATP（adenosine 5'-triphosphate：アデノシン 5'-三リン酸）は図 5-1 に示すように，プリン塩基のひとつであるアデニンに五炭糖の α-D-リボースが結合[*2]したアデノシン（アデニンヌクレオシド）に，3 分子のリン酸が結合[*3]した化合物である（p.147 参照）。

*2 β-N-グリコシド結合。

*3 リン酸エステル結合。

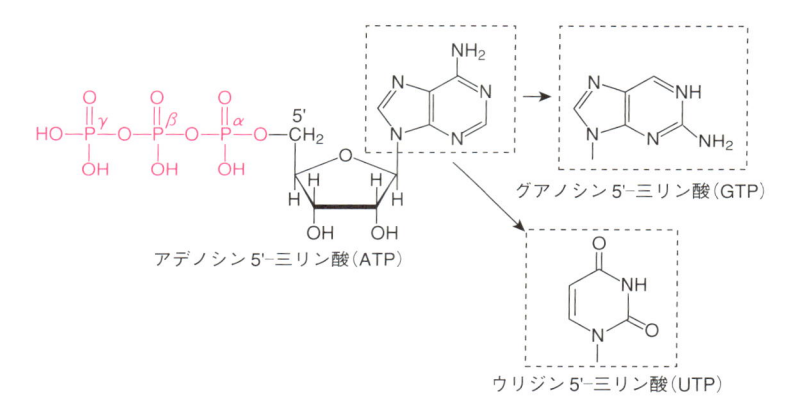

図 5-1 ヌクレオシド 5'-三リン酸の構造

ATP の β 位と γ 位の間のリン酸結合が加水分解される際に放出される自由エネルギーは -7.3 kcal/mol であり，これは，例えば解糖系の代謝中間体であるグルコース 6-リン酸のリン酸基の加水分解の際に放出される自由エネルギー（-3.3 kcal/mol）よりもずっと大きい。したがって，ATP のこのリン酸結合は高エネルギーリン酸結合と呼ばれており，このような結合をもつ化合物を一般に高エネルギー化合物（energy-rich compound）という。

生体内の代謝により得られたエネルギーは，さまざまな仕組みにより ADP と無機リン酸から ATP を合成する反応に用いられる。つまり，エネルギーは ATP の高エネルギーリン酸結合の形で一時的に蓄えられる。このエネルギーは ATP の加水分解とともに放出され，これが生体

内での種々の"仕事"に利用される。

(2) 他の高エネルギー化合物

ATPは生体内でエネルギー貯蔵に用いられる最も一般的な化合物であるが，ATP以外にも高エネルギー化合物は数多く存在し，それぞれ特異的な役割をもっている（表5-1）。

表5-1 各種リン酸化合物の加水分解の際に生じる自由エネルギー

化合物	$\Delta G^{\circ\prime}$ (pH 7.0) [kcal/mol]
ホスホエノールピルビン酸	－14.8
1,3-ビスホスホグリセリン酸	－11.8
ホスホクレアチン	－10.3
ピロリン酸	－8.0
ATP（ATP → ADP ＋リン酸）	－7.3
ADP	－6.5
UDP-グルコース	－8.0
グルコース 1-リン酸	－5.0
グルコース 6-リン酸	－3.3
グリセロール 3-リン酸	－2.2

GTP　ATP以外のヌクレオシド三リン酸も，高エネルギー化合物である。いずれもヌクレオシド二リン酸と無機リン酸とに加水分解される際に放出される自由エネルギーは，ATPと同様である。また，それぞれのヌクレオシド三リン酸ごとに固有の役割を有する。

GTP（guanosine 5'-triphosphate；グアノシン 5'-三リン酸，図5-1参照）はTCAサイクルのスクシニルCoAからコハク酸が生成する反応段階で，GDPと無機リン酸とから合成される。

GTPはG-タンパク質といわれる細胞内の信号伝達に関与し，一連のタンパク質の機能調節を行っている。これらのタンパク質は，GTPと結合した状態が活性型で，それ自体の有するGTP加水分解活性により，GDPとなった状態が不活性型である。

UTP　UTP（uridine 5'-triphosphate，ウリジン 5'-三リン酸，図5-1参照）はRNA合成の前駆物質であるが，多糖合成の前駆物質であるUDP-グルコース（UDP-glucose）をはじめとする，各種のUDP糖の合成に用いられる。UTPはヌクレオシド二リン酸キナーゼの作用により，UDPにATPのリン酸基が転移されて合成される。

グルコース 1-リン酸＋UTP ⟶ UDP-グルコース＋ピロリン酸

ホスホクレアチン　ホスホクレアチン（phosphocreatine）；クレアチンリン酸，creatine phosphate ともいう）は脊椎動物の筋肉中のエネルギー貯蔵体で

＊1　無脊椎動物の筋肉中ではホスホアルギニンが同様の役割を担っている。

ある＊1。この化合物のようなリン酸アミドは，ATPよりも保持できるエネルギー量が大きい。筋肉中にATPが豊富に含まれる場合には，ATPとクレアチン（creatine）から合成され，休止時の筋肉中のホスホクレアチンの濃度はATPの5倍以上にもなる。筋肉中のATP濃度が低下した場合には，ホスホクレアチンのリン酸基をADPに転移し，迅速にATPを補給する。

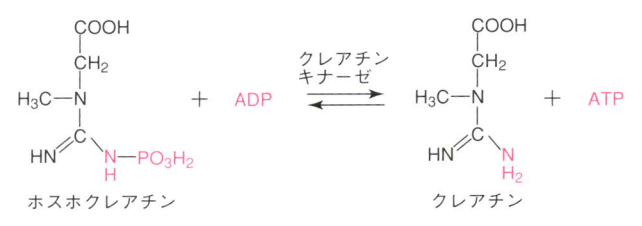

図5-2　ホスホクレアチンからのATP合成

＊2　p.82，図6-2参照。

ホスホエノールピルビン酸（phosphoenol-pyruvic acid）は解糖系の代謝中間体で3-ホスホグリセリン酸のエノラーゼ（enolase）による脱水反応で生成される＊2。本来，不安定な形態であるエノール型のピルビン酸にリン酸基が結合して固定しているため，極めて高エネルギーの化合物になっている。このリン酸基をADPに転移してATPを合成する反応は，生体内でとくに重要なATPの供給段階のひとつである。

図5-3　ホスホエノールピルビン酸からのATP合成

5-3　生体内の酸化還元と高エネルギー化合物の生成

生体のさまざまな活動に用いられるエネルギーは，物質が燃焼という酸化反応の際に熱エネルギーを放出するのと同様に，とり込まれた栄養素の酸化反応によりつくりだされる。

(1) 生体内の酸化還元

生体内での酸化反応は，物質の燃焼の場合と異なり，大部分は酸素分子が直接関与することなく行われる。すなわち，生体内の酸化反応の多くは脱水素反応である。例として，乳酸がピルビン酸に酸化される反応を挙げると，乳酸は図5-4に示すように2個の水素原子を失って酸化

される。はずされた水素原子は NAD^+（p.32 参照）に受け渡される。NAD^+ は水素原子を得て $NADH + H^+$ に還元される。

この酸化反応においてエネルギーの放出があるが，それは熱エネルギーなどとしてその場で放出されるのではなく，水素原子とともに，NAD^+ 分子に受け渡される。

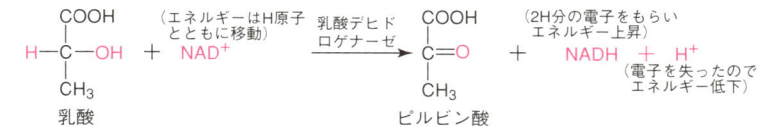

図 5-4　乳酸の酸化反応（脱水素反応）とエネルギーの受渡し

しかし，この反応式をみると，NAD^+ に結合した水素原子はひとつだけで，もうひとつは H^+ となって遊離していることが疑問に思われるかもしれないが，正確には，エネルギーは水素原子のもつ電子が担っているのであり，2 原子分の電子は両方とも NAD^+ に受け渡されているのである（p.32 参照）。

生体内での糖質や脂肪などの燃料分子の酸化反応（脱水素反応）により放出されるエネルギー（水素原子）を受容する分子には，NAD^+ のほか FAD がある。

（2）電子伝達系と酸化的リン酸化

NADH や $FADH_2$ に受け渡された燃料分子からのエネルギーは，ミトコンドリアの電子伝達系によりとりだされ，ATP に変換される。電子伝達系の仕組みは，電池に例えることができる。電池とは 2 つの金属のイオン化傾向の差を利用したものである。図 5-5 に示すように，Zn と Cu を比べると，Zn のほうが電子を放出しやすい（すなわち，電

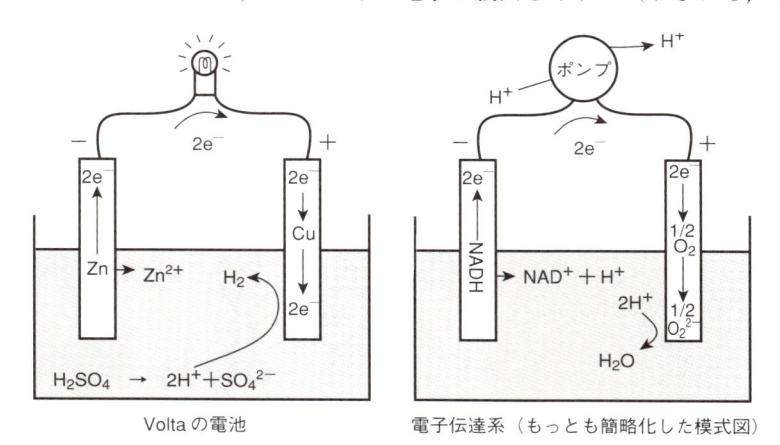

図 5-5　電子伝達系と電池の比較
電子伝達系は電池にたとえることができる。「電子伝達系電池」の「陰極」は NADH で，NAD^+ と H^+ に解離して電子を放出する。電子は H^+ を"ポンプでくみ上げる"仕事をした後，「陽極」の O_2 に渡され，そこで H^+ とともに H_2O を生成する。

子のエネルギーが高い)。そこで，Zn板とCu板とを電線でつなぐと，Zn側（陰極）では，Zn → Zn^{2+} + $2e^-$ の反応がおこり，放出された電子がZn板からCu板に向かって電子を移動し，Cu側（陽極）では$2H^+ + 2e^- → H_2$の反応で，H^+に電子が受け渡される。この際，途中につないだ電球を点灯させるなどの仕事が可能になり，電子は陽極側に移動するまでにエネルギーの低下がみられる。

電子伝達系の場合は，「陰極」側ではNADH → NAD^+ + H^+ + $2e^-$の反応がおこり，「陽極」側では$2H^+ + 1/2O_2 + 2e^- → 2H_2O$の反応がおこる。電子は「陰極」から「陽極」へ流れる途中で，"有するエネルギーを用いて，H^+を輸送するポンプを動かす"という仕事をする。電子伝達系の「両極」でおこる反応をまとめると，

$$NADH + H^+ + 1/2O_2 \longrightarrow NAD^+ + H_2O$$

となり，この際に放出される自由エネルギーは－52.6 kcal/mol である。

電子伝達系はミトコンドリア内膜に存在する，4種類の複合体[*1]から構成される。ミトコンドリアのマトリックス（p.8参照）に局在するTCAサイクルおよびβ-酸化系で糖質や脂肪酸の酸化・分解反応によりNADHと$FADH_2$が生成されるが，このうち，NADHの電子（e^-は，複合体Ⅰ，Ⅲ，Ⅳを，$FADH_2$の電子は複合体Ⅱ，Ⅲ，Ⅳに伝達される[*2,*3]。それぞれの複合体での電子の伝達は，酸化還元反応の積み重ねであり，それぞれの反応ごとに電子は自由エネルギーを放出する。

[*1] 複合体Ⅰ：NADH-CoQレダクターゼ，複合体Ⅱ：コハク酸-CoQレダクターゼ，複合体Ⅲ：CoQ-シトクロムcレダクターゼ，複合体Ⅳ：シトクロムcオキシターゼ。

[*2] NADHからの電子は，詳しくは以下のように伝達される。NADH → [FMN → Fe-S]^Ⅰ → CoQ → [Cytb → Fe-S → Cytc$_1$]^Ⅲ → Cytc → [Cu^{2+}a → Cyta → Cu^{2+}b → Cyta$_3$]^Ⅳ → O_2（Fe-S：鉄－硫黄クラスター，Cyt：シトクロム）$FADH_2$からは，[$FADH_2$ → FeS]^Ⅱ → CoQ（以下，NADHと同じ）。一連の酸化還元反応が鎖のように続くことから，"呼吸鎖"ともいわれる。

[*3] TCAサイクルで$FADH_2$を合成するとされるコハク酸デヒドロゲナーゼは，電子伝達系の複合体Ⅱの主要構成要素である。FADはその酵素の補欠分子族として機能しており，コハク酸から直接"電子のみ"を受け渡される。したがって，$FADH_2$はNADHのように遊離された分子で存在するわけではなく，この場合の"$FADH_2$"というのも便宜的な表現ということになる。また，β酸化系でのアシルCoAデヒドロゲナーゼでも，FADは"補欠分子族"として機能している。

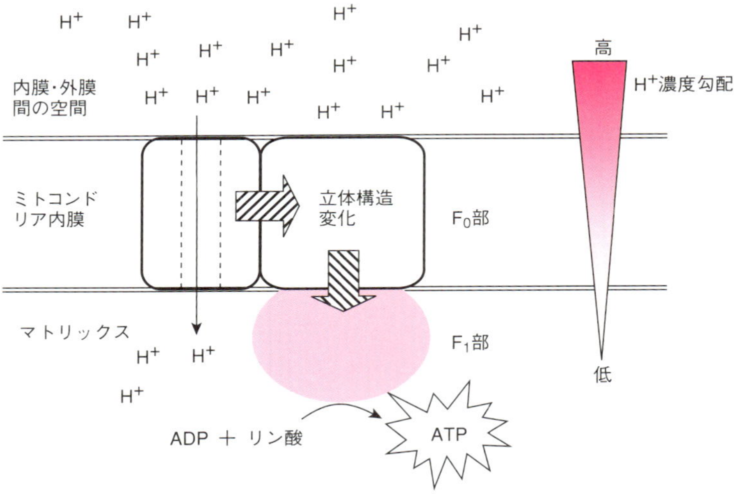

図5-6 $F_0 \cdot F_1$ATPシンターゼによるH^+輸送と共役したATP合成

$F_0 \cdot F_1$ATPシンターゼはミトコンドリア内膜中のF_0部と，マトリックス内に突き出た部よりなり，それぞれの複数のサブユニットで構成される酵素である。F_0部の一部はH^+が透過できる通路になっており，ここをH^+が通ることで$F_0 → F_1$と順次立体構造が変化する（図中太矢印）。F_1部が構造変化することでADPとリン酸の結合と，それに続くATPの合成が起こる。

放出されたエネルギーはミトコンドリアのマトリックスから内膜・外膜間の空間へH^+（プロトン）を輸送するのに用いられる。その結果，ミトコンドリア内膜を隔てて，H^+濃度が内膜・外膜間側で高くなり，マトリックス側が低いという濃度勾配が生じる（図5-6）。この濃度勾配に応じて，H^+はマトリックス側へ流入しようとするが，この場合に，内膜を通り抜けるために利用する通路が，$F_0 \cdot F_1$ATPシンターゼの一部である。$F_0 \cdot F_1$ATPシンターゼは数多くのサブユニットから構成されるタンパク質複合体であり，そのうち，ミトコンドリア内膜を貫通する形で存在するF_0ユニットの一部が，H^+の通過できるプロトンチャンネルを構成している。このチャンネルをH^+が通過する際に複合体全体の立体構造の変化が生じ，F_1ユニットでATPの合成（ADP＋リン酸 ⟶ ATP）が行われる。$F_0 \cdot F_1$ATPシンターゼは，例えば，水力発電機が高所の水を低所に落とす際の位置エネルギーの変化で生じるエネルギーを電気に変換するように，内膜・外膜間からマトリックスにH^+を"落とす"際に生じるエネルギーを動力とする装置として機能する。

複合体Ⅳまで伝達されてエネルギーの低下した電子は，最後に呼吸によりとり込まれたO_2に受け渡され，それにH^+が結合し，その結果H_2Oが生じる。

〔NADHからの電子伝達〕

〔$FADH_2$からの電子伝達〕

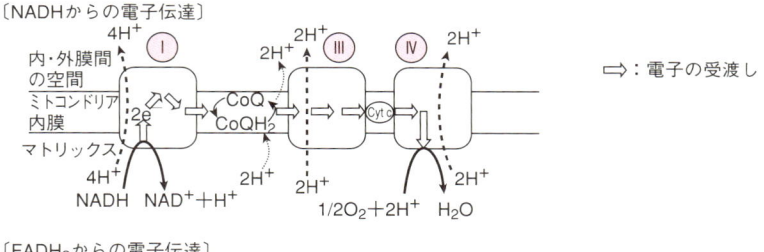

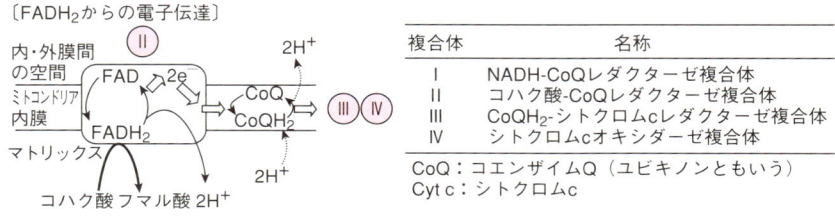

複合体	名称
Ⅰ	NADH-CoQレダクターゼ複合体
Ⅱ	コハク酸-CoQレダクターゼ複合体
Ⅲ	$CoQH_2$-シトクロムcレダクターゼ複合体
Ⅳ	シトクロムcオキシダーゼ複合体

CoQ：コエンザイムQ（ユビキノンともいう）
Cyt c：シトクロムc

図5-7 電子伝達系を構成するタンパク質複合体とその働き[*1]

図5-7に示すように，NADHの電子を伝達する際には，放出されるエネルギーにより，複合体Ⅰ，Ⅲ，ⅣのいずれにおいてもH^+の輸送がおこるが，$FADH_2$の電子伝達の際には，複合体Ⅱでは十分なエネルギーが放出されないため，H^+が輸送されない。その結果，NADH1分子当たり輸送されるH^+は10個，$FADH_2$1分子当たりでは6個と計算される。この差は，次の$F_0 \cdot F_1$ATPシンターゼによるATP合成の段階

*1 NADHからの電子は複合体Ⅰ→（CoQ）→Ⅲ→（Cyt c）→Ⅳ→O_2，$FADH_2$からの電子は複合体Ⅱ→（CoQ）→Ⅲ→（Cyt c）→Ⅳ→O_2の順に受け渡され，その間に放出されたエネルギーにより，マトリックス中のH^+が内・外膜間へ輸送される（破線矢印）。複合体ⅡはTCAサイクルの一部である。脂肪酸のβ酸化により生成する$FADH_2$からは複合体Ⅱとは別なフラビンタンパク質の作用でCoQに電子が伝達される。

＊1 近年の研究では，ATP1分子の合成には4個のH⁺が必要であるとされている。これにしたがえば，1分子のNADHから合成できるATPは10/4＝2.5分子，1分子のFADH$_2$（コハク酸）から合成できるATPは6/4＝1.5分子ということになる。

＊2 p.88の「基質レベルのリン酸化」を参照。

に反映され，結果的にNADHから放出されたエネルギーでは1分子当たり3ATP，FADH$_2$では2ATPが合成できると計算される[*1]。

この一連のATP生成（すなわちADPのリン酸化）の過程は，動力となる電池の陽極に相当する酸素が不可欠であるので，酸化的リン酸化（oxidative phosphorylation）といわれる。

（3）基質準位のリン酸化[*2]

酸化的リン酸化以外にも，代謝系にはATPの合成される反応がいくつか存在し，これを基質準位（レベル）のリン酸化（substrate-level phosphorylation）という。以下の2つの反応は解糖系の反応（p.82，図6-2参照）で，細胞質ゾルでおこる。

① ホスホグリセリン酸キナーゼの反応

 1,3-ビスホスホグリセリン酸＋ADP
 ⟶ 3-ホスホグリセリン酸＋ATP

② ピルビン酸キナーゼの反応

 ホスホエノールピルビン酸＋ADP ⟶ ピルビン酸＋ATP

これらの反応は酸化的リン酸化の場合と異なり，酸素が無くても進行するため，骨格筋の急激な運動時のような嫌気的代謝状態でのエネルギー生成として重要な意味をもっている。

TCAサイクルにおいても基質準位のリン酸化はおこる（p.86，図6-3参照）。

 スクシニルCoA＋GDP＋リン酸
 ⟶ コハク酸＋CoA＋GTP

GTPはATPと相互変換可能である。TCAサイクルの反応も直接酸素が使われていないので，この反応も嫌気的条件下でのエネルギー生成のようにみえるが，実際には嫌気的状態ではNAD⁺やFADの供給が止まってしまうのでTCAサイクルは進行しない。

5-4 生体エネルギーの利用

これまでに述べた機構でATPに変換されたエネルギーは，さまざまな生体機能，例えば，筋収縮，物質合成，物質輸送，熱産生などに，また生物によっては発電・発光などにも利用される。

（1）筋収縮

生体でATPを最も多く消費する機能は筋収縮である。静止時でも全ATPの約30％，激しい筋運動時には85％以上のATPを消費するといわれている。

骨格筋などを構成する横紋筋は筋細胞，すなわち筋繊維からなる。筋

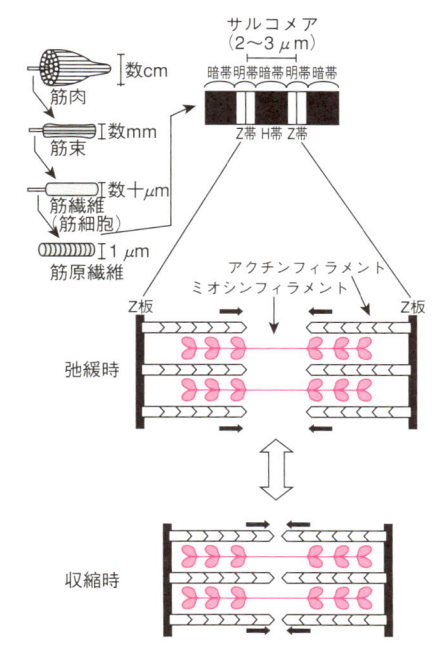

図5-8 骨格筋（横紋筋）の収縮
(Lodish ほか・改)

筋原繊維はZ板に結合したアクチンフィラメントとそれの間隙にはまり込んでいるミオシンフィラメントで構成されるサルコメアが多数結合したものである。個々のサルコメアが筋収縮の単位となっており，アクチンフィラメントの間隙をミオシンフィラメントが滑り込むことで両側のZ板が引き寄せられ，筋収縮がおこる。

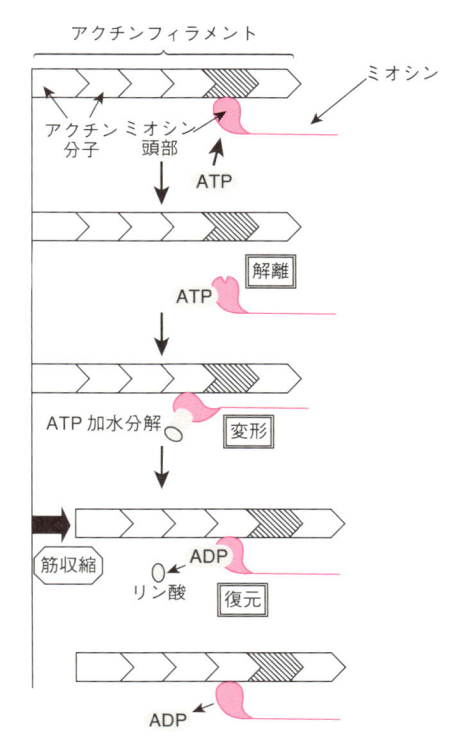

図5-9 ミオシンの運動とATPの加水分解[*1]
(H.Lodish ほか・改)

繊維には細胞全体にわたって筋原繊維が詰まっているが，筋原繊維は図5-8に示すように，サルコメア[*2]という単位の繰り返しで構成されている。サルコメアはアクチン（actin）とミオシン（myosin）の2種類のフィラメントから構成されている。ミオシンのフィラメントの頭部は通常アクチンフィラメントと結合しているが，ATPが結合すると，頭部の立体構造の変化がおこり，アクチンフィラメントとの結合が緩む。ミオシン頭部はATP加水分解活性をもっており，ATPの分解とともに頭部はアクチンフィラメントから離れ，回転してアクチンフィラメントのこれまで結合していた部分から離れた部位の別なアクチン分子と結合する。そののち，無機リン酸が頭部から離れると，立体構造はもとに戻る。その際に結合しているアクチンフィラメントを動かす力が働き，筋収縮がおこる（図5-9）。

(2) 物質合成

多くの合成反応の際に，ATPのもつ高エネルギーが利用される。この場合，ATPがADP＋リン酸に加水分解されたときに放出される自由エネルギー自体は，合成に直接用いられるのではなく，ATPのエネ

[*1] アクチン・ミオシン両フィラメントはそれぞれが単量体のアクチン・ミオシンタンパク質分子の重合体である。通常，ミオシンタンパク質の頭部はアクチン分子に結合しているが，ATPが結合することでアクチンから解離する。ミオシン頭部はATP加水分解活性をもっていて，ATPを分解する過程で，ミオシン自体の立体構造変化がおき，アクチン分子を"手繰り寄せる"ことができる。

[*2] sarcomere，筋節ともいう。骨格筋の収縮構造である筋原繊維の単位構造。

ルギーはリン酸基の転移反応によって，リン酸基もろとも他の分子に転移される。リン酸基を受け取った（リン酸化された）分子は，いわば"活性化された"状態で，他の分子との結合反応を進行させやすくなっている。

$$X + Y + ATP \longrightarrow X-Y + ADP + ⓟ（リン酸）$$

この反応は，以下の2段階の反応から構成されると考えられる。

$$X + ATP \longrightarrow X-ⓟ + ADP \qquad (1)$$
$$X-ⓟ + Y \longrightarrow X-Y + ⓟ \qquad (2)$$

(1) が活性化の段階で，リン酸基の転移された高エネルギー中間体（X-ⓟ）が生成され，これにより (2) の反応が容易に進行する。例として，以下にグルタミンシンターゼによるグルタミン合成反応を示す（図5-10）。

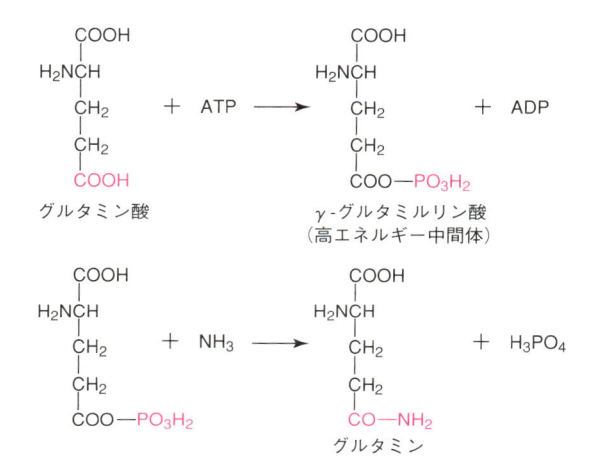

図5-10 グルタミンシンターゼによるグルタミンの合成反応

ATPによる合成反応のための分子の活性化には，もうひとつのパターンがある。

$$X + Y + ATP \longrightarrow X-Y + AMP + ⓟ-ⓟ（ピロリン酸）$$
$$X + ATP \longrightarrow X-AMP + ⓟ-ⓟ \qquad (1)$$
$$X-AMP + Y \longrightarrow X-Y + AMP \qquad (2)$$

この場合，アデニル化中間体（X-AMP）が高エネルギー中間体になり，ヌクレオチドの最終産物はAMPになる。例として，アシルCoAシンターゼ（acyl-CoA synthase）によるアシルCoA合成反応を図5-

R·COOH + ATP ⟶ R·CO-AMP + PP*i*
脂肪酸　　　　　　アミノアシル-AMP　ピロリン酸
　　　　　　　　　（高エネルギー中間体）

R·CO-AMP + HS·CoA ⟶ R·CO〜S·CoA + AMP
　　　　　　　　　　　　　アシルCoA

図5-11 アシルCoAの合成反応

11 示す。

(3) 物質輸送

細胞膜を介して物質輸送を行う場合に，ある物質が膜を隔てて，濃度の低いほうから高いほうへ，すなわち濃度勾配に逆らって輸送される場合にはエネルギーが必要になり，この場合にも ATP のエネルギーが用いられる。このような輸送を能動輸送（active transport）という。

ATP 依存性の輸送機構（ポンプ）にはいくつか種類がある。主要なものを表5-2に示す。

表5-2 主要な ATP 依存性ポンプ

ポンプの型	輸送される物質	各ポンプの主な局在
P 型	H^+, Na^+, K^+, Ca^{2+}	細胞膜（Na^+/K^+ポンプ） 胃壁細胞の内腔に面した細胞膜（H^+/K^+ポンプ） 細胞膜・筋小胞体膜（Ca^{2+}ポンプ）
F 型	H^+	ミトコンドリア内膜（電子伝達系）
V 型	H^+	リソソーム膜
ABC 型	イオンや種々の低分子	細胞膜（低分子物質の輸送）

図5-12 に示すように，Na^+/K^+ポンプは，Na^+とK^+を逆方向に共役して輸送し，細胞膜内外の両イオンの濃度差を形成する。また，ATP のエネルギーを直接利用するのではなく，ATP 依存性に形成された Na^+ の濃度勾配のエネルギーを利用して行われる濃度勾配に逆らった物質輸送もあり，共輸送（contransport または symport）といわれる。小腸や腎尿細管でのグルコースのとり込みなどはこの機構で行われる。

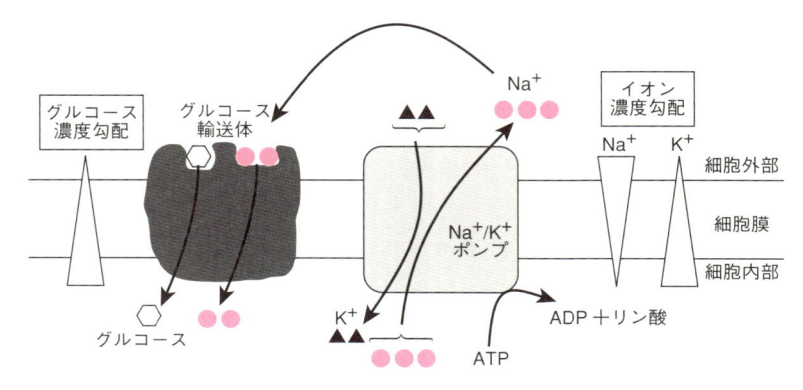

図5-12 細胞膜の Na^+/K^+ ポンプの機能とグルコースの共輸送（Lodish ほか・改）
Na^+/K^+ポンプは ATP を分解して得られるエネルギーで，Na^+ を細胞外に，K^+を細胞内に輸送し，その結果，膜を隔ててそれぞれのイオンの濃度勾配が形成される。小腸・腎尿細管でのグルコースの輸送体はこれ自体は ATP の分解活性はないが，Na^+/K^+ポンプで形成された，Na^+の濃度勾配に従った輸送に共役させてグルコースを輸送する。したがって，この場合，「間接的に」ATP を消費してグルコースが細胞内にとり込まれることになる。

6 糖質の代謝

6-1 体内にとり入れられた糖質の行方と糖質代謝の概要

(1) 体内にとり入れられた糖質の行方

人は1日の摂取エネルギーの約60%を糖質から得ている。デンプンが主であるが，二糖であるスクロース・ラクトースや単糖のグルコース・フルクトースとしても摂取される。単糖以外の糖質は，体内でグルコース・フルクトース・ガラクトースなどの単糖にまで分解され，小腸で吸収され門脈をとおって肝臓に運ばれる。肝臓に入った単糖は，グルコースはグルコース6-リン酸に変えられ，グルコース以外のヘキソースも変換されたのち解糖経路に入り，そのときのからだの各所の細胞の要求にしたがって種々の経路で代謝される。

(2) 糖質代謝の概要

体内での糖質代謝の主な目的は，糖質を酸化分解して活動エネルギーとしてのATPを取りだすことにある。食事由来のグルコースなどの単糖は，かなりの部分がいったん肝臓でグリコーゲンに合成される。肝グリコーゲンは，血糖値が降下してくると分解されて血糖として放出される。筋肉に送られた血糖は，筋グリコーゲンを合成する。筋グリコーゲンは必要に応じて酸化分解され筋収縮のエネルギーとしてのATPを供給する。他の臓器でもグルコースは細胞内にとり込まれ，酸化分解されてそれぞれの活動エネルギーに転換される。

これらのグリコーゲンやグルコースがATPに転換される過程は，解糖とTCAサイクルという2つの経路による。解糖は細胞の細胞質ゾルで行われる反応で，グルコース1分子がピルビン酸2分子を生ずる過程である。嫌気的条件下（筋肉の激しい収縮運動など）ではATP産生

の唯一の経路であり，ピルビン酸は還元されてさらに乳酸になる。

好気的条件下では，ピルビン酸はミトコンドリア内に移され，酸化的脱炭酸を受けてアセチルCoAへと転換され，次いでTCAサイクルへ入っていく。TCAサイクルでは回路を廻る間にすべてCO_2とH_2Oに分解され，このとき取りだされたNADHやFADH$_2$などは，主に酸化的リン酸化（oxidative phosphorylation）によって効率的にATPに転換される（図6-1）。グルコース1分子から解糖およびTCAサイクルの全過程で，38（または36）分子のATPの産生がある。

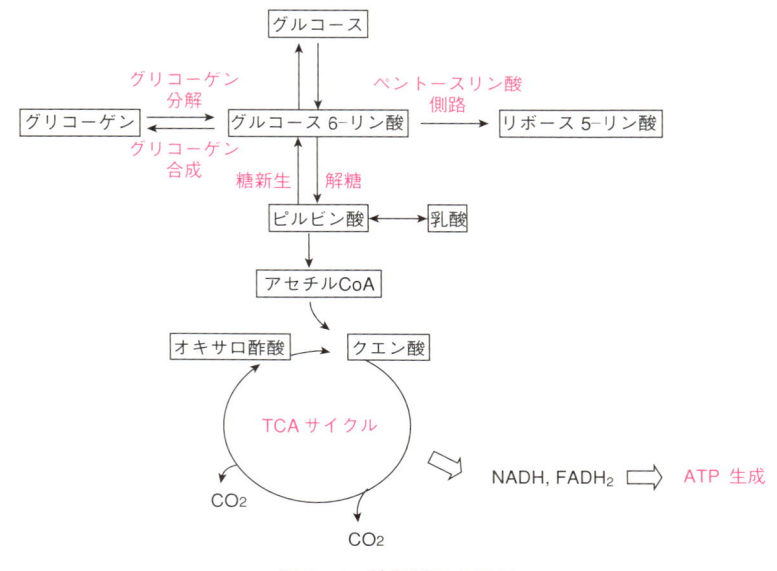

図6-1 糖質代謝の概要

肝グリコーゲンの体内での貯蔵量はせいぜい半日分のエネルギーをまかなえる程度なので，食事の供給が途絶えたときはピルビン酸・乳酸・アミノ酸などからの糖新生によって血糖値が維持される。

糖質代謝は他の栄養素の代謝とも密接な関係がある。脂質が分解され生じた脂肪酸は，アセチルCoAに分解されTCAサイクルに流入する。過剰に摂取された糖質からはアセチルCoAを経て脂肪酸が合成され，肝臓や脂肪組織に貯蔵される。

タンパク質の分解で生じたアミノ酸はアミノ基がはずされ，炭素骨格となってTCAサイクルの中間体を経て代謝される。さらに，解糖とは別経路のペントースリン酸側路では核酸やヌクレオチド合成の材料であるリボース5-リン酸と脂肪酸合成に必要なNADPHが合成される。また，グルクロン酸経路で生成するグルクロン酸はグルコサミノグリカンの材料となったり，ビリルビンと反応してグルクロン酸抱合を形成し体内の解毒に関与している。

6-2 グルコースの代謝

(1) 解　糖

解糖（glycolysis）[*1] とはグルコース1分子がピルビン酸または乳酸2分子に分解される過程である。嫌気的条件下では反応は乳酸まで進み，好気的条件下では生成したピルビン酸がさらにミトコンドリア内に移行して，TCA サイクルの基質となる。解糖は細胞の細胞質ゾルで行われ，

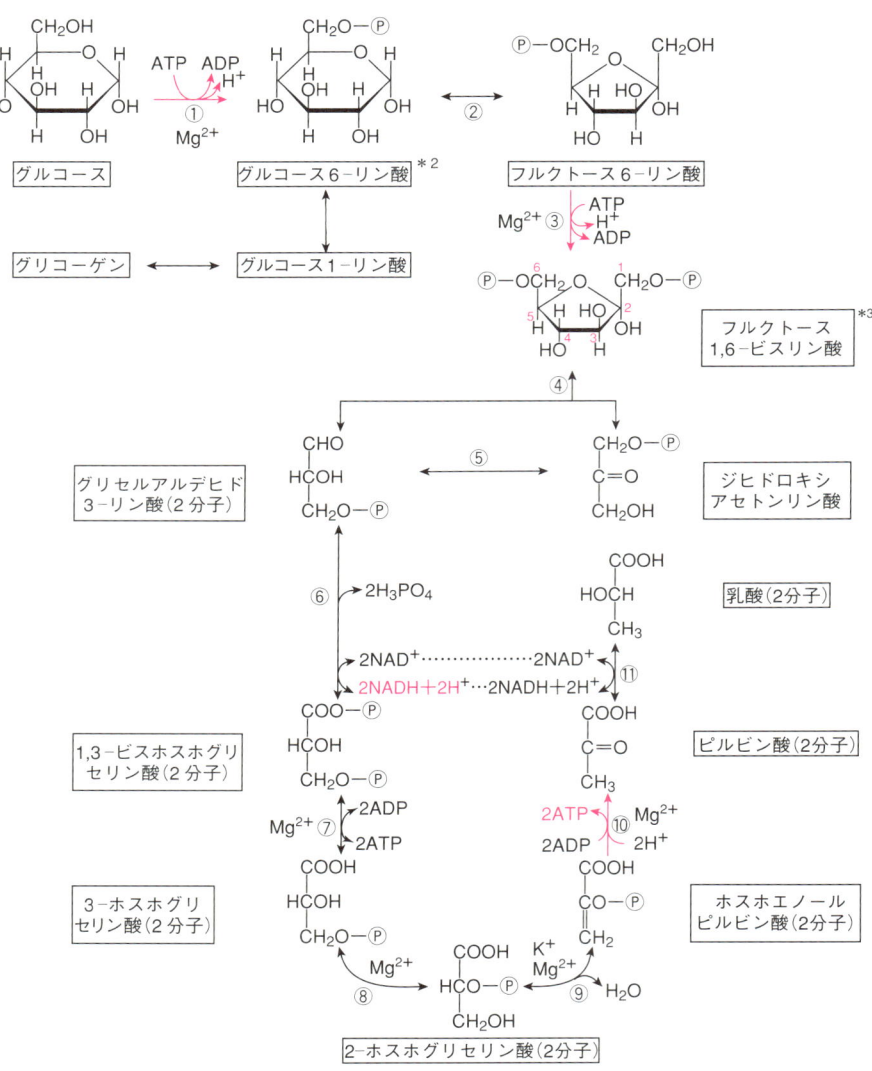

*1　発見者の名前の頭文字から EMP（Embden–Meyerhof–Parnas）経路とも呼ばれる。

*2　p.44 の図4-8の構造式を参照。Ⓟは PO_3H_2 の略。

*3　フルクトース 1,6-二リン酸ともいう。

[関与する酵素]：①ヘキソキナーゼ（グルコキナーゼ）　②ホスホグルコースイソメラーゼ　③ホスホフルクトキナーゼⅠ　④アルドラーゼ　⑤トリオースリン酸イソメラーゼ　⑥グリセルアルデヒド3-リン酸デヒドロゲナーゼ　⑦ホスホグリセリン酸キナーゼ　⑧ホスホグリセリン酸ムターゼ　⑨エノラーゼ　⑩ピルビン酸キナーゼ　⑪乳酸デヒドロゲナーゼ

図6-2　細胞の細胞質ゾルにおける解糖

10あるいは11種類の酵素が連続して関与する。この過程の全反応式は次式で表わされる*1。

$$\text{グルコース} + 2\text{NAD}^+ + 2\text{ADP} + 2\text{P}i \longrightarrow$$
$$2\text{ピルビン酸} + 2\text{NADH} + 2\text{ATP} + 2\text{H}_2\text{O} + 2\text{H}^+$$

この経路は骨格筋において発達している*2が、ほとんどの生物に存在するもっとも基本的な代謝経路である。

解糖の過程

出発物質はグルコースまたはグリコーゲンである。グリコーゲンはグルコース1-リン酸となり、次いでグルコース6-リン酸に転換して（p.97、図6-13参照）、この経路に合流する。以下に解糖の経路を順にたどるが、番号は図6-2の酵素の番号と対応する。解糖は二段階で進行し、①～⑤で炭素原子6個のグルコース1分子が炭素原子3個のグリセルアルデヒド3-リン酸2分子となるところまでを第一段階とする。この段階ではATP 2分子を消費する。⑥以下のグリセルアルデヒド3-リン酸がピルビン酸に転換される部分が第二段階で、この段階では4ATPが生ずる。第一段階と合わせて解糖全体では2ATPが生成したことになる。

① 最初の反応はグルコースのC-6位の水酸基をATPのリン酸基を使ってリン酸化し、グルコース6-リン酸とする反応である。触媒する酵素はヘキソキナーゼ*3（肝臓ではグルコキナーゼ*4）で、Mg^{2+}あるいはMn^{2+}を必要とする*5。

② グルコース6-リン酸はホスホグルコースイソメラーゼによって異性化され、フルクトース6-リン酸に変換する。

③ フルクトース6-リン酸のC-1位がホスホフルクトキナーゼIの作用でリン酸化され、フルクトース1,6-ビスリン酸となる。ここでも①と同様にATPのリン酸基が使われる。この反応は解糖の律速段階のひとつであり、解糖の調節に重要な役割を果たしている*6。

④ フルクトース1,6-ビスリン酸*7はアルドラーゼの作用で2つに開裂し、炭素原子3個のトリオースリン酸であるグリセルアルデヒド3-リン酸とジヒドロキシアセトンリン酸とになる*8。

⑤ ④で生成した2つのトリオースリン酸のうち、グリセルアルデヒド3-リン酸だけが以後の解糖経路をたどる。もう一方のジヒドロキシアセトンリン酸はトリオースリン酸イソメラーゼの作用で異性化され、グリセルアルデヒド3-リン酸に変換され、結果としてフルクトース1,6-ビスリン酸から2分子のグリセルアルデヒド3-リン酸が生じたことになる。したがって、以下の反応はすべて2分子の反応となる。

*1 人の場合、解糖はグルコース1分子をピルビン酸2分子に変換する反応過程であり、反応に酸素を必要としない点で原始的な代謝経路である。反応に関与する酵素は細胞質ゾル内に存在する。2H^+は2つの陽子（プロトン）。

*2 赤血球、腎髄質、精子などではグルコースの解糖によるATP生成が主要な代謝エネルギーとなる。

*3 キナーゼ：ATPの末端のリン酸基をある受容体に転移する反応を触媒する酵素を一般にキナーゼと呼ぶ。トランスフェラーゼ（転移酵素）に分類される。

*4 グルコキナーゼはヘキソキナーゼの肝アイソザイムで、グルコースに特に親和性が高い（p.35参照）。

*5 Mg^{2+}の作用：解糖に関係する酵素にはMg^{2+}で活性化されるものが多い。①ヘキソキナーゼ・グルコキナーゼ、③ホスホフルクトキナーゼI、⑦ホスホグリセリン酸キナーゼ、⑨エノラーゼ ⑩ピルビン酸キナーゼが該当し、とくにキナーゼで目立つ。

*6 ホスホフルクトキナーゼIは解糖の主要な律速酵素で、過剰のATPによってアロステリックな阻害（p.37～38参照）を受ける。ADP、AMP、正リン酸などはATPによるこの酵素の阻害を解除して活性化する。

*7 開環状D-フルクトース1,6-ビスリン酸

$$\begin{array}{c}
\text{CH}_2\text{O}\,\text{P}\\
\text{C}=\text{O}\\
\text{HO}-\text{C}-\text{H}\\
\text{H}-\text{C}-\text{OH}\\
\text{H}-\text{C}-\text{OH}\\
\text{CH}_2\text{O}\,\text{P}
\end{array}$$

*8 逆すなわちレトロアルドール縮合反応。

*1 酸化およびリン酸化反応。

*2 ムターゼ：化合物の基や原子団の分子内転移反応を触媒する酵素の総称。ホスホムターゼはリン酸基の分子内転移を行う。イソメラーゼ（異性化酵素）の一種。

*3 グルコース1分子当たり①と③で1分子ずつATPを消費し，⑦と⑩で2分子ずつATPを生成するので，差し引き＋2ATPとなる。

*4 筋肉では実際にはグルコースではなくグリコーゲンから出発する場合が主である。このときは①でのATPの消費がないので，3分子のATPが産生される。

⑥ グリセルアルデヒド3-リン酸のアルデヒド基はリン酸（Pi）の存在下でグリセルアルデヒド3-リン酸デヒドロゲナーゼの働きで脱水素され，1,3-ビスホスホグリセリン酸となる*1。この化合物のC-1位のリン酸基は高エネルギーリン酸結合（〜Ⓟ）で結合している。このとき酵素の水素受容体であるNAD^+は$NADH + H^+$へと変換する（NADHの酸化的リン酸化によるATP産生はp.88参照）。

⑦ 1,3-ビスホスホグリセリン酸のもつ高エネルギーリン酸基をADPに転移し，3-ホスホグリセリン酸とATPを産生する反応で，触媒する酵素はホスホグリセリン酸キナーゼである。このときのATP産生は"基質レベルのリン酸化（p.88参照）"による。

⑧ 3-ホスホグリセリン酸のC-3位のリン酸基をホスホグリセリン酸ムターゼ*2の作用で転移し，2-ホスホグリセリン酸が生成する。

⑨ 2-ホスホグリセリン酸はエノラーゼが関与する脱水反応を受ける。その結果，分子内のエネルギー再分布がもたらされ，高エネルギーリン酸化合物であるホスホエノールピルビン酸（PEP）が生成する。

⑩ ホスホエノールピルビン酸のリン酸基をADPに転移する反応で，ピルビン酸キナーゼによって触媒され，ピルビン酸とATPが産生する。ATPの産生は⑦と同様"基質レベルのリン酸化"による。グルコース1分子から出発して，この段階までのATPの収支は2ATP*3,4となる。酸素が十分供給される好気的条件では，生成したピルビン酸は次項で述べるTCAサイクルにとり込まれ，完全に酸化されてCO_2とH_2Oになる。

⑪ 嫌気的条件のもとでは，ピルビン酸は乳酸デヒドロゲナーゼにより還元されて乳酸となる。この反応では⑥で生成したNADHをNAD^+として再生する。

解糖と筋肉活動

骨格筋では，筋肉の活動の程度によってATP産生の経路を選択する。ゆっくりした運動では，呼吸により取り入れた酸素を用いる酸化的リン酸化によってATPを生成する。これに対して，急激な運動（短距離走など）では，ATP産生のための酸素の供給（呼吸）が追いつかない。このような場合には嫌気的条件で解糖によって，筋グリコーゲンを乳酸まで分解してATPを生成する。このとき筋肉に乳酸が蓄積してくるとpHが低下して痛みが生じ，活動が続けられなくなる。生じた乳酸は肝臓に運ばれ，糖新生（p.95）でグルコースに再生される。ゆっくりした運動

には赤筋，急激な運動には白筋と呼ばれる筋線維が関係する。赤筋には酸化的リン酸化が行われるミトコンドリアが多く，白筋には少ない*1。

(2) ピルビン酸のアセチル CoA への酸化的脱炭酸

解糖によって生成したピルビン酸は輸送タンパク質によりミトコンドリアのマトリックスへ運ばれ，TCA サイクルに入る前に高エネルギー化合物であるアセチル CoA（$CH_3 \cdot CO \sim S \cdot CoA$）に変換される。この反応はピルビン酸デヒドロゲナーゼ複合体*2 を触媒とする酸化的脱炭酸反応である。ピルビン酸のカルボキシル基が CO_2 として除かれ，残る 2 つの炭素原子はアセチル CoA のアセチル基（$CH_3 \cdot CO-$）となる。反応全体では

ピルビン酸 + CoA + NAD^+ ⟶ アセチル CoA + CO_2 + NADH + H^+

となる不可逆反応*3 で，生じた NADH は電子伝達系に入り酸化的リン酸化反応で ATP を産生する。

ピルビン酸デヒドロゲナーゼ複合体*4 は 3 種類の酵素の集合体である。また，この反応には 5 種類の補酵素・補因子すなわち，チアミン二リン酸（TDP），FAD，CoA（反応式では HS·CoA と記す），NAD^+，リポ酸が関与している。したがってビタミン B_1（チアミン）欠乏ではピルビン酸デヒドロゲナーゼ複合体が十分に作用せず，ピルビン酸の酸化を正常に行なうことができない。脳や神経はその活動エネルギーのほとんどをピルビン酸の酸化を含むグルコースの酸化に頼っており，ビタミン B_1 欠乏症である脚気（beriberi）では神経機能の障害が特徴として現われる。

(3) アセチル CoA の TCA サイクルでの分解

TCA サイクル（TCA cycle）*5 は糖・脂肪酸・アミノ酸などの炭素骨格を好気的条件下で最終的に完全酸化するための代謝経路である*6。8 段階の回路的な反応であり，関係する酵素*7 は真核生物ではミトコンドリアのマトリックスに局在する。回路を一回転するとアセチル CoA のアセチル基は完全に CO_2 と H_2O に酸化される。TCA サイクルの正味の反応は

$3NAD^+ + FAD^+ + GDP + Pi +$ アセチル CoA
⟶ $3NADH + FADH_2 + GTP + CoA + 2CO_2$

で示される。この回路で生じた還元型補酵素である NADH と $FADH_2$ は電子伝達系に入り，酸化的リン酸化によって ATP を産生する（次項参照）。8 段階の反応を順次たどるが，以下の番号は図 6-3 での酵素の番号と対応する。

① この回路の最初の反応において，アセチル CoA のアセチル基（炭素 2 個）とオキサロ酢酸（炭素 4 個）とが縮合し，クエン酸

*1 赤筋は白筋に比べてグリコーゲン顆粒が少なく，解糖に関係する酵素の活性も低い。

*2 多酵素複合体：代謝経路上の連続する反応を触媒する複数の酵素が，特定の配置で会合した複合体。触媒としての効率が高い。ピルビン酸デヒドロゲナーゼ複合体のほかに，α-ケトグルタル酸デヒドロゲナーゼ複合体，脂肪酸合成酵素複合体などが知られる。

*3 脂肪酸の分解で生じたアセチル CoA は，この酵素反応が不可逆のため，ピルビン酸には変換されない。このため，脂肪酸から糖新生の経路をたどりグルコースが生じることはない。

*4 この多酵素複合体はピルビン酸デヒドロゲナーゼ（E1），ジヒドロリポイルトランスアセチラーゼ（E2），ジヒドロリポイルデヒドロゲナーゼ（E3）の 3 種の酵素からなり，分子量約 200 万の巨大な分子である。

*5 TCA サイクルはクエン酸からイソクエン酸までがいずれも分子内にカルボキシル基を 3 つもつトリカルボン酸（tricarboxylic acid，TCA）であることからつけられた名称である。なお，出発物質の名前をとってクエン酸回路，あるいは発見者の名前をとって Krebs 回路ともいう。
TCA サイクルはアセチル CoA の 2 つの C 原子を完全に CO_2 にまで酸化する一連の反応である。アセチル CoA からエネルギーを遊離する中心的経路。

*6 TCA サイクルと有機酸：イソクエン酸，α-ケトグルタル酸，スクシニル CoA，コハク酸，フマル酸，L-リンゴ酸，オキサロ酢酸など多くの有機酸が TCA サイクルの中間体となっている。

*7 TCA サイクルにかかわる酵素は膜タンパク質であるコハク酸デヒドロゲナーゼを除き，すべて可溶性タンパク質である。

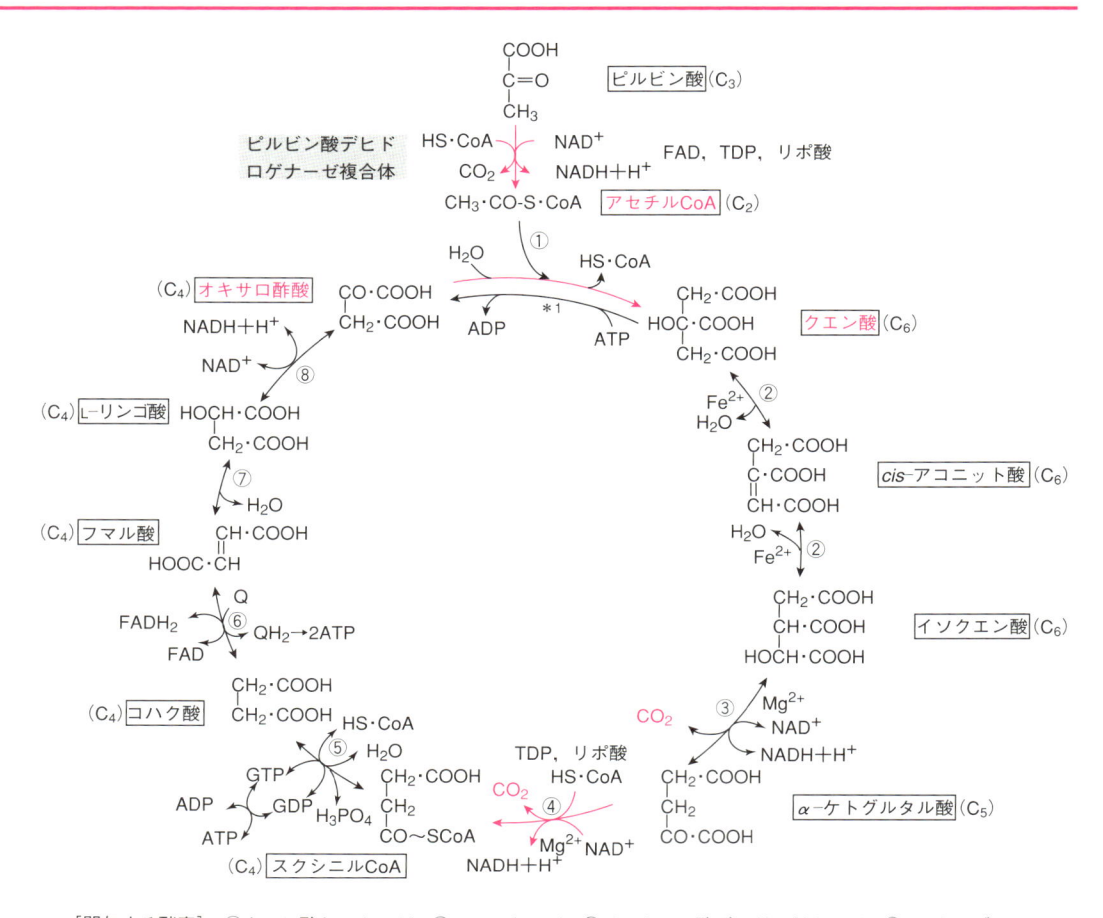

[関与する酵素]：①クエン酸シンターゼ　②アコニターゼ　③イソクエン酸デヒドロゲナーゼ　④α-ケトグルタル酸デヒドロゲナーゼ複合体　⑤スクシニルCoAシンターゼ　⑥コハク酸デヒドロゲナーゼ複合体　⑦フマラーゼ　⑧リンゴ酸デヒドロゲナーゼ

図6-3　ミトコンドリアのマトリックスにおけるピルビン酸の酸化的脱炭酸とTCAサイクル

＊1　ATP・クエン酸リアーゼが作用する。

＊2　酵素のアコニターゼに結合しており，遊離の状態では存在しないので，TCAサイクルの中間体として分類されないこともある。

＊3　α-ケトグルタル酸は2-オキソグルタル酸ともいう。

＊4　③と④で生成するCO_2はいずれもオキサロ酢酸に由来し，アセチルCoA由来ではない。アセチルCoA由来のCO_2は，まずオキサロ酢酸の一部となった炭素がTCAサイクルを2回転目に回るときに生ずる。

（炭素6個）が生成される反応にはクエン酸シンターゼが作用する。

② クエン酸はアコニターゼにより，中間体であるcis-アコニット酸＊2を経由してイソクエン酸に変換する（反応全体は異性化反応）。

③ イソクエン酸はイソクエン酸デヒドロゲナーゼで酸化的脱炭酸を受け，α-ケトグルタル酸＊3（炭素5個）を生成する。この反応ではNAD^+が電子受容体となり，CO_2＊4とNADHを生じる。

④ α-ケトグルタル酸は，α-ケトグルタル酸デヒドロゲナーゼ複合体の作用で酸化的脱炭酸を受けて，スクシニルCoA（炭素4個）となる。この反応もNAD^+が電子受容体となり，2つ目のCO_2とNADHとを生ずる。この反応は不可逆反応である。

⑤ スクシニルCoAは，スクシニルCoAシンターゼの作用でCoAを脱離しコハク酸となる。スクシニルCoAの分解で生じるエネ

ルギーは GDP からの GTP*1 の合成に使われる。

⑥ コハク酸は，コハク酸デヒドロゲナーゼ複合体*2 の作用で脱水素されフマル酸になる。この反応では $FADH_2$ が生成される*3。

⑦ フマル酸は，フマラーゼの作用で水和して L-リンゴ酸へと転換される。

⑧ クエン酸サイクルの最後の反応で，L-リンゴ酸はリンゴ酸デヒドロゲナーゼの作用で酸化されてオキサロ酢酸となる。この反応では，NAD^+ が電子受容体となり NADH が生成する。細胞内のオキサロ酢酸濃度は生成したオキサロ酢酸が①の反応の基質として直ちに使われるために低い。

(4) グルコースの完全酸化による ATP 産生の収支

グルコース 1 分子が解糖，さらに TCA サイクルで完全に酸化される場合の ATP の産生はどれほどであろうか。

| 解糖での ATP 産生 |

解糖ではグルコース 1 分子からピルビン酸 2 分子を生ずる。この過程で ATP 2 分子と NADH 2 分子が生成する。嫌気的条件下では ATP の収支はこの 2 分子の産生となり，NADH はピルビン酸が乳酸に還元される過程（解糖⑪）で NAD^+ に再生される。一方，好気的条件では生成した NADH（正確には NADH の還元当量）はミトコンドリア内に移され，酸化的リン酸化により ATP を産生する。ただし，解糖は細胞質ゾルで行われ，NADH はミトコンドリア膜を通過できないので NADH をミトコンドリア内に運ぶ特殊なシャトル系が用意されている。すなわち，L-リンゴ酸―アスパラギン酸シャトルとグリセロールリン酸シャトルである。L-リンゴ酸―アスパラギン酸シャトル（図 6-4）*4 ではミトコンドリア内に移動した 2 分子の NADH は酸化的リン酸化により 6 分子（2×3）の ATP を産生する。このシャトル系は肝臓，腎臓，心臓で活発である。グリセロールリン酸シャトル*5 では，細胞質ゾルの NADH 1 分子当り 2ATP を生成するので，2NADH では

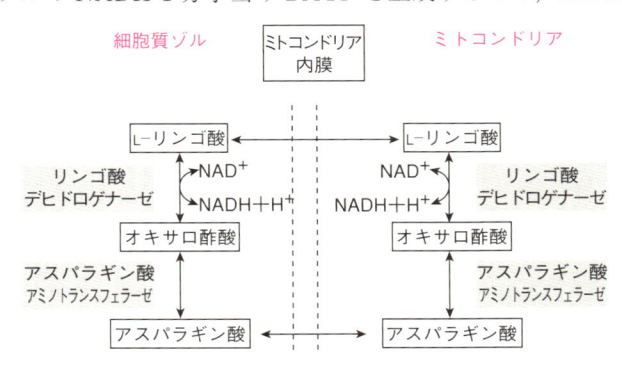

図 6-4 L-リンゴ酸―アスパラギン酸シャトル

---

*1 GTP（グアノシン 5′-三リン酸）はヌクレオチド二リン酸キナーゼの作用で ADP にリン酸基を付加して GDP（グアノシン 5′-二リン酸）と ATP になる。
（GTP + ADP → GDP + ATP）

*2 マロン酸（COOH・CH_2・COOH）はコハク酸の同族体であり，コハク酸デヒドロゲナーゼの作用を拮抗的に阻害する。

*3 $FADH_2$ は同じ複合体内の coenzyme Q（Q：ユビキノン-10 ともいう）によって酸化され FAD が再生される。$FADH_2$ + coenzyme Q → FAD + QH_2。したがって，実質上の最終生成物は完全に還元された QH_2（ユビキノール-10）である（p.32 参照）。TCA サイクルで FAD の関与する唯一の反応。

*4 細胞質ゾルでオキサロ酢酸は膜を通過できないので，一時的に L-リンゴ酸に変換する。このとき細胞質ゾルの $NADH + H^+$ が使われて，ミトコンドリア内でオキサロ酢酸に戻るときに NADH が生成するので，このシャトルによって NADH はミトコンドリア膜を通過して運ばれたことになる。ここで生じたオキサロ酢酸は細胞質ゾルに直接移行できないので，アスパラギン酸を介して細胞質ゾルに戻り再生される。

*5 細胞質ゾルおよびミトコンドリア内のグリセロール 3-リン酸デヒドロゲナーゼによって触媒される反応で，グリセロール 3-リン酸とジヒドロキシアセトンリン酸との変換を介して NADH の電子をミトコンドリアのマトリックスの $FADH_2$ に移す。

4分子のATPを産生する。こちらのシャトル系は骨格筋や脳で活発である。

TCAサイクルでのATP産生

ピルビン酸1分子は酸化的脱炭酸反応でアセチルCoAとなったのち，TCAサイクルに入るが，この段階では1分子のNADH（グルコースから数えると2分子）が生成する。次いでTCAサイクルに入り，アセチルCoAは1分子当たり2分子のCO_2を生成し，回路を1回転する過程で3分子のNADHと1分子の$FADH_2$，さらに1分子のGTPが産生される（グルコースから計算するとすべて2倍）。

これらのNADHや$FADH_2$は電子伝達系に入り，酸化的リン酸化の過程でNADHでは3分子のATP，$FADH_2$では2分子のATPを生成する[*1]。結局グルコース1分子から全過程で38分子のATPまたは36分子のATP[*2]が産生される（図6-5）。

[*1] 酸化的リン酸化でNADH 1分子が3分子のATPを産生し，$FADH_2$ 1分子は2分子のATPを産生するとして計算したが，この値は定説ではなく，近年NADHでは2.5ATP，$FADH_2$では1.5ATPに近い値とする説が有力である。本書では混乱を避けるため従来の値をとった（重要）。

[*2] 細胞質ゾルのNADHをミトコンドリア内に運ぶのに利用したシャトル系により異なる。

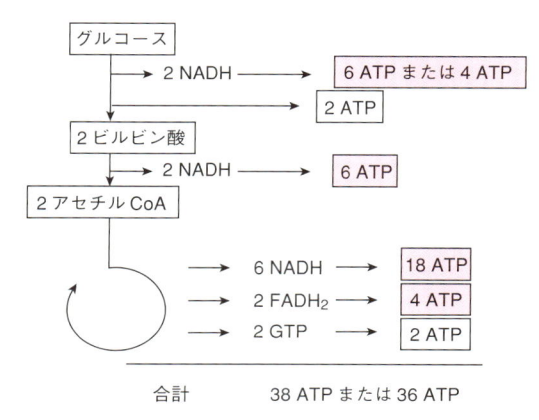

図6-5 グルコース完全酸化によるATPの産生
▨；酸化的リン酸化によるATP産生
□；基質レベルのリン酸化によるATP産生

基質レベルのリン酸化

解糖，TCAサイクルでのATP産生は上述のようにNADH＋H^+や$FADH_2$の酸化的リン酸化による方式がほとんどであるが，一部は高エネルギーリン酸化合物である基質のもつリン酸基を直接ADPに渡す"基質レベルのリン酸化（substrate-level phosphorylation）"と呼ばれる方式によってATPが産生される。

この方式によるものは解糖では2箇所ある。解糖⑦の反応で1,3-ビスホスホグリセリン酸（高エネルギーリン酸化合物）がホスホグリセリン酸キナーゼの作用で3-ホスホグリセリン酸に転換するとき，基質のもつリン酸基をADPに渡してATPが産生する。さらに，解糖⑩のホスホエノールピルビン酸（高エネルギーリン酸化合物）がピルビン酸

キナーゼの作用でピルビン酸に変わる反応でも同様の方式でATPが産生される。"基質レベルのリン酸化"によるATP産生はTCAサイクルにも1箇所ある。TCAサイクル⑤のスクシニルCoAがスクシニルCoAシンターゼによってコハク酸に転換する反応である。この反応で生成したGTPのリン酸基は直ちにADPに渡されてATPを産生する（p. 87）。

（5）ペントースリン酸側路によるペントースとNADPH＋H$^+$の生成

動物の組織で消費されるグルコースの大部分は解糖とそれに続くTCAサイクルで異化されてATPを産生する。この主要な経路とは別に，細胞に必要な特定の物質を得るためにグルコースを用いる側路がある。そのなかで最も重要なのがペントースリン酸側路（pentose phosphate shunt）[*1]であり，① 脂肪酸やコレステロールなどの生合成反応で水素供与体となっているNADPH[*2]を供給する，② ヌクレオチドや核酸の合成に必要なリボース5-リン酸を供給する，という2つの大切な役割を担っている。この経路の酵素は細胞の細胞質ゾルに局在し，脂質の合成が活発な組織（肝臓・乳腺・脂肪組織・副腎皮質など）に多くみいだされ，心筋や骨格筋にはほとんどみられない。

この側路はグルコース6-リン酸がグルコース6-リン酸デヒドロゲナーゼによって6-ホスホグルコノ-δ-ラクトンとなることからスタートする。ついでラクトナーゼの作用で加水分解されたのち，6-ホスホ

[*1] ペントースリン酸経路（pentose phosphate pathway）ともいう。

[*2] NADPHはリン酸基が1つ多いだけで，NADHとよく似ている。しかし，NADPHは還元的合成反応，NADHは酸化的リン酸化反応に使われ，反応に関わる酵素（デヒドロゲナーゼ）が両者を区別するため，お互いに代役をつとめることはできない。NADHとNADPHとは代謝における役割がまったく異なる。

[関与する酵素]
①グルコース6-リン酸デヒドロゲナーゼ，②ラクトナーゼ，③6-ホスホグルコン酸デヒドロゲナーゼ，④リボース5-リン酸イソメラーゼ，⑤リブロース5-リン酸3-エピメラーゼ，⑥トランスケトラーゼ，⑦トランスアルドラーゼ

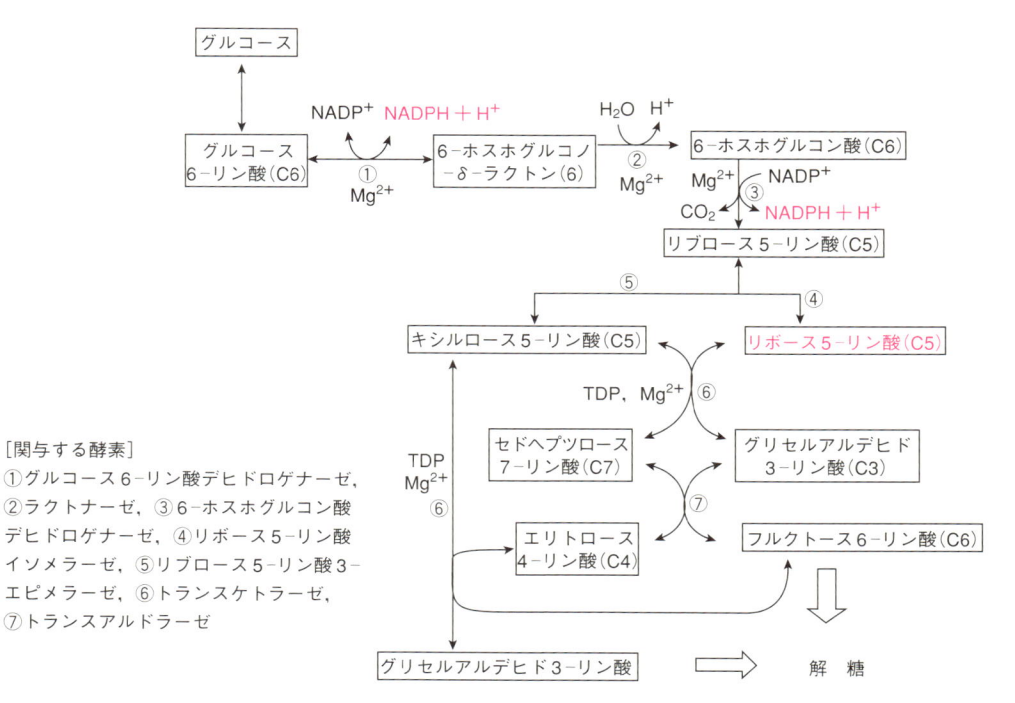

図6-6 細胞の細胞質ゾルにおけるペントースリン酸側路

グルコン酸デヒドロゲナーゼによって酸化的脱炭酸され，リブロース5-リン酸となる。ここまでの反応で，グルコース6-リン酸1分子当たり2分子のNADPHが生成する。リブロース5-リン酸は一部リボース5-リン酸イソメラーゼによりリボース5-リン酸になり，また一部はリブロース5-リン酸3-エピメラーゼによりキシルロース5-リン酸へと異性化される。

これら2つのペントースリン酸は組織の必要度に応じて生成される。DNA合成の盛んな増殖組織や再生組織ではリボース5-リン酸が多く生成され，脂肪酸合成が活発な組織などNADPHが必要とされる組織では，キシルロース5-リン酸が多くつくられる。これらはさらにセドヘプツロース，エリトロースなどのリン酸エステルを経て再編成され，フルクトース6-リン酸とグリセルアルデヒド3-リン酸となる。この2つは糖新生により出発物質のグルコース6-リン酸へ戻り，再びこの側路で使われたり，あるいはそのまま解糖経路に入る。

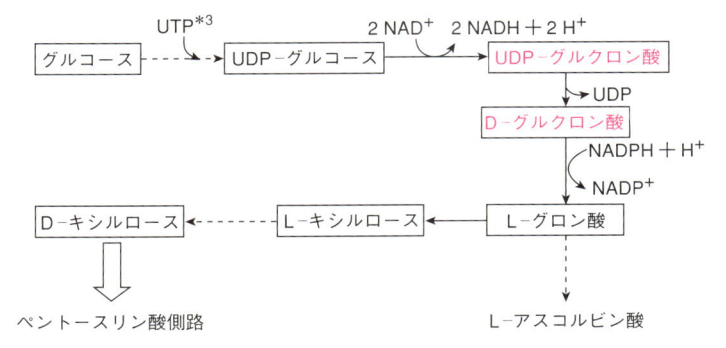

(6) グルクロン酸経路

グルクロン酸経路（glucuronate pathway）はウロン酸回路とも呼ばれ，解糖やペントースリン酸側路とならぶグルコース代謝のひとつの経路である。この経路でグルコースはグルコース6-リン酸，グルコース1-リン酸を経てUDP-グルコースとなる。ここまでの過程はグリコーゲン合成の場合（p.97）と同じである。次いでUDP-グルコース[*1]は酸化され，UDP-グルクロン酸を経てグルクロン酸となる。UDP-グルクロン酸はグルクロン酸の活性型で，ビリルビン[*2]やステロイドなどの生体で生じた物質や，薬物など外からとり入れた物質と反応してグルクロン酸抱合体をつくり，尿中や胆汁中に排泄されやすくする。この反応は生体の解毒機構の中で重要な位置を占めている。また，UDP-グルクロン酸はグリコサミノグリカン（p.48）などを構成しているグルクロン酸の前駆体にもなっている。

グルクロン酸はさらに還元されてL-グロン酸となる。体内でビタミ

[*1] ウリジン二リン酸（p.71）とグルコースが結合したヌクレオチド糖である。グルコースが活性化されており，グリコーゲン合成ではグルコースを与えてグリコーゲンの鎖を伸長する。

UDP-グルコース

[*2] 胆汁に含まれる色素で，赤血球中のヘモグロビンの分解物である。生成したビリルビンはアルブミンと結合し肝臓に運ばれ，ここでグルクロン酸抱合を受け，胆汁中に排泄される。

[*3] p.70, 図5-1参照。

図6-7　グルクロン酸経路

ンC（アスコルビン酸）を合成できる動物ではL-グロン酸が前駆体となるが，人（猿，モルモットも）ではその経路が途中でブロックされているため，ビタミンCは合成されない。この場合，グロン酸はさらにL-キシルロース*1 となり，ペントースリン酸側路で代謝される。

*1 ペントースリン酸側路のキシルロースはD-キシルロースである。L-グロン酸から生じたL-キシルロースはキシリトールを経てD-キシルロースに転換されてから，ペントースリン酸側路に入る。

6-3 糖の相互変換と糖新生

(1) 単糖の相互変換

食物として摂取された糖質は，小腸で消化されて単糖として吸収される。これにはグルコースのほかにフルクトース，ガラクトース，マンノースなどのヘキソースがある。これらのヘキソースも体内でリン酸化されて，解糖経路に入る（図6-8）。

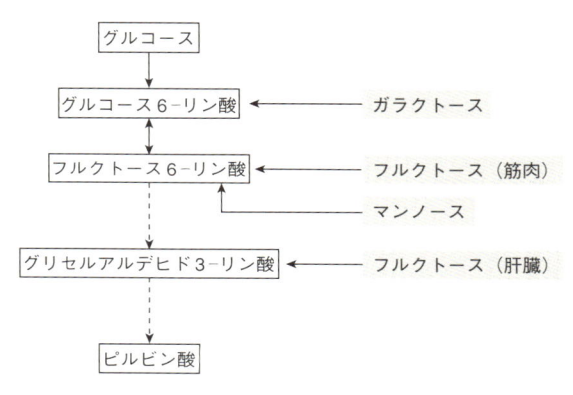

図6-8 グルコース以外のヘキソースの解糖経路への流入

フルクトースの代謝は肝臓と筋肉で異なる経路をとる。筋肉ではグルコース代謝と同じ酵素のヘキソキナーゼによってリン酸化され，フルクトース6-

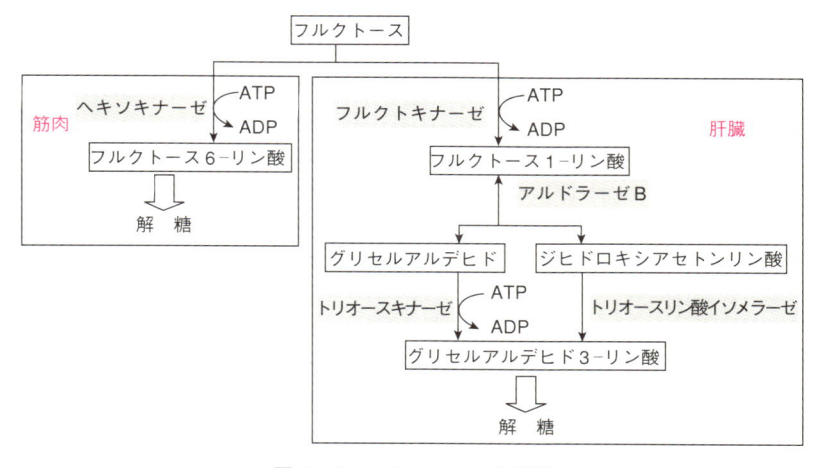

図6-9 フルクトースの代謝

*1 筋肉にあるアルドラーゼ（肝臓のアルドラーゼと区別するためアルドラーゼAと呼ぶ）はフルクトース1,6-ビスリン酸に特異的であるが，肝臓のアルドラーゼBはフルクトース1-リン酸も基質にできる。

*2 ウリジン二リン酸糖（uridine diphosphate sugar）。

リン酸となり，そのまま解糖経路に入る。一方，肝臓ではフルクトキナーゼによってフルクトースのC-6位ではなくC-1位をリン酸化し，フルクトース1-リン酸となる。さらにアルドラーゼB*1の作用で，グリセルアルデヒドとジヒドロキシアセトンリン酸に開裂する。生成したジヒドロキシアセトンリン酸はトリオースリン酸イソメラーゼ（p. 82）によって，また，グリセルアルデヒドはトリオースキナーゼによって，両方ともグリセルアルデヒド3-リン酸となり，解糖経路に入る（図6-9）。

ガラクトース

グルコース，フルクトース，マンノースはヘキソキナーゼによってリン酸化されるが，ガラクトースには作用しないため，ガラクトースはUDP糖*2を介してエピメリ化されグルコース1-リン酸となる。

まず，ガラクトースはガラクトキナーゼによってATPのリン酸基を付加されてガラクトース1-リン酸となる。次いでガラクトース1-リン酸ウリジリルトランスフェラーゼの働きでUDP-グルコースのウリジリル基をガラクトース1-リン酸に導入し，グルコース1-リン酸とUDP-ガラクトースを生成する。グルコース1-リン酸はホスホグルコムターゼによってグルコース6-リン酸に転換され解糖経路に入る。UDP-ガラクトースの方はエピメラーゼの作用でUDP-グルコースに戻される（図6-10）。

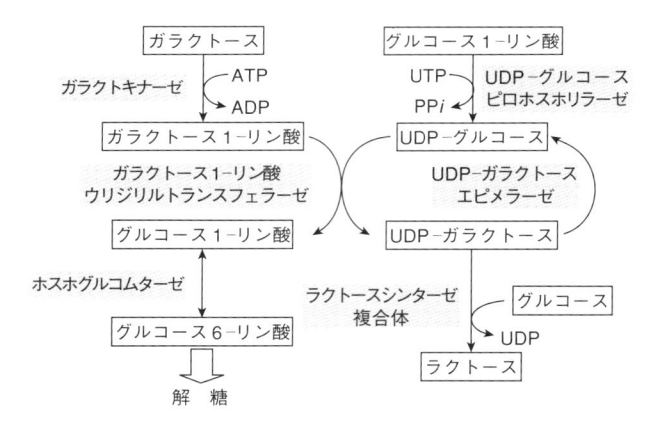

図6-10 ガラクトースの代謝とラクトース合成

マンノース

マンノースはヘキソキナーゼによってリン酸化され，マンノース6-リン酸となる。続いてホスホマンノースイソメラーゼの働きで異性化され，フルクトース6-リン酸となり代謝される。

(2) 血糖の調節

血糖（blood glucose）とは哺乳類では血液中のグルコースのことで，

食事をするとその値は上昇し，食後 30 〜 60 分で最大値（120 〜 140 mg/dl）に達し，その後 2 時間ほどでもとの値にもどる（図 6-17 参照）。食後 8 〜 12 時間おいた空腹時血糖値は 70 〜 110 mg/dl であり，短い絶食状態では 60 〜 70 mg/dl 程度まで低下する。血糖は脳・神経組織などの主要なエネルギー源となっており，血糖値が 60 mg/dl 以下に低下すると不快感や意識の混濁がおこり，さらに低下すると痙攣・昏睡など重篤な症状を引きおこす。また，血糖が高い状態が続くと糖尿病に関連する一連の障害がおきる。このため，からだには血糖値を一定に保つ仕組みが備わっている。

血糖の調節にはいくつかのホルモンが関係している[*1]。とくにインスリン（insulin），グルカゴン（glucagon），アドレナリン（adrenaline；エピネフリンともいう）の 3 つのホルモン[*2] は協同して肝臓，筋肉，脂肪組織などの代謝に影響を与えている。これらはグリコーゲンの合成や分解，グルコースの解糖・TCA サイクルでの消費と糖新生，タンパク質や脂肪の分解と合成などの反応をおし進め，血糖値をほぼ一定に保っている（表 6-1）。

[*1] インスリンはあらゆる細胞（肝細胞と赤血球細胞を除く）へのグルコース輸送に関与し，グルカゴンとアドレナリンは共に肝グリコーゲンの分解にかかわっている。

[*2] これらの他に，副腎皮質ホルモンであるグルココルチコイド，下垂体前葉から分泌される成長ホルモンも血糖の調節に関与している。

表 6-1 血糖の調節とホルモンの関係

ホルモン名 組織	インスリン	グルカゴン	アドレナリン
筋肉	・グルコースの取り込み ↑ ・グリコーゲン合成 ↑ ・解糖，アセチル CoA 産生 ↑		・筋グリコーゲン分解 ↑ ・解糖 ↑
肝臓	・グルコースの取り込み ↑ ・グリコーゲンの合成 ↑ ・脂肪酸合成 ↑ ・解糖，アセチル CoA 産生 ↑	・肝グリコーゲン分解 ↑ ・糖新生 ↑	・肝グリコーゲン分解 ↑ ・糖新生 ↑
脂肪組織	・トリアシルグリセロール ↑ の合成	・脂肪酸の放出 ↑	・脂肪酸の放出 ↑

糖質を多く含む食事を摂取したのち，吸収されたグルコースによって血糖値が上昇するとインスリンが分泌され，グルカゴンの分泌が低下する。インスリンは膵島 B 細胞から分泌されるホルモンで，血糖を降下させる働きがある。インスリンによって筋肉と肝臓ではグルコースのとり込みが活発になり，グリコーゲン合成が促進されて血糖値を押し下げる。さらに，とり込まれたグルコースが解糖を経てピルビン酸からアセチル CoA へと転換する反応を亢進させる。エネルギー源として使われる以外のアセチル CoA は肝臓で脂肪酸合成に使われ，次いで脂肪組織に運ばれトリアシルグリセロールとして貯えられる。

一方，血糖が低下してくるとインスリンの分泌が抑制され，新たに膵島 A 細胞からグルカゴンが分泌される。グルカゴンは肝臓で肝グリコ

ーゲンの分解を促進し，さらに糖新生を亢進させることによって血糖濃度を上げる。また，脂肪組織での遊離脂肪酸の放出を促し，脳以外の組織でのグルコースの利用を制限する。

アドレナリンにも血糖を上昇させる働きがある。アドレナリンは動物が闘争や逃避などの極端な状況におかれると，脳からのシグナルで副腎髄質から分泌される。これに対応して心拍数が上昇し血圧が高まるが，血糖との関係では肝グリコーゲンを分解し血糖に変換し，筋グリコーゲンの分解を亢進させる。

(3) 糖 新 生

グルコースは体内のさまざまな組織にエネルギー源として供給されている。とくに脳・神経組織，腎臓髄質，赤血球，精巣では血糖を主要なエネルギー源としている。血糖は主に食事からの糖質（1日3食）と肝グリコーゲンの分解によって供給されるが，肝グリコーゲンの貯蔵量はせいぜい100g程度であり，絶食や飢餓状態が続くとすぐに底をついてしまう[*1]。血糖が急激に下がると痙攣や昏睡がおこり生命にかかわることもあるので，食事からの補給や肝グリコーゲンがなくても糖質以外の物質からグルコースを合成する仕組みが備わっている。これが糖新生（gluconeogenesis）である。グルコース合成の材料となるのは乳酸，ピルビン酸，グリセロール，大部分のアミノ酸である。糖新生は主に肝臓で行われ，一部は腎臓でもおこる。

[*1] 通常の生活の中でも，食後数時間経過すると，グルコースのかなりの部分は糖新生により供給される。

| ピルビン酸からグルコースへの転換 |

グルコースからピルビン酸への解糖の経路はグルコース異化の主要な経路であり，この逆のピルビン酸からグルコースを生成する反応が糖新生の経路である。糖新生のほとんどは解糖の逆行であるが，一部違った経路をたどる。グルコースからピルビン酸に至る解糖の経路では10段階の反応のうち，①[*2] グルコースからグルコース6-リン酸の生成　③ フルクトース6-リン酸からフルクトース1,6-ビスリン酸の生成　⑩ ホスホエノールピルビン酸（PEP）からピルビン酸の生成，の3個所の反応が不可逆反応である。これらの反応では，糖新生への別の経路が用意されている（図6-11）。

[*2] 数字（①，③，⑩）は解糖での反応番号（p.82）を示している。

まず，ピルビン酸からPEPの生成であるが，解糖での⑩の逆経路ではない。糖新生では，ピルビン酸はオキサロ酢酸を経由する2段階の反応でPEPへと転換される。はじめのピルビン酸からオキサロ酢酸への反応はミトコンドリア内でピルビン酸カルボキシラーゼ[*3]の作用で行われる。生じたオキサロ酢酸は続いてPEPに転換されるが，これに関わる酵素であるPEPカルボキシキナーゼはミトコンドリア内にある場合と細胞質ゾルにある場合とがある。ミトコンドリア内にあるとき

[*3] ピルビン酸カルボキシラーゼは，補酵素としてビオチンを必要とする。

6 糖質の代謝

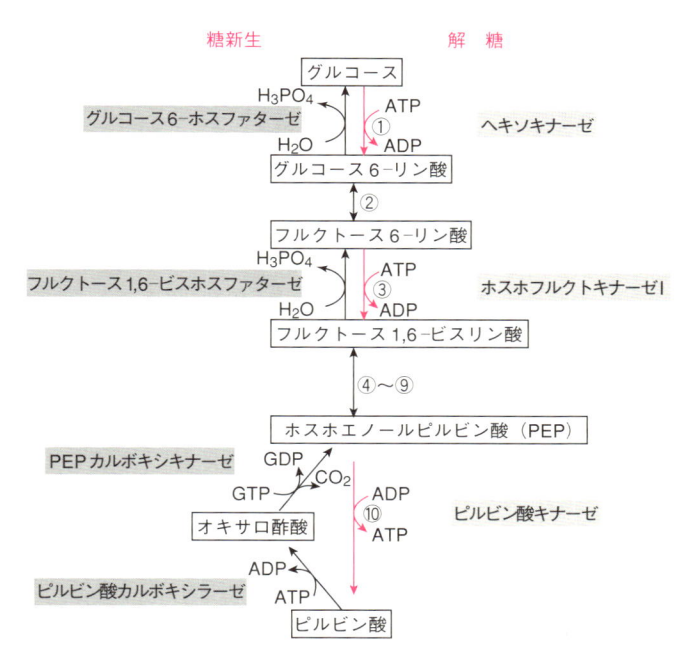

図6-11 糖新生の経路と解糖[*1]

には，そこで PEP に転換され膜輸送タンパク質と結合してミトコンドリア膜を通過する。細胞質ゾルにあるときには，オキサロ酢酸はミトコンドリア膜を通過することができないので，一時的に L-リンゴ酸かアスパラギン酸に変換され，ミトコンドリア膜を通過したのち，再びオキサロ酢酸に戻り，PEP に変換される[*2]。

生成した PEP は解糖経路 ⑨〜④ を逆行して，フルクトース1,6-ビスリン酸となる。続くフルクトース6-リン酸への反応は解糖 ③ とは別経路を進み，フルクトース1,6-ビスホスファターゼによる加水分解が行われる。さらに解糖 ② の逆反応でグルコース6-リン酸へ戻り，目的のグルコースへは解糖 ① とは異なりグルコース6-ホスファターゼの作用により到達する。

糖新生の材料 糖新生の材料としてはピルビン酸の他に乳酸，グリセロール，ほとんどのアミノ酸が利用される。筋肉では筋収縮のエネルギーをグリコーゲン分解を含めたグルコースの異化（解糖，TCA サイクル）で得ている。このとき ATP の需要が酸化の速度を上回ると，ピルビン酸から乳酸が生じる（p. 82）。乳酸は血流にのって肝臓に運ばれ，ここで再びピルビン酸となり，続いて糖新生によってグルコースを生成する。グルコースは再び血流にのって筋肉に送られる。この筋肉と肝臓との血液を介した代謝回路を Cori サイクル（Cori cycle）と呼んでいる（図6-12）。

肝臓では糖原性アミノ酸（p. 131）の炭素骨格がピルビン酸または

[*1] 解糖は3つの非可逆段階があるので，直接に逆方向に作用できない。しかし糖新生を行う器官（肝・腎）には四段階の反応が逆行するのを可能にする酵素がある。共反応物として，CO_2，ATP，GTP，のほか Mn^{2+}，ビチオンが必要である。①〜⑩の酵素名は p. 82，図6-2の酵素名である。

[*2] リンゴ酸-アスパラギン酸シャトル（図6-4）である。この系の反応はすべて可逆的で，本来は細胞質ゾルで解糖により生じた NADH の還元当量をミトコンドリア内へ運ぶときに使われる。

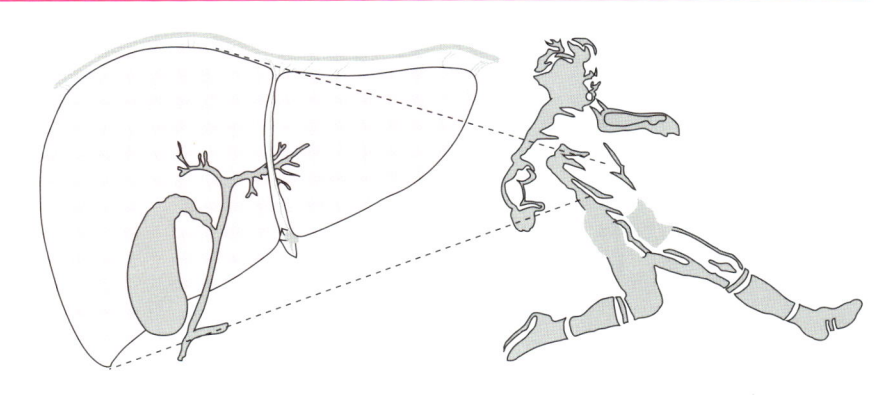

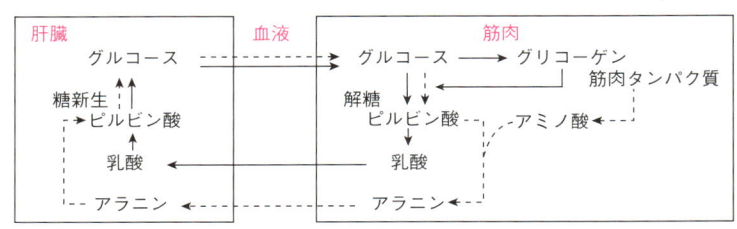

図6-12 Coriサイクル（→）とグルコース-アラニン回路（--→）

TCAサイクルの代謝中間体に変換され，糖新生の材料となる。また，脂肪組織でトリアシルグリセロールから生じたグリセロールも材料として用いられる。

さらに飢餓・絶食などが続くと，筋肉タンパク質の異化で生じたアミノ酸が糖新生の主要な材料として用いられる。分解で生成した各種アミノ酸は筋肉にあるアミノトランスフェラーゼ（アミノ基転移酵素）によって，そのアミノ基をピルビン酸に移しアラニンを生成する。血流にのって肝臓に運ばれたアラニンはアミノトランスフェラーゼによって再びピルビン酸に変えられ，糖新生によりグルコースになる。グルコースは血流にのって再び筋肉に送られる。この回路をグルコース-アラニン回路（glucose-alanine cycle）と呼んでいる（図6-12）。

（4）グルコースよりラクトースの生合成

ラクトースはガラクトースとグルコースが結合した二糖で，哺乳類の乳汁中に含まれる。ラクトースの合成は授乳中の乳腺で行われる。UDP-グルコースからつくられたUDP-ガラクトースがラクトースシンターゼ複合体の作用で血液中のグルコースと結合し，ラクトースがつくられる（図6-10）。

UDP-ガラクトース＋グルコース ⟶ ラクトース＋UDP

ラクトースの合成に関わるラクトースシンターゼ複合体はガラクトシルトランスフェラーゼ[*1]とタンパク質のα-ラクトアルブミン[*2]の複合体である。ガラクトシルトランスフェラーゼは本来UDP-ガラクトースとN-アセチルグルコサミンからN-アセチルガラクトサミン（ラ

[*1] 触媒サブユニット
[*2] 修飾サブユニット

クトースではない）の合成を触媒する。しかし，α-ラクトアルブミンが存在するとこの基質特異性がかわり，N-アセチルグルコサミンではなくグルコースを受容体としてラクトースを合成するようになる。α-ラクトアルブミンは分娩直後のホルモンの変化によって合成される。

(5) グリコーゲンの代謝

グリコーゲンは体内のあらゆる細胞に顆粒状で存在するが，とくに肝臓と筋肉に多い。肝臓は臓器重量の5～6％，筋肉では0.5～1％程度である[*1]。肝グリコーゲンは食事として摂取したグルコースの一時的な貯蔵と血糖の供給，筋グリコーゲンは筋肉の活動エネルギーを得ることが主な役割であり，これらの組織でグリコーゲンの合成と分解は絶えず活発に行われている（図6-13）。

[*1] 肝グリコーゲン：体重70kgの人の臓器重量を1.8kgとし，6％含量で計算すると108g。
筋グリコーゲン：同上の人の筋肉重量を35kgとし，0.7％含量で計算すると245g。

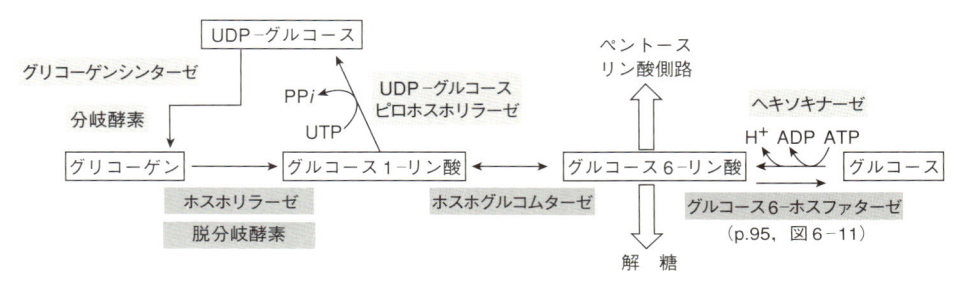

図6-13 細胞の細胞質ゾルにおけるグリコーゲンの合成と分解

グリコーゲンの分解

グリコーゲンはまずグリコーゲンホスホリラーゼ（単にホスホリラーゼともいう）による加リン酸分解を受け，グルコース1-リン酸を生成する[*2]。この酵素はグリコーゲンの分岐鎖の非還元末端側から

[*2] グリコーゲンには多数の分岐があり，還元末端は1個所であるが，非還元末端は枝分かれの数より1個多い。このため，ホスホリラーゼが作用し加リン酸分解が行われると，きわめて短時間に多量のグルコース1-リン酸を生成できる。

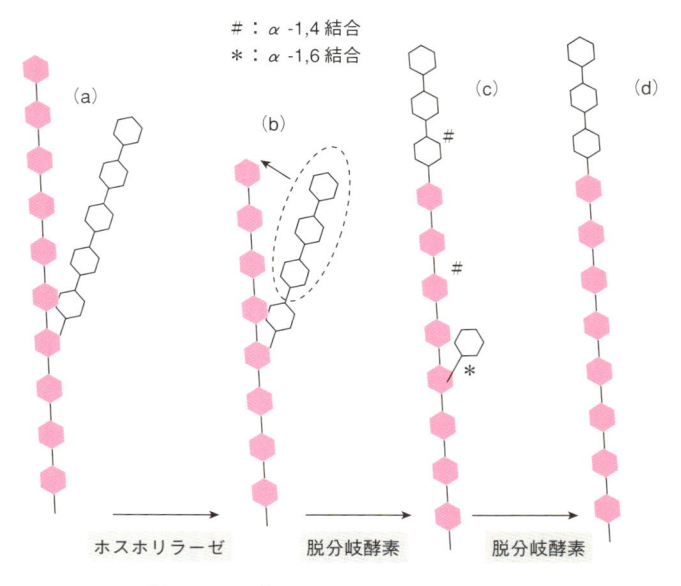

#：α-1,4結合
*：α-1,6結合

図6-14 グリコーゲンの分解での脱分岐

作用し，α-1,4 グリコシド結合をひとつずつ切断していくが（図 6-14(a)），分岐のある α-1,6 結合の近く*1 まで来ると反応は停止する（14(b)）。この分岐点は脱分岐酵素の作用*2 で突破され，再びホスホリラーゼが作用できるようになる（14(d)）。生成したグルコース 1-リン酸は続いてホスホグルコムターゼ*3 の作用でリン酸基が転移し，グルコース 6-リン酸となる。肝臓ではグルコース 6-リン酸は，さらにグルコース 6-ホスファターゼによってリン酸基がはずされてグルコースとなり血糖として使われる。筋肉その他の組織にはこの酵素がないので，グルコースに転換できない。グルコース 6-リン酸は解糖，ペントースリン酸側路など，さまざまな経路の分岐点の物質として重要である。

グリコーゲンの合成

グリコーゲンの合成は分解とは異なる経路をとる。肝臓や筋肉でグルコースからグリコーゲンを合成する場合，まず解糖①の反応と同じく，グルコースはヘキソキナーゼ（肝臓ではグルコキナーゼ）により ATP のリン酸基を使ってリン酸化され，グルコース 6-リン酸になる。次いでグルコース 6-リン酸はホスホグルコムターゼによりグルコース 1-リン酸に転換する。さらに UTP と結合してヌクレオチド糖である UDP-グルコース（p. 90，*1 参照）となり，同時にピロリン酸（PPi）*4 を生成する。この反応には UDP-グルコースピロホスホリラーゼが関与する。UDP-グルコースはグリコーゲンシンターゼの作用でグリコーゲン*5 の非還元末端に α-1,4 結合で転移し，鎖をひとつずつ伸ばしていく（図 6-15(a)，(b)）。酵素は鎖の伸張のみに関与し，新しい分岐をつくることができない。分岐は分岐酵素によってつくられ，グ

*1 分岐点から 4〜5 残基

*2 脱分岐酵素は分岐鎖の末端から切り取った α-1,4 結合の 3 糖をほかの枝の非還元末端に移動させる（図 6-14(b)）。さらに，この酵素は分岐点に残った α-1,6 結合のグルコース 1 個を切り離す活性（α-1,6 グルコシダーゼ活性）も併せ持っている（14(c)）。

*3 ホスホグルコムターゼによって触媒される反応は可逆的であり，分解，合成の両方に関与する。

*4 ピロリン酸は直ちに無機ピロホスファターゼでリン酸に分解される。

*5 UDP-グルコースはすでに存在しているグリコーゲン鎖をさらに伸長させる。もとのグリコーゲンをプライマー（図 6-15(a)）という。グリコーゲン合成のプライマーには少なくとも 8 個の直鎖 α-1,4 結合のグルコース残基が必要である。

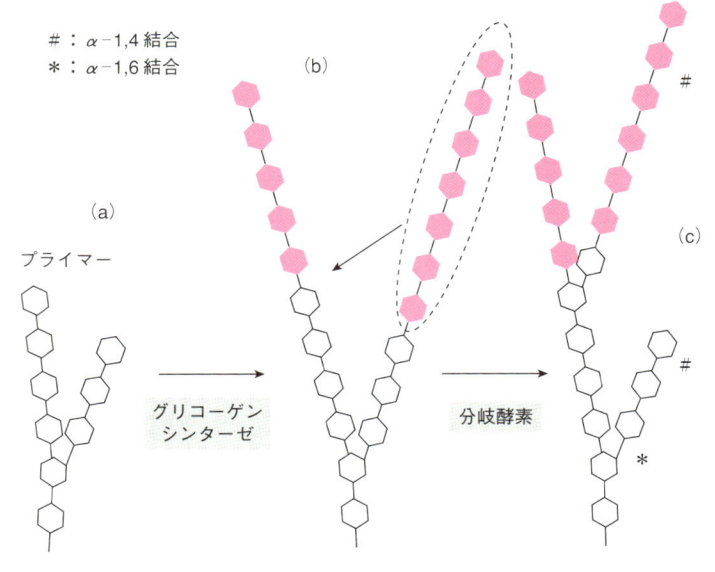

図 6-15 グリコーゲン合成での分岐形成

リコーゲン鎖の末端7残基をまとめて同じ鎖あるいは別の鎖のC-6位に結合させる（15(b),(c)）。分岐が形成されたのち再びα-1,4結合で鎖を伸張し，さらに分岐を形成する。非還元末端の数が増えるにしたがって反応する部位も増え，グリコーゲン合成の速度は速くなる。

グリコーゲン代謝の制御　グリコーゲンの代謝はそのときの細胞の要求にしたがい合成あるいは分解の方向に向かうが，この制御にはいくつかの複雑な様式が関与している。その中でも重要なのは，グリコーゲンホスホリラーゼとグリコーゲンシンターゼのリン酸化（phosphorylation），あるいは脱リン酸化（dephosphorylation）[*1]による活性の制御である（図6-16）。分解酵素のグリコーゲンホスホリラーゼでは，活性型のホスホリラーゼaはその活性発現にリン酸化が必須である。ホスホリラーゼaホスファターゼで脱リン酸化され，低活性型のホスホリラーゼbを生じる。再び活性型への転換はホスホリラーゼキナーゼの作用による。一方，合成酵素の活性型であるグリコーゲンシンターゼaは脱リン酸化された形であり，プロテインキナーゼによってリン酸化されると低活性型のシンターゼbになる。低活性型→活性型はホスホプロテインホスファターゼによる脱リン酸化で行われる。

[*1] これらの系のリン酸化・脱リン酸化は酵素のセリン残基のヒドロキシメチル基で行われる。

グリコーゲン合成が優勢

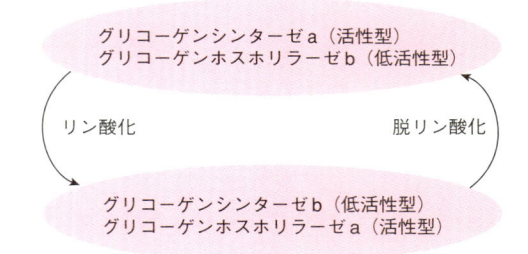

グリコーゲンシンターゼa（活性型）
グリコーゲンホスホリラーゼb（低活性型）

リン酸化　　　　　脱リン酸化

グリコーゲンシンターゼb（低活性型）
グリコーゲンホスホリラーゼa（活性型）

グリコーゲン分解が優勢

図6-16　グリコーゲン代謝とリン酸化・脱リン酸化

これらのリン酸化や脱リン酸化はホルモンの刺激によっておこり，刺激に応答して細胞内に生じる第2メッセンジャーとしてのcAMP（cyclic AMP）が関与している。肝臓では，グルカゴン（p.93，表6-1参照）が細胞膜にある受容体をとおしてその刺激を伝える。細胞内にcAMPの濃度が高まると，cAMP依存性プロテインキナーゼ活性が上昇し，多くの酵素のリン酸化が促進される。最後に，グリコーゲンホスホリラーゼがリン酸化され，グリコーゲンの分解が進む。

筋肉にはグルカゴン受容体がなく，アドレナリンが同様の作用をする。アドレナリンはcAMP依存性プロテインキナーゼを活性化し，グリコ

ーゲン分解を促進する。一方，インスリンはアドレナリンと逆の作用をし，インスリン依存性プロテインキナーゼを活性化し，間接的にグリコーゲン代謝に関わる酵素を脱リン酸化する。この結果，グリコーゲンは合成の方向に向かう。

6-4　糖質代謝の異常と疾病

(1) ラクトース不耐症

食物として摂取したラクトースは，小腸粘膜上皮細胞に存在するラクターゼによってガラクトースとグルコースに分解され吸収される。この酵素が不足あるいは欠損している疾患をラクトース（乳糖）不耐症（lactose intolerance）という。ラクトースが消化されないと腸管内の浸透圧が高まり，腹部の痙攣や下痢を引きおこす。ラクトース不耐症には乳児期からラクトースを利用できない遺伝性のタイプもみられるが，大部分は乳児期にはラクターゼ活性は高いが，成長するにしたがい低下するタイプである。このタイプの出現の割合は人種によって大きく異なる[*1]。さらに，腸管上皮の損傷が著しい小腸の炎症性疾患や，潰瘍性大腸炎などで二次的におきる場合も多い。

(2) ガラクトース血症

ラクトースの消化などで生じたガラクトースはUDP糖を介してグルコース1-リン酸，さらにグルコース6-リン酸に転換される（p. 92, 図6-10参照）。この過程に関与する酵素が遺伝的に欠損しているのがガラクトース血症（galactosemia）で，発育不全，知能障害，肝臓障害などが現れる。先天性代謝異常の検査（新生児マススクリーニング検査）項目のひとつになっている。授乳開始後に発症するが，早期に診断し，ガラクトース制限食をとることで発症を防止できる。欠損する酵素はガラクトース1-リン酸ウリジリルトランスフェラーゼまたはガラクトキナーゼで，前者ではガラクトース1-リン酸が蓄積し，有毒な代謝産物を生じ症状が重い。目のレンズのガラクチトール（ガラクトースの糖アルコール）濃度が高まり，白内障となる。

(3) 糖尿病

糖尿病（diabetes mellitus）[*2]はインスリンの絶対的あるいは相対的な欠乏によって引きおこされる代謝性疾患で，高血糖，糖尿，体タンパクの崩壊，ケトーシスやアシドーシスを呈する[*3]。症状がひどくなると網膜や腎糸球体，中枢神経系を中心とする血管の障害が進行する。

糖尿病は1型と2型の2つのタイプに分けられる。1型は若年者に多く発症し，以前はインスリン依存型糖尿病とも呼ばれた。通常は自己

[*1] 穀類を多食する東洋人などに多く，古くから乳類を食生活にとり入れていた欧米人で少ない。日本人では60〜80％の人が該当するといわれる。

[*2] 2002年の厚生労働省の「糖尿病実態調査」では，糖尿病が強く疑われる人が740万人，可能性を否定できない人が880万人で，糖尿病と糖尿病予備軍の合計が1620万人であった。

[*3] 通常は血糖値が高くなるとインスリンが分泌されグルコースが取り込まれる。しかし糖尿病ではグルコースが取り込まれず，トリアシルグリセロールの分解，脂肪酸酸化，糖新生が進み，ケトン体が肝臓外組織でのケトン体消費能力以上に合成される。その結果，ケトン体濃度が異常に高くなり，ケトーシスを引きおこし，さらに血液のpHが低下しアシドーシス（acidosis, 酸性症。血液のpHが7.4以下に偏った状態）となる。

免疫疾患により自身の膵島B細胞が破壊され、インスリンをつくることができなくなるのが原因である。食事や経口血糖降下剤のみでの治療では回復が難しく、インスリンの投与で血糖をコントロールする。2型は成人に多く、インスリン非依存型糖尿病とも呼ばれる。糖尿病の約95％が2型である。2型はインスリンの分泌不足でグルコースが十分利用されない場合と、インスリン濃度は正常かむしろ高めであるが、標的細胞でのインスリン受容体が不足しているために、血中グルコース濃度が正常値より高くなる場合がある。病状の進行が緩やかで、経口血糖降下剤が効くが、食事内容の改善や運動療法をきちんと行うだけでも治療効果のあがるケースも多い。

糖尿病の診断には血糖値の測定を行う。血糖は通常空腹時血糖値を測定するが、正確な診断には一夜絶食後グルコース（75g）を経口摂取し、経時的に血糖値の変化を調べる（2時間値を用いることが多い）グルコース負荷試験が行われる（図6-17）。さらに、ここしばらくの間の血糖値の変動を知るには、グルコヘモグロビン（HbA_{1c}）[*1]やフルクトサミン[*2]の測定が行われる。

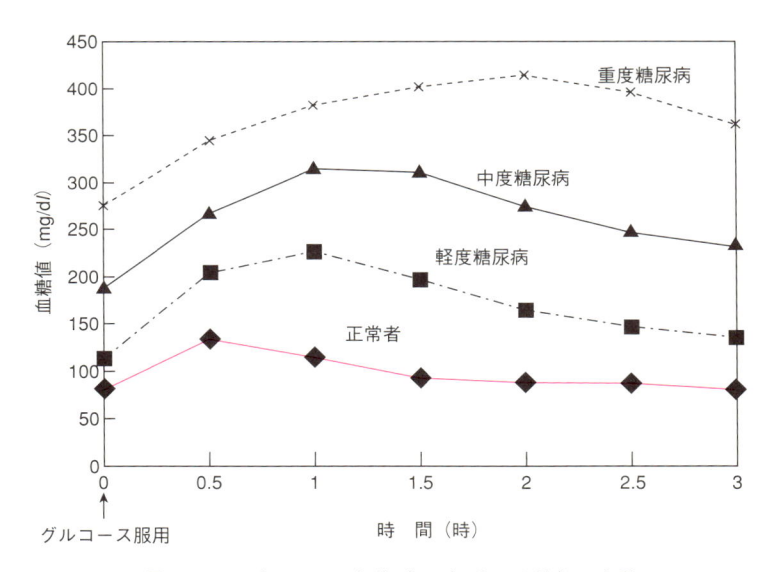

図6-17 グルコース負荷（75g）後の血糖値の変動

（4）糖原病

糖原病（glycogen storage disease）はグリコーゲン代謝に関与する酵素が欠損しているため、肝臓、筋肉、心臓、腎臓などにグリコーゲンが異常に蓄積する遺伝的疾患である。欠損する酵素や組織により8つの型に分けられる。比較的まれであるが、Ⅰ型で肝臓のグルコース6-ホスファターゼが欠損するvon Gierke病[*3]、Ⅴ型で筋肉のグリコーゲンホスホリラーゼが欠損するMcArdle病[*4]などが知られる。

[*1] グルコヘモグロビンは糖化ヘモグロビンともいう。成人ヘモグロビン（ヘモグロビンA：HbA）β鎖N末端バリンのアミノ基に糖やその誘導体が結合したものをグリコヘモグロビン（HbA_1）という。そのうちとくにグルコースが結合したものをグルコヘモグロビン（HbA_{1c}）と呼ぶ。HbA_{1c}の正常値はHbAの6％以下であるが、糖尿病では20％にもなる。この結合は安定で赤血球の寿命中分解しないので、1～2ヵ月前の血糖値の目安となる。

[*2] 血中のヘモグロビンではなく、血漿タンパク質のアミノ基と糖（グルコース）が結合したものがフルクトサミンである。血漿タンパク質（主成分はアルブミン）の半減期はヘモグロビンより短いので、フルクトサミンはグルコヘモグロビンより短期の約2週間前の平均血糖値を反映する。正常値は220～280$\mu mol/l$で、HbA_{1c}がヘモグロビンに対する％で表示されるのと異なり、絶対値で示される。

[*3] von Gierke病では肝臓のグルコース6-ホスファターゼが欠損している。この酵素が欠損するとグルコース6-リン酸の濃度が高まり、グリコーゲンが肝、腎に大量に蓄積する。肝からの糖放出障害による低血糖や肝肥大がおこる。発症は乳児期前半で、成長発育の遅れがみられる。

[*4] McArdle病では骨格筋のホスホリラーゼ活性が欠乏している。筋肉を使う運動時にグリコーゲン分解が傷害され、グリコーゲン蓄積と筋力低下をもたらす。肝臓の酵素は筋ホスホリラーゼのアイソザイムで、この酵素の活性低下はおこらない。

7 脂質の代謝

7-1 脂質代謝の概要

　食事中の脂質（トリアシルグリセロール）*1 は小腸管腔で膵液リパーゼにより加水分解を受け，生じた β-モノアシルグリセロールと α-モノアシルグリセロールや長鎖脂肪酸は，胆汁酸塩と複合ミセルを形成して水相に分散し，物理的な拡散により小腸の微絨毛を通過して小腸粘膜上皮細胞内にとり込まれ，ミクロソームでトリアシルグリセロールに再合成される。このトリアシルグリセロールは，リン脂質，コレステロール，アポタンパク質などによってキロミクロン（chylomicron，カイロミクロンともいう）*2 を形成し，細胞中からリンパ管に分泌され，胸管に集められたのち，左鎖骨下静脈より血液中に入る。キロミクロンは肝臓，脂肪細胞，他の組織にとり込まれる。

　血液中には，肝臓や脂肪組織からの遊離脂肪酸が存在する。血液が組織中を循環している間に，キロミクロンに含まれるトリアシルグリセロールは，リポタンパク質リパーゼによって遊離脂肪酸とグリセロールに加水分解され，遊離脂肪酸は血清中で血清アルブミンと結合して運ばれ，組織でエネルギー源として利用されたり，トリアシルグリセロール，リン脂質，その他の代謝生成物合成の材料として用いられる。なお，小腸管腔で生じたグリセロールは門脈を経て肝臓に移行し，直接酸化される。

7-2 トリアシルグリセロールの代謝

(1) グリセロールの酸化

　グリセロールの酸化は細胞質ゾルで行われ，酸化に先だちリン酸化さ

---

*1 人が食物から取り入れる主な脂質は，動物および植物のトリアシルグリセロール，コレステロール，そして膜のリン脂質である。脂質代謝の過程において，脂質が貯蔵されたり，分解されたりして，個々の組織を特徴づける構造や機能をもった脂質がつくりだされる。例えば高度に組織化された神経系が発達したのは，脳あるいは中枢神経系に特有の脂質か合成あるいは分解（代謝回転）をつかさどる特異的な酵素群が進化の過程で出現したことに負うところが大きい。

*2 直径 100～1,000 nm の脂質顆粒で，トリアシルグリセロール 80～95％，リン脂質 3～8％，エステル型コレステロール 2～4％，コレステロール 1～3％，アポタンパク質 1～2％を含む。キロミクロンはトリアシルグリセリセロールの外側に極性の高いリン脂質が覆い，そのすき間にコレステロールやアポタンパク質がモザイク状に入り込んだような構造をしている（p.67，図 4-31 参照）。

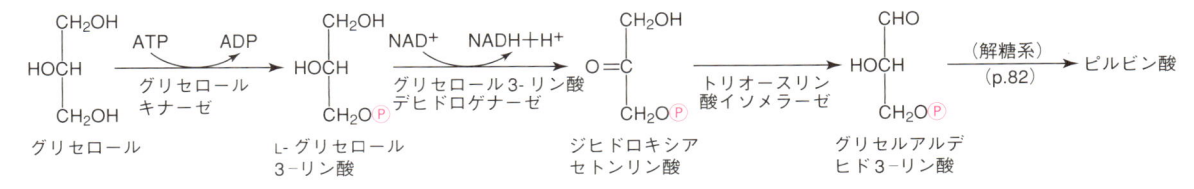

7 脂質の代謝

図7-1 グリセロールのグリセルアルデヒド3-リン酸への変化

れる必要がある。組織にグリセロールを活性化する酵素であるグリセロールキナーゼが存在する場合に，グリセロールはATPからリン酸基（Ⓟ）を受けとり，L-グリセロール3-リン酸になる（図7-1）。このL-グリセロール3-リン酸が酸化分解の出発物質であり，ジヒドロキシアセトンリン酸を経てグリセルアルデヒド3-リン酸に変化する。グリセルアルデヒド3-リン酸は糖質代謝の解糖系（p.82，図6-2参照）の代謝中間体であり，以下糖質の代謝と同様にピルビン酸になり，ピルビン酸デヒドロゲナーゼ複合体によりCO_2とアセチルCoAに変換される（p.86，図6-3参照）。

アセチルCoAのアセチル基（$CH_3 \cdot CO-$）はTCAサイクルに入りさらに酸化される。この過程で生じた$FADH_2$や$NADH+H^+$は呼吸鎖でATPの合成に用いられる。なおアルドラーゼ（p.82，④の酵素）の作用を受けて解糖経路を逆行し，糖新生に使われる。

(2) 脂肪酸の酸化[*1]

脂肪酸の活性化　　長鎖脂肪酸は，酸化に先だち活性化されると，反応性が高まると同時に水溶性が増加する。この活性化は細胞のミトコンドリア内膜の細胞質ゾル側表面においてATP依存性のアシルCoAシンターゼ（acyl-CoA syntase）[*2]の触媒作用により脂肪酸がアシルCoAに変化し（図7-2），このアシルCoAが脂肪酸のβ酸化の出発物質となる（図7-4）[*3]。酸化はミトコンドリアの内膜とマトリックスで行われる。

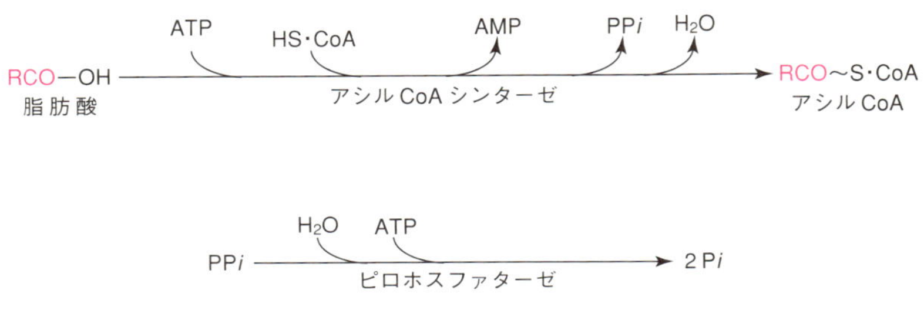

図7-2 脂肪酸のアシル化

チオエステル[*4]であるアシルCoAは高エネルギー化合物であり，アシルCoA中のアシル基（$RCO-$）は活性化された状態にある。この反応は脱水縮合であり，ATPはAMPとピロリン酸（PPi）とに分解され，ピロリン酸はピロホスファターゼにより加水分解を受け，無機リン酸（$2Pi$）となり，アシルCoAの酸化を促進させる。

[*1] 脂肪酸の酸化は，三段階の過程を経て行われる。すなわち，活性化（図7-2），ミトコンドリア内への輸送（図7-3），そしてアセチルCoAへの酸化（図7-4）である。

[*2] 脂肪酸チオキナーゼ群（fatty acid thiokinase group）あるいは脂肪酸CoAリガーゼ（fatty acid ligase）ともいう。基質である脂肪酸の鎖長に応じて特異性をもつ3種類の酵素が知られている。

[*3] 脂肪酸がパルミチン酸の場合はパルミトイルCoAとなる。

[*4] チオエステル（thioester）とは$-OH$の代わりに$-SH$に形成されたエステルのこと。

活性化された脂肪酸のミトコンドリア内への輸送

脂肪酸が酸化されるためには、関与する酵素が存在するミトコンドリアのマトリックスにアシルCoAが移動する必要がある。脂肪酸鎖長の短いアシルCoAは直接ミトコンドリアの外膜と内膜を通過できるが、多くのアシルCoAは内膜を通過することができない。したがって、ミトコンドリア内膜の細胞質ゾル側に存在するカルニチンアシルトランスフェラーゼⅠ（carnitine acyltransferase Ⅰ）の触媒作用により、アシルCoAのアシル基はCoA（HS·CoA）から離れてカルニチン（carnitine）に渡され、アシル-O-カルニチン[*1]を生じる。

アシル-O-カルニチンは特別な輸送タンパク質[*2]によって内膜を通過してミトコンドリアのマトリックス内に運搬され、マトリックスに局在するカルニチンアシルトランスフェラーゼⅡにより、アシル-O-カルニチンのアシル基はCoAに移り、アシルCoAを生じる。アシル基を失ったカルニチンはミトコンドリア内膜の輸送タンパク質により細胞質ゾルに戻り、次のアシル基を前に述べたようにミトコンドリア内部に運搬する（図7-3）。

[*1] アシル-オルト-カルニチン。

[*2] 膜貫通タンパク質。

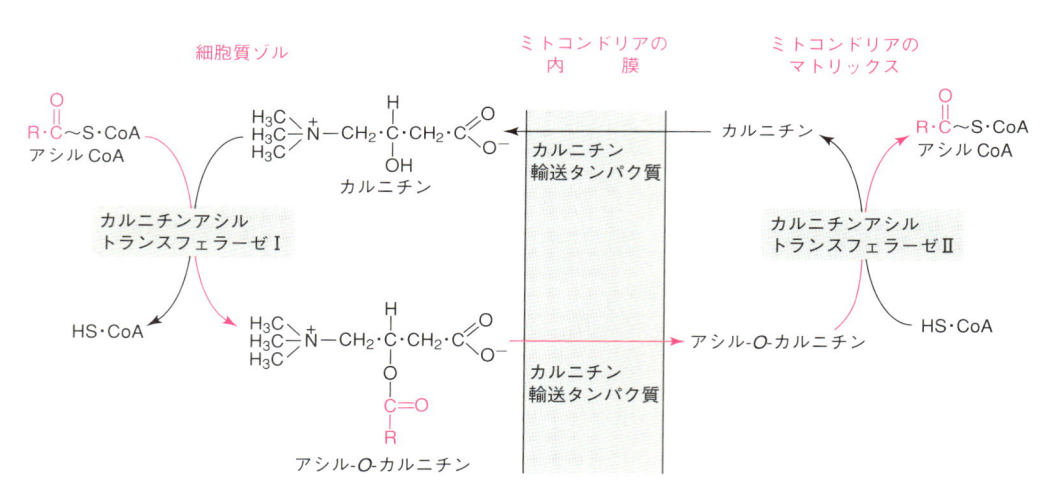

図7-3 アシルCoAのミトコンドリアのマトリックスへの輸送

アシルCoAの輸送は4ステップからなる。1. 細胞質ゾルでアシルCoAのアシル基がカルニチンに転移し、CoAが細胞質ゾルのプールに放出、2. 生じたアシル-O-カルニチンがミトコンドリア内膜の輸送系によりミトコンドリアのマトリックスへ輸送、3. アシル-O-カルニチンのアシル基が、ミトコンドリアのマトリックスのCoAに転移し、アシルCoAが生成、4. アシル基を失ったカルニチンはミトコンドリア内膜の輸送系により細胞質ゾルに戻り、別のアシルCoAと結合する。ミトコンドリアの内膜と外表面には、それぞれカルニチントランスフェラーゼⅠあるいはⅡが存在し、アシル基の転移を触媒する。アシルカルニチン結合は高エネルギー状態にあり、ミトコンドリアのマトリックス内でエネルギーの供給なしにアシル基がカルニチンからCoAに移される。

脂肪酸のβ酸化

ミトコンドリアのマトリックス内に入った活性化された脂肪酸（アシルCoA）は、β酸化（β-oxidation）と呼ばれる過程により多数のアセチルCoAに分割される。β酸化の1サイクルの過程は図7-4に示すと

7 脂質の代謝

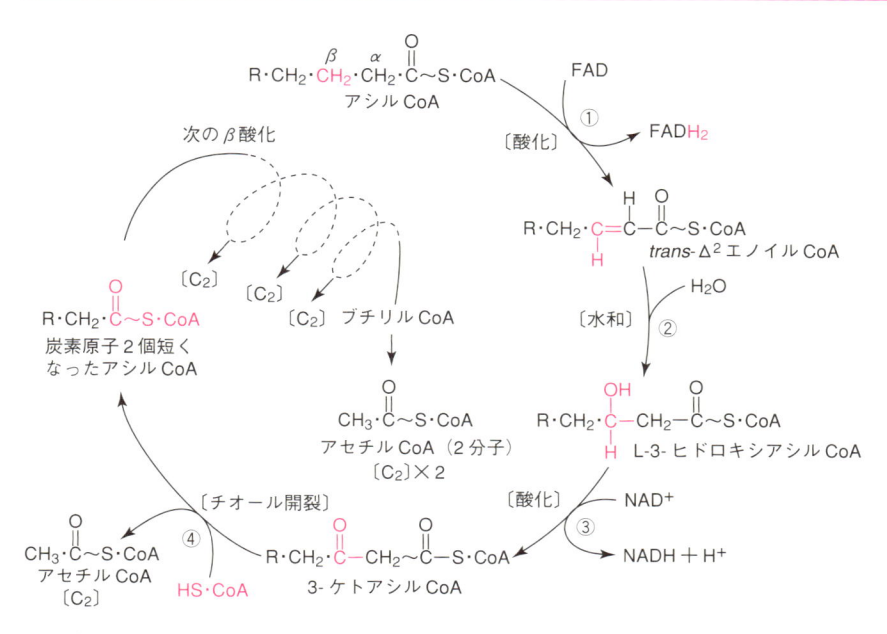

図7-4 ミトコンドリアにおける脂肪酸（アシルCoA）のβ酸化

〔関与する酵素〕①アシルCoAデヒドロゲナーゼ　②エノイルCoAヒドラターゼ　③L-3-ヒドロキシルアシルCoAデヒドロゲナーゼ　④3-ケトアシルCoAチオラーゼ

脂肪酸の活性化されたアシルCoAは，アセチルCoAを生じながらC_2単位ずつ短くなる。この反応は，酸化・水和・酸化・チオール開裂の4種類の反応の組み合わせである。

おりである。この代謝過程の第1段階の反応では，アシルCoAが酸化され，アシル基のC-2位とC-3位から水素原子が除去され，C-2位とC-3位にtrans型の二重結合をもつエノイルCoAが生成される。この反応に関与する水素受容体はFADであり，生じた$FADH_2$は呼吸酵素により再酸化されてFADを再生する。

第2段階の反応はtrans-Δ^2エノイルCoAがエノイルCoAヒドラターゼ*1により，水1分子が加水され，C-2位とC-3位の二重結合が飽和され，L-3-ヒドロキシアシルCoAになる。第3段階の反応でL-3-ヒドロキシアシルCoAがL-3-ヒドロキシアシルCoAデヒドロゲナーゼによりC-3位のヒドロキシル基（—OH）をケト基（>CO）に転換し，NADH＋H^+が生成され，3-ケトアシルCoAが生成される。β酸化の最終の第4段階では，3-ケトアシルCoAのC-3位の炭素結合が切断，すなわちチオール開裂*2を受け，CoAと結合しアセチルCoAを生じるとともに，最初のアシルCoAより炭素原子2個だけ短くなったアシルCoAが生成される。

この開裂反応で生成したアシルCoAは再び酸化系の最初の段階へと戻り，前に述べた4段階の酵素反応が順次くり返されると，アシルCoAは1過程ごとに炭素2個をアセチルCoAの形で失い，水素が2対ずつ特別の受容体*3に渡される。偶数長鎖飽和脂肪酸は，最終的に

*1 クロトナーゼあるいは3-ヒドロキシアシルCoAヒドロキシアシルCoAデヒドロゲナーゼともいう。

*2 チオール開裂（thiolysis）とは，チオールとの反応によって結合を切断することであり，加水分解や加リン酸分解と類似した反応である。④の酵素はアセチルCoAアシルトランスフェラーゼともいう。

*3 $FADH_2$とNADH＋H^+を生じる。

*1 炭素数16個のパルミチン酸が活性化されたパルミトイル CoA は β 酸化を7回受け、アセチル CoA 8個を生じる。炭素数 14〜18個の偶数長鎖飽和脂肪酸のアシル CoA は、長鎖アシル CoA デヒドロゲナーゼにより、炭素数 8〜12個の偶数中鎖飽和脂肪酸のアシル CoA は中鎖アシル CoA デヒドロゲナーゼが、炭素数 4〜6個の偶数短鎖脂肪酸のアシル CoA は短鎖アシル CoA デヒドロゲナーゼの作用をそれぞれ受ける。β 酸化に関する他の3種類の酵素（図7-4）はアシル基の長さに特異性を持たない。

パルミチン酸（パルミトイル CoA）が β 酸化を受けると $FADH_2$ と $NADH+H^+$ とが7分子ずつ生成される。これらが電子伝達系（p.76参照）に入ると、前者より ATP が $2×7=14$ 分子、後者より ATP が $3×7=21$ 分子つくられる（p.88、*1参照）。パルミチン酸は β 酸化に先立ち、酵素と反応するためにはパルミトイル CoA に活性化される必要があり、最初の出発点で2分子の ATP が消費されるので（図7-2では ATP が1分子しか消費されないようにみえるが、AMP を ATP の合成前駆体である ADP に戻すのに ATP が1分子必要である）、$14+21-2=33$ 分子の ATP が生成されることになる。なお、アセチル CoA 8分子が TCA サイクルで完全に酸化分解を受けると、$12×8=96$ 分子の ATP が生成される。したがって、パルミチン酸1分子が完全に酸化分解を受けると、合計 $33+96=129$ 分子の ATP が生成されることになる。

*2 HMG-CoA の基本構造であるグルタル酸は、炭素5原子のジカルボン酸である。HMG-CoA の合成は、クエン酸の合成と似た縮合と分解を含む反応である。

すべてアセチル CoA となる*1。なお、β 酸化の中間過程で生じたアシル CoA はほとんど蓄積されず、最後まで酸化分解が進行する。

不飽和脂肪酸の酸化

天然に存在する不飽和脂肪酸は、多くの場合 C-9 位と C-10 位の間に *cis* 型の二重結合が存在する。また二重結合が2箇所以上存在する場合には、二重結合と二重結合の間にはメチレン基（—CH_2—）が存在するので共役しない。このような不飽和脂肪酸の β 酸化には、飽和脂肪酸の β 酸化に関与する酵素に加えて、さらに3種類の酵素が必要である。

リノール酸を例にとると、リノール酸が活性化されたリノリル CoA は β 酸化を3廻りすると、3,6-*cis* ドデセノイル CoA となり、二重結合はゴデセノイル CoA イソメラーゼにより、*cis*-3,4-ドデセノイル CoA（*trans*-Δ^2 二重結合）となる。ついで β 酸化をひと廻りしたのち、β 酸化の次のサイクルの第一のステップの反応を受け、2,4-*cis*-ジエノイル CoA を生じる。次にレダクターゼが *trans*-Δ^3-エノイル CoA、2-エノイル CoA イソメラーゼが *trans*-Δ^2-エノイル CoA に変化し、再び β 酸化の過程に入る。

(3) 脂肪酸の代謝異常によるケトン体の生成

肝細胞のミトコンドリアにおいて脂肪酸の β 酸化で生じるアセチル CoA は、正常な状態では TCA サイクルで完全に酸化されるが（p.86、図6-3参照）、別の代謝経路に入るアセチル CoA の割合も多い。アセチル CoA が TCA サイクルに入るためには、それを迎え入れるオキサロ酢酸が十分に存在しなければならない。しかし飢餓や絶食時、糖質が極端に少なく脂質が非常に多い食事を摂取した場合、あるいは糖尿病性アシドーシスの場合などは、糖質が欠乏するので TCA サイクルが円滑に回転しないため、オキサロ酢酸の生成量が少なくなる。

一方、オキサロ酢酸は前に述べたように糖新生にも利用されるため、オキサロ酢酸の量がますます不足状態となる。このような条件下では、エネルギー供給のために脂肪の酸化が著しく亢進し、アセチル CoA の生成量が多くなるのに、アセチル CoA は TCA サイクルに入ることができない。

このような場合にアセチル CoA は、肝細胞のミトコンドリアにおいて図7-5のように3段階の酵素反応を受けて、アセト酢酸（acetoacetate）を生成する。すなわち、アセチル CoA が2分子結合してアセトアセチル CoA となり、さらにもう1分子のアセチル CoA を結合して 3-ヒドロキシ-3-メチルグルタリル CoA（3-hydroxy-3-methylglutaryl-CoA，HMG-CoA）*2 を生成する。次いでリアーゼ（脱離酵素）

7 脂質の代謝

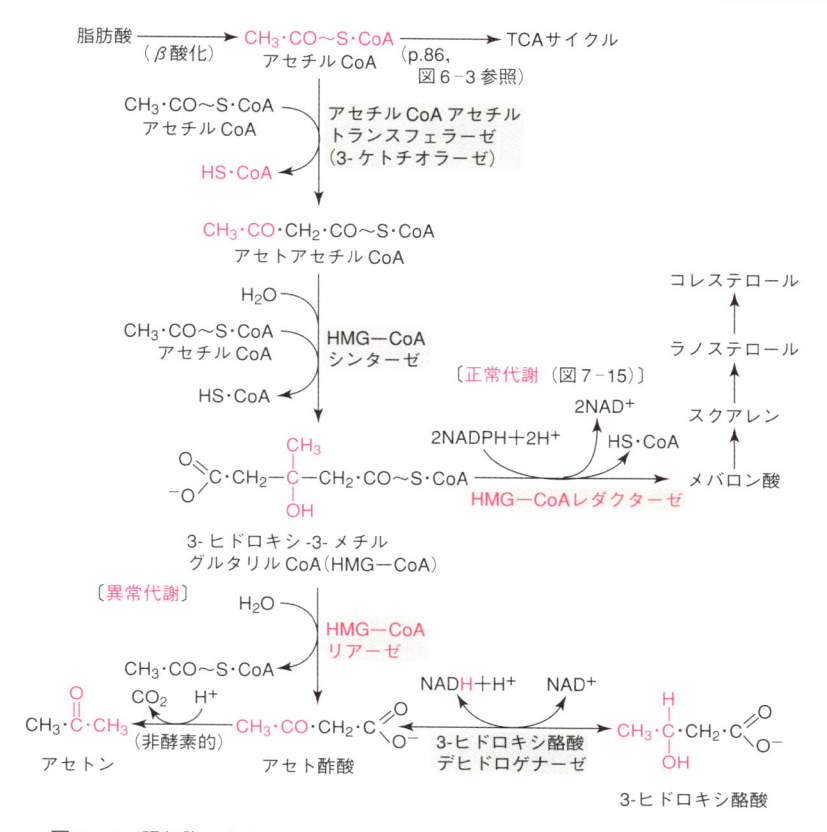

図7-5 肝細胞のミトコンドリアにおけるアセチルCoAからケトン体の生成

によりHMG−CoAは開裂し，アセト酢酸[*1]とアセチルCoAが生成される。アセト酢酸は$NADH + H^+$により還元されると，3-ヒドロキシ酪酸（3-hydroxybutyrate）を生成する[*2]。またアセト酢酸は非酵素的脱炭酸を受け，CO_2とアセトン（acetone）を生成する。これらアセト酢酸，3-ヒドロキシ酪酸，アセトンの三化合物をケトン体（ketone body）[*3]と総称する。

HMG−CoAはコレステロール合成の重要な前駆物質であり，正常代謝ではHMG−CoAレダクターゼ[*4]により，メバロン酸，スクアレン，ラノステロールなどを経てコレステロールの生合成に用いられる（p.119，図7-5参照）。

肝臓より放出されるアセト酢酸と3-ヒドロキシ酪酸は生理的に重要なケトン体であり，血液によって心臓，筋肉，腎臓[*5]，脳[*6]などエネルギーを必要とする肝外臓器に運ばれ，ミトコンドリアでアセトアセチルCoAを経てアセチルCoAとなり，TCAサイクルに入り完全に酸化されエネルギーとして利用される[*7]。しかし脂肪の分解が激しく，ケトン体の生成量が増加することでその能力の限界を超えると，ケトン体が血液や尿中に増加し，ケトーシス（ケトン症，ketosis）[*8]となる。この

[*1] 最初に生成されるケトン体である。

[*2] この反応は単純な酸化還元反応であるので，可逆的反応である。

[*3] 空腹時の基準値は$130\mu mol/l$以下。

[*4] コレステロール合成の律速酵素である。律速酵素は鍵酵素（key enzyme）ともいわれ，体内の一連の反応において，反応全体の速度を支配することで反応を制御する。

[*5] 心筋と腎皮質はグルコースよりアセト酢酸を好んで酸化する。

[*6] 血液−脳関門を通過できるので，グルコースとともに脳の重要なエネルギー源となる。飢餓状態が続くと，脳が利用するエネルギーの約75％がアセト酢酸由来のものである。

[*7] アセト酢酸は水溶性脂質ともいわれる。なお，β酸化で生じたアセトンは，肺から呼気として体外に排泄されるか，あるいは尿中に排泄され，エネルギーを産生することはない。

[*8] ケトーシスの人は息がにおうほど高濃度のアセトンを産生する。酸性ケトン体が体に蓄積すると，血液のpHが低下する代謝性アシドーシス（metabolic acidosis）となる。

場合に，ケトン体が血液に異常に増加する状態をケトン血症（ketonemia）という。ケトン体は最終的には尿中に排泄され，尿中に異常に増加する場合をケトン尿（ketonuria）という。体内でTCAサイクルが正常に回転し，オキサロ酢酸を十分に供給することでケトーシスを予防するためには，成人の1日の食事に少なくとも糖質が100g（400kcal/日）含まれることが望ましいとされている。

(4) 脂肪酸の生合成

哺乳動物の脂質の合成（lipogenesis）は主として肝臓と脂肪細胞で行われる[*1]。脂肪酸の合成は酸化とは異なる経路で行われ，また酸化がミトコンドリアで行われるのに対し，合成は細胞質ゾル[*2]で行われる。脂肪酸の合成は三段階に分けられる。すなわち，①ミトコンドリアのマトリックスのアセチルCoAが細胞質ゾルに輸送されたのち，②カルボキシル化されてマロニルCoAを生成し，③生成されたマロニルCoAとアセチルCoAが縮合し，脂肪酸シンターゼ（fatty acid synthase）[*3]による脂肪酸鎖長の伸長が行われ[*4]，炭素数16個の脂肪酸までの合成が行われる[*5]。

> ミトコンドリアから細胞質ゾルへのアセチルCoAの輸送

脂肪酸合成の第一段階で，アセチルCoAは，ミトコンドリアのマトリックスでピルビン酸の酸化的脱炭酸により生成される（図7-6）。アセチルCoAはミトコンドリア膜を通過できないので，クエン酸シンターゼの作用でオキサロ酢酸と縮合してクエン酸となり，クエン酸の形でミトコンドリア内膜に局在するトリカルボン酸輸送体により細胞質ゾル内に拡散される。

このクエン酸はATPの存在下でクエン酸リアーゼ[*6]により再びアセチルCoAとオキサロ酢酸とに解離し，アセチルCoAが脂肪酸合成

[*1] 人の場合，肝細胞は低い活性しかなく，脂肪細胞も合成の場として重要ではないという説もある。しかし人の場合は腎臓，脳，肺，乳腺などの細胞でも合成系が認められている。

[*2] cytosol，細胞質の細胞小器官の間を埋める細胞液のこと（p.9参照）。

[*3] 従来は"脂肪酸シンテターゼ（fatty acid synthetase）"という用語が使われていたが，酵素分類の6群の合成酵素は現在は"脂肪酸シンターゼ"と名称が変わった（p.35参照）。

[*4] アセチルCoAのカルボキシル化は脂肪酸合成の調節点であり，この反応を触媒するアセチルCoAカルボキシラーゼは律速酵素となる。

[*5] 代謝中間体は脂肪酸シンターゼのアシルキャリヤータンパク質（acyl carrier protein, ACP）とエステル結合しながら脂肪酸鎖長を延長する。最終生成物はパルミチン酸である。

[*6] クエン酸開裂酵素ともいう。

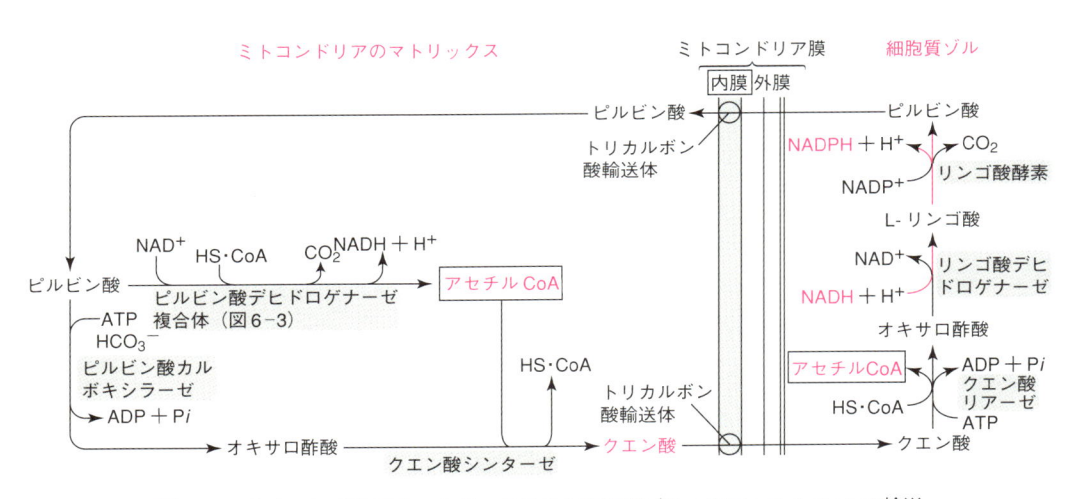

図7-6 ミトコンドリアのマトリックスから細胞質ゾルへのアセチルCoAの輸送

の起動物質として使われ，オキサロ酢酸はL-リンゴ酸を経てピルビン酸となるが*1，この反応において脂肪酸合成に必要な$NADPH + H^+$が1分子生成される。しかし，脂肪酸合成経路では1サイクル当たり$NADPH + H^+$が2分子必要であり，不足分はペントースリン酸側路（p.89，図6-6参照）から供給される$NADPH + H^+$が用いられる。

| アセチルCoAのカルボキシル化 |

脂肪酸合成の第二段階は，細胞質ゾルにおいてアセチルCoAがカルボキシル化され，マロニルCoAを生成する反応である。すなわち，アセチルCoAはATPとMg^{2+}の存在下でアセチルCoAカルボキシラーゼ*2の作用によりCO_2（HCO_3^-）と結合し，炭素3個のマロニルCoA*3を生成する（図7-8）。

マロニルCoAは脂肪酸シンターゼ（fatty acid synthase，図7-7）のドメイン*4であるACPに結合している4′-ホスホパンテテインのチオール基（HS-ACP）にマロニル残基を結合してマロニルACPとなる（マロニル基転位）。一方，脂肪酸合成の起動剤であるアセチルCoAも同様にHS-ACPと結合してアセチルACPとなったのち（アセチル基転移），脂肪酸シンターゼの他のドメインである3-ケトアシルシンターゼ（KS）に結合しているチオール基（HS-KS）にアセチル残基を渡してアセチルKSとなる。

N－KS AT MT－HD ER KR ACP－TE－C
　　Cys　　　　　　　4′-ホスホパンテテイン側鎖
　　SH　　　　　　　SH

KS：3-ケトアシルシンターゼ　AT：アセチルトランスアシラーゼ　MT：ACPマロニルトランスアシラーゼ　HD：3-ヒドロキシアシルACPデヒドラーゼ　ER：エノイルACPレダクターゼ　KR：エノイルACPレダクターゼ　ACP：アシルキャリヤータンパク質　TE：チオエステラーゼ

図7-7　脂肪酸合成の脂肪酸シンターゼの模型図

3つの領域（8ドメイン）をもつ1本のポリペプチド鎖で，特定の反応を触媒する7種類の酵素とACPが共有結合する多酵素複合体（多機能酵素の一例）である。この複合体は2種類の同じサブユニットからなるホモ二量体（ダイマー）の多機能タンパク質の形（同じペプチドは各々の頭部が相応するペプチドの尾部に結合している）で，普通は炭素数16個以下の脂肪酸の合成を触媒する。ドメインであるACPと結合している4′-ホスホパンテテインのチオール基が合成課程で大活躍をする。KSは活性チオール基（活性中心の一部の存在するシステイン）をもっている。

| 飽和脂肪酸合成の段階的反応 |

脂肪酸合成の三段階は，アセチルKSのアセチル残基（$CH_3 \cdot CO-$）が，マロニルACPのマロニル残基（$^-O \cdot O \cdot C \cdot CH_2 \cdot CO-$）の非常に強いメチレン基（$-CH_2-$）と縮合して$CO_2$を失い，炭素数4個のアセトアセチルACP（3-オキソアシルACP）となる。これから先の反応段階は図7-8のように，ヒドロキシル基への還元*5，水の脱離，二重

*1　オキサロ酢酸はミトコンドリア膜を通過できないので，図7-6のように$NADH + H^+$によってL-リンゴ酸に還元される。L-リンゴ酸は$NADP^+$（NAD^+ではないことに注意）を必要とするリンゴ酸酵素（malic engyme）によって脱炭酸され，ピルビン酸になる。ピルビン酸は内膜に局在するピルビン酸輸送体によりミトコンドリアに輸送され，ピルビン酸カルボキシラーゼによりオキサロ酢酸に転換される。

*2　補欠分子族（p.31参照）としてビオチンを含むビオチン酵素である。反応中間体として活性状態のCO_2-ビオチン複合体を形成する。

*3　マロニルCoAのマロニル基は炭素3原子であるが，脂肪酸合成においては炭素2原子の活性型供与体として作用する。

*4　ドメイン（domain）とはポリペプチドの異なった構造単位をいい，分子の大きいタンパク質は，いくつかの構造単位に分かれる。

*5　還元反応に用いられる還元剤は$NADPH + H^+$であり，主としてペントースリン酸側路と細胞質ゾルでL-リンゴ酸がピルビン酸へ変化する場合に生成されたものである。$NADH + H^+$や$FADH_2$は使用されない。

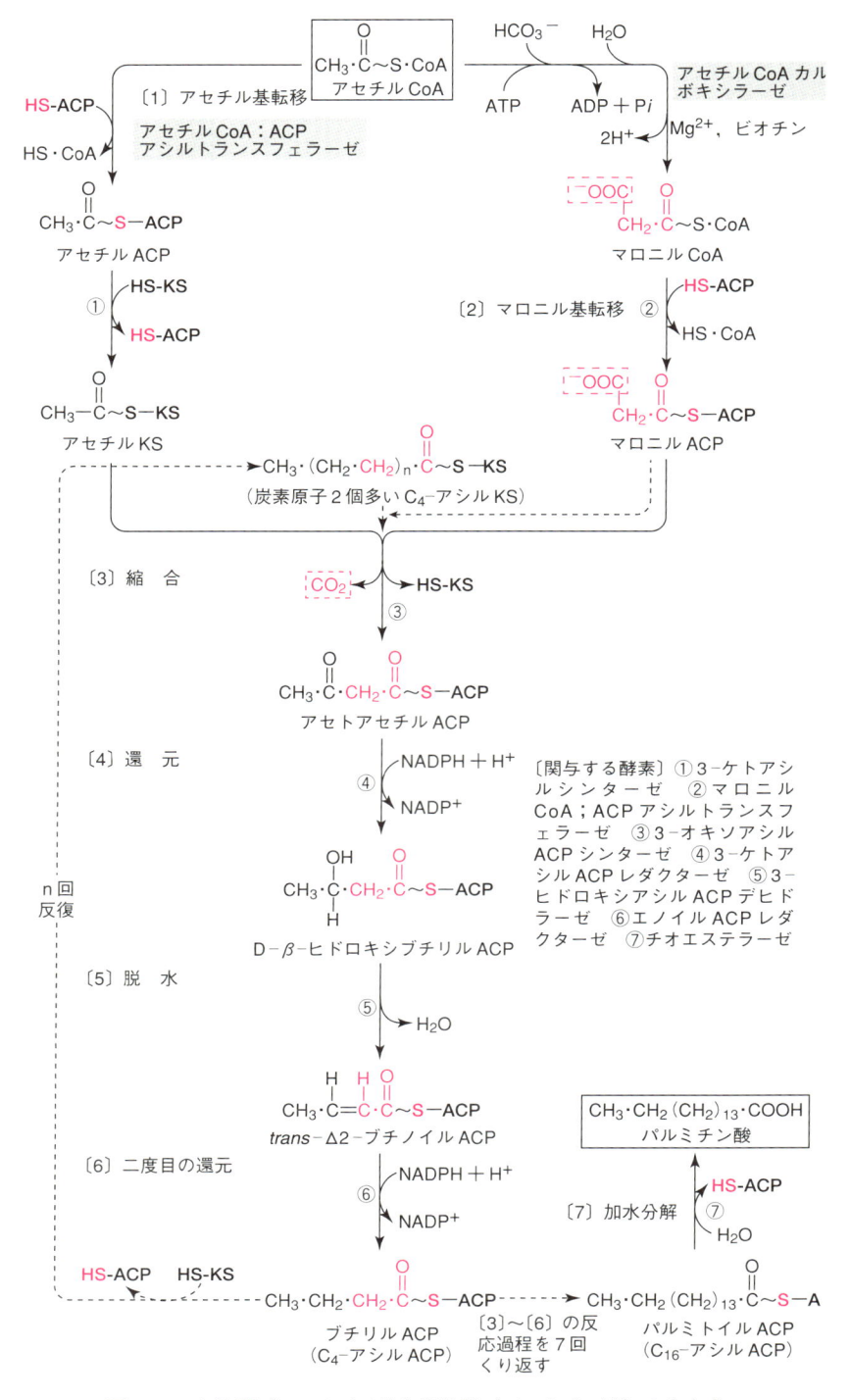

図7-8 細胞質ゾルにおける飽和脂肪酸（パルミチン酸）の生合成
HS-ACPは図7-7のように脂肪酸シンターゼのドメインであるACPに付く—SHを表わし、この場合ドメインのKSには—SHは結合していない。他のドメインは省略してある。同様にHS-KSはドメインのKSに付く—SHを表わし、ACPには—SHは結合していない。

結合の還元を受け，ブチリル ACP が生成し，この C4-アシル ACP は HS-KS により C4-アシル KS の形になり，点線で示したように再びマロニル ACP を受け入れる。

次いで前と同様に還元・脱水・二度目の還元反応を反復することで炭素数が 2 個多い飽和脂肪酸を次ぎつぎに合成していくが，脂肪酸シンターゼは前に述べたように炭素数 16 個の脂肪酸（パルミチン酸）までの合成を行うことができる*1。

脂肪酸合成の代謝中間体は，すべて HS-ACP とチオエステル結合をしており，この形で反応が進行するが，3-ケトアシルシンターゼ（ACP アセチルトランスフェラーゼともいう）が関与する反応だけは HS-KS が用いられる。図 7-8 の〔3〕〜〔6〕の反応が 7 回くり返されると，炭素数 16 個のパルミトイル ACP となり，最後にチオエステラーゼによる加水分解を受け，パルミトイル ACP のパルミトイル残基は HS-ACP から離れパルミチン酸が生成される*2。

アセチル CoA とマロニル CoA からパルミチン酸が合成される場合の化学量論的な関係は，次のようになる。

$CH_3 \cdot CO \sim S \cdot CoA + 7 HOOC \cdot CH_2 \cdot CO \sim S \cdot CoA + 14 NADPH + 14 H^+$
$\longrightarrow CH_3(CH_2)_{14} \cdot COOH + 7 CO_2 + 14 NADP^+ + 8 HS \cdot CoA + 6 H_2O$

飽和脂肪酸鎖長の伸長

脂肪酸合成反応で生成された飽和脂肪酸や食物として摂取された飽和脂肪酸は，炭素 2 個単位で鎖長が伸長される。滑面小胞体の伸長反応ではマロニル CoA が，またミトコンドリアでは CoA が，炭素 2 個の供給体となる。量的には滑面小胞体における伸長反応が主経路である。伸長反応の基質はアシル CoA*3 であり，脂肪酸のカルボキシル末端にマロニル CoA 由来の炭素 2 個が付加される。滑面小胞体は前に述べた脂肪酸シンターゼと同じような酵素活性をもち，還元・脱水・二度目の還元が行われ，炭素 2 個が付加してアシル CoA*4 を生成する。伸長反応の基質であるアシル CoA は飽和化や不飽和化を受けることができ，伸長反応は脂肪酸の炭素数 26 個の脂肪酸まで行われる*5。

（5）飽和脂肪酸の不飽和化

一価不飽和脂肪酸の生成

パルミチン酸に炭素原子が 2 個付加されるとステアリン酸が生成されるが，これらの脂肪酸は代謝上重要な一価不飽和脂肪酸であるパルミトレイン酸とオレイン酸の合成前駆体となる。図 7-9 のように，パルミトイル CoA やステアロイル CoA は肝小胞体の細胞質ゾル側に存在する酸化的不飽和酵素*6 により，分子状酵素（O_2），NADPH + H^+，シトクロム b_5（Fe^{2+}）などが関与し，cis-Δ9 二重結合が挿入さ

---

*1 脂肪酸の合成がパルミチン酸で停止するのは，脂肪酸シンターゼの活性部位のサイズが限定されているためである。炭素数が 16 個になると脂肪酸を遊離する。

*2 パルミチン酸は，その後さらに鎖長の伸長および不飽和化反応を受けることができる。

*3 ACP ではなく HS・CoA がアシル基の運搬体となる。

*4 パルミトイル CoA に炭素が 2 個付加するとステアロイル CoA となる。

*5 ミトコンドリアにおける伸長反応は，FAD を要求する酵素反応ではなく，NADPH レダクターゼが用いられること以外は β 酸化の逆反応で伸長が行われる。

*6 1 原子酸素添加酵素，NADH-シトクロム b_5 レダクターゼ（cytochrome b_5 reductase），脂肪酸アシル CoA デサチュラーゼ（fatty acid acyl CoA desaturase）からなる複合体で，混合機能型オキシダーゼの一種である。

$$CH_3(CH_2)_{14}\cdot CO\sim S\cdot CoA \xrightarrow[2\,cytb_5(Fe^{2+})]{NADPH+H^+ \quad O_2 \quad 2H_2O \quad NADP^+}_{2\,cytb_5(Fe^{3+})} CH_3(CH_2)_5CH=CH\cdot CH(CH_2)_7CO\sim S\cdot CoA$$

パルミトイル CoA　　　　　　　　　　　　　　　　　　　　　　　パルミトレイル CoA

パルミチン酸 ← (HS·CoA, H₂O)

↓ C₂

ステアリン酸 ← (HS·CoA, H₂O)

脂肪酸アシル CoA デサチュラーゼ

パルミトレイン酸 (16:1 cis-Δ9, 16:1 n-7)

$$CH_3(CH_2)_{16}\cdot CO\sim S\cdot CoA \xrightarrow[2\,cytb_5(Fe^{2+})]{NADPH+H^+ \quad O_2 \quad 2H_2O \quad NADP^+}_{2\,cytb_5(Fe^{3+})} CH_3(CH_2)_7CH=CH\cdot (CH_2)_7CO\sim S\cdot CoA$$

ステアロイル CoA　　　　　　　　　　　　　　　　　　　　　　　オレイル CoA

オレイン酸 (18:1 cis-Δ9, 18:1 n-9)

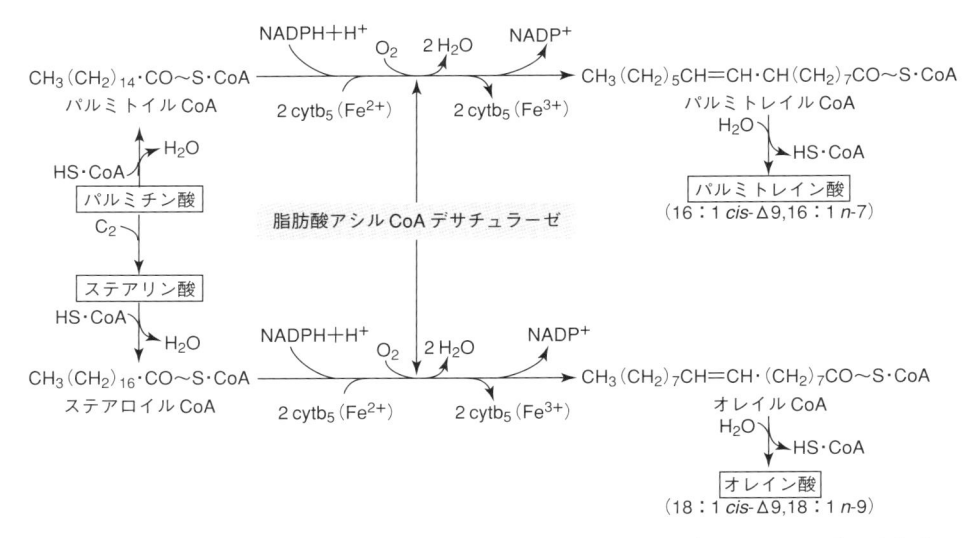

図 7-9　パルミチン酸よりパルミトレイン酸，あるいはステアリン酸よりオレイン酸の生合成

*1　カルボキシル基から数えて 9 番目，メチル基側から数えて 7 番目の炭素原子に二重結合があることを示す。生化学や栄養生化学的には，n 番号を付けた方が理解されやすい。

れることでパルミトレイル CoA あるいはオレイル CoA が生成され，これらが加水分解を受けるとパルミトレイン酸*1 やオレイン酸ができる。

多価不飽和脂肪酸の生成

体内には種々の多価不飽和脂肪酸が存在しており，これらは n-末端（ω-末端）のメチル基から最も近い二重結合との間の脂肪酸鎖長の相異から，その前駆体を知ることができる。動物細胞では C-10 位から末端のメチル基の間には二重結合を導入することができないので，リノール酸や α-リノレン酸は合成することができず，必須脂肪酸といわれている。人は植物が合成したこれらの脂肪酸を食物から摂取しなければならない。

動物組織の細胞のミクロソームにおいて，パルミチン酸は飽和および不飽和脂肪酸合成の中心的な役割を果たしており（図 7-10），前に述べたようにパルミチン酸から合成されるパルミトレイン酸は炭素原子が 2 個付加されるとバクセン酸になる。またオレイン酸は水素原子 2 個を失うと 18:2Δ6, 9*2，さらに炭素原子 2 個が付加されて 20:2Δ8, 11*3 になり，次いで水素原子 2 個を失うと，イコサトリエン酸が合成される。これらの脂肪酸は n-9 系脂肪酸である。なおオレイン酸は，炭素原子が 2 個ずつ 3 回付加するとネルボニン酸（nervonic acid, n-10 系脂肪酸）になる。

*2　octadecadienoic acid。

*3　icosadiemoic acid。

食物として摂取されるリノール酸や α-リノレン酸は，細胞のミクロソームにおいて，図 7-10 のように n-6 系列または n-3 系脂肪酸を合成することができる。すなわち，リノール酸は γ-リノレン酸を経て

7 脂質の代謝

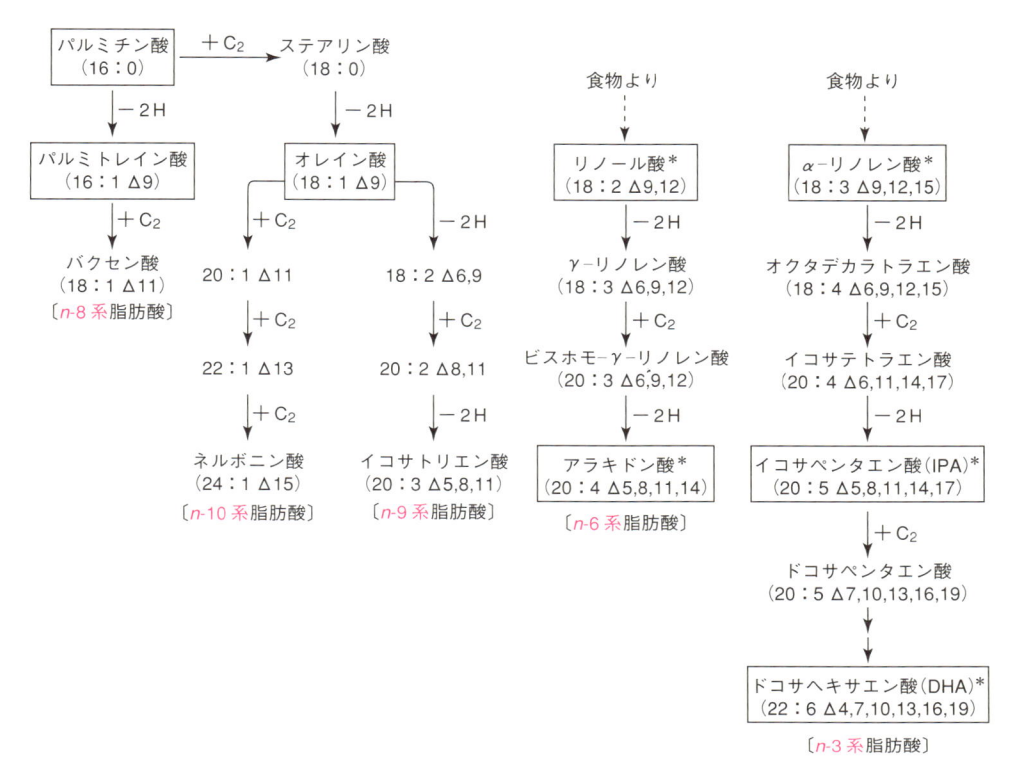

図7-10 動物組織の細胞のミクロソームにおける脂肪酸の不飽和化反応の相互関係（細川雅史，改）
多価不飽和脂肪酸は n-末端のメチル基と最も近い二重結合との間の鎖長の相異から，パルミトレイン酸族，オレイン酸族，リノール酸族およびリノレン酸族の4種類に分類できる。これら4種類の前駆体が脂肪酸の鎖長の伸長と脱飽和あるいは脱飽和のみによって，新しい脂肪酸を生成する。ドコサペンタエン酸の鎖長延長は β 酸化によって二重結合が導入され，ドコサヘキサエン酸に変換される経路が推定されている。＊印は必須脂肪酸（図4-23参照）。

アラキドン酸に，また α-リノレン酸はイコサペンタエン酸を経てドコサヘキサエン酸を合成する。

（6）イコサノイドの生合成と代謝

イコサポリエン酸[*1]から組織内で合成される重要な一群の生理活性物質としてイコサノイド（PG・TX・LT・LX）がある[*2]。これらは組織により生成酵素の局在性に特異性があり，組織の働きに適した生理活性をもつイコサノイドが合成され，Gタンパク質結合受容体[*3]を介して組織の働きを調節するので，局所ホルモン[*4]ともいえる。イコサノイドの主な生合成経路は図7-11のとおりである。

食事から摂取されたリノール酸は，γ-リノレン酸を経てジホモγ-リノレン酸となり，第1群のイコサノイド（PGE_2・PGF_1・TXA_1・各種のLT$_3$グループ）が合成される。第2群のイコサノイド（各種の PG_2 グループ・TXA_2 グループ・LT_4 グループ）は食事から直接摂取するか，あるいはジホモγ-リノレン酸から生成されたアラキドン酸，あるいは生体膜のリン脂質のC-2位のアラキドン酸がホスホリパーゼ A_2 により切断されることで供給されたアラキドン酸から合成される[*5]。一方，食

*1 鎖長が C_{20} まで伸長した多価不飽和酸。

*2 p.61 参照。

*3 p.163, p.165 参照。

*4 local hormone。オータコイド（autacoid）：生体内で微量に産生される生理活性物質で，ホルモンや伝達物質に属さない。

*5 アラキドン酸より PGD_3・PGI_2 と TXA_2 の合成は，基質のアラキドン酸に対して合成が競合する。

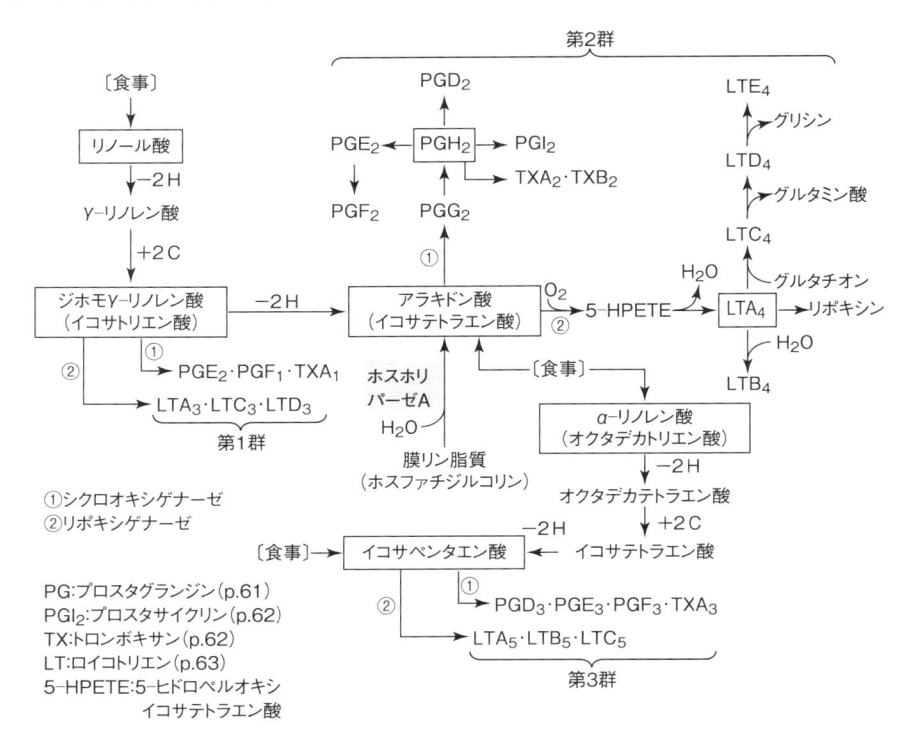

図7-11 イコサノイドの3群とその生合成経路
①はシクロオキシゲナーゼの関与する経路でプロスタグランジンとトロンボキサンが、②はリポキシゲナーゼの関与する経路でロイコトリエンとリポキシンが合成される。各イコサノイドに付いている数字は分子の二重結合の数を示す。

事から摂取されたα-リノレン酸から3段階の反応を経て生成されるか、食事から直接摂取されたイコサペンタエン酸からは、第3群のイコサノイド（各種のPG_3グループ・TXA_3・各種のLT_5グループ）が合成される[*1]。

(7) トリアシルグリセロールの生合成

解糖の代謝中間体であるジヒドロキシアセトンリン酸（p.82参照）が還元されるか、あるいはグリセロールがリン酸化されたL-グリセロール3-リン酸（p.103参照）とアシルCoA[*2]とが、トリアシルグリセロールの生合成の合成材料になる（図7-12）。

L-グリセロール3-リン酸のC-1位に付く水酸基にアシルCoA由来のアシル基が転移すると、1-アシルグリセロール3-リン酸（リゾホスファチジン酸）が生成し、さらにそのC-2位に付く水酸基が同様にアシル化すると、1,2-ジアシルグリセロール3-リン酸（ホスファチジン酸）[*3]が生成する。次いで加水分解を受け、脱リン酸化され、1,2-ジアシルグリセロールになり、最後にそのC-3位に付く水酸基がアシル化されるとトリアシルグリセロールが合成される。

トリアシルグリセロールの生合成に必要な酵素類は、トリアシルグリ

[*1] 図7-11に示すように各グループとも2種類の酵素（シクロオキシゲナーゼとリポキシゲナーゼ）により合成が行われる。

[*2] 脂肪酸はアシルCoAシンターゼによって、ATPとCoAの存在下でアシルCoAになる（p.103、図7-2参照）。

[*3] 1,2-ジアシルグリセロール3-リン酸（ホスファチジン酸）は各種リン脂質合成の前駆体としても用いられる。

セロールシンターゼ複合体のなかに存在する。この酵素複合体は小胞膜の細胞質側の表面に結合している。なお，図7-12のように，ジヒドロキシアセトンリン酸がアシル化されると1-アシルジヒドロキシアセトンリン酸に，還元されると1-アシルグリセロール3-リン酸になり，

* アシルCoAシンターゼ（p.103, 図7-2）

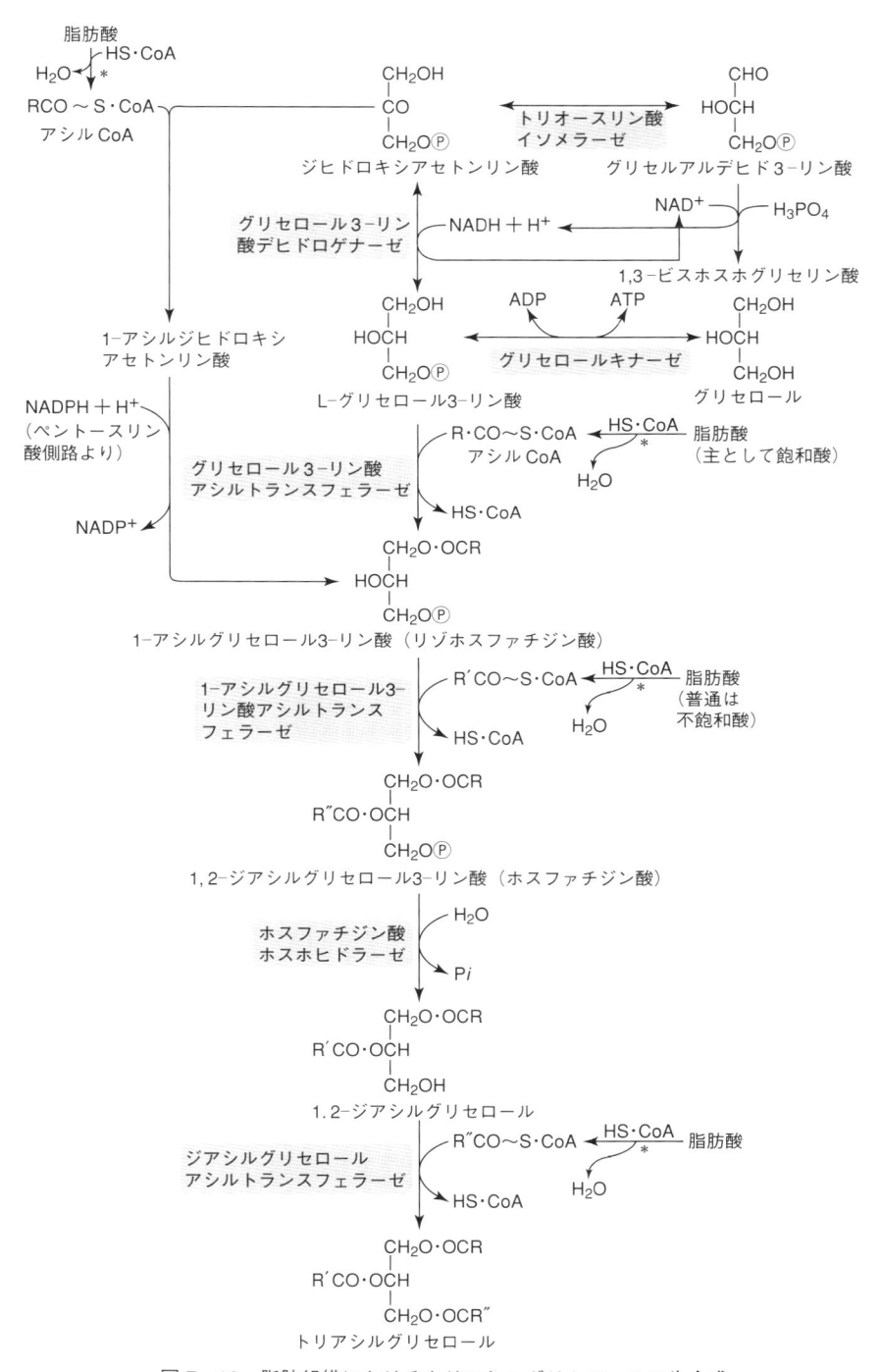

図7-12 脂肪組織におけるトリアシルグリセロールの生合成

この合成系に合流する経路も知られている。還元反応に用いられるNADH＋H$^+$はグリセルアルデヒド3-リン酸が1,3-ビスホスホグリセリン酸に変化するときに生成され，またNADPH＋H$^+$はペントースリン酸側路（p.89参照）により生成されたものが使われる。

トリアシルグリセロールの生合成には，食物中の脂質が加水分解されて生じた脂肪酸のほか，体内においてグルコースやアミノ酸の代謝中間体であるアセチルCoAから合成された脂肪酸が用いられる。このアセチルCoAから脂肪酸の合成はβ酸化の逆反応ではなく，また合成に関与する多酵素複合体も細胞の細胞質ゾルに存在する。

(8) レプチンの代謝調節作用

レプチン（leptin）は，1994年にZhangらにより遺伝性肥満 *ob/ob* マウスの肥満の原因物質として発見された新しい脂肪細胞由来ホルモンである。この発見により，脂肪組織の機能的な意義が注目されるようになった。レプチンは146個のアミノ酸からなるペプチドであり，脂肪組織で特異的に産出され，循環血により作用部位である脳の視床下部のレプチンレセプターに運ばれる。

レプチンは強力な食物摂取の抑制とエネルギーの消費亢進作用があると考えられている。レプチンの欠乏により，インスリン抵抗性，糖尿病，高脂血症，脂肪肝などがみられる。レプチンは，体重調節に関与するカテコールアミン類，副腎皮質ホルモン類，インスリン，性ホルモン，成長ホルモンなど，多様な神経伝達物質の活性に影響を与えるという。また，レプチンの食物摂取抑制作用は，腸からのコレシストキニン放出によって効果を高めることが実証されている。

肥満者は，体脂肪量の増加に比例して脂肪組織のレプチン産生と血中レプチン濃度の上昇が認められ，体格指数（BMI）[*1]や体脂肪率と相関がみられ，レプチンが肥満や体重増加の制御に関与することがわかる（図7-13）[*2]。一般に男子より女子の方が血中レプチン濃度が高値を示

[*1] BMI（body mass index）はキログラムで表した体重をメートルで表した身長の二乗で割った数値である。BMI＝体重（kg）÷〔身長（m）〕^{2} は身長150～170cmの成人に適用。適正値は18.5～25.0，やせは18.5以下。

[*2] セロトニンもレプチンのように食物摂取や体重抑制作用がある神経伝達物質と考えられている。

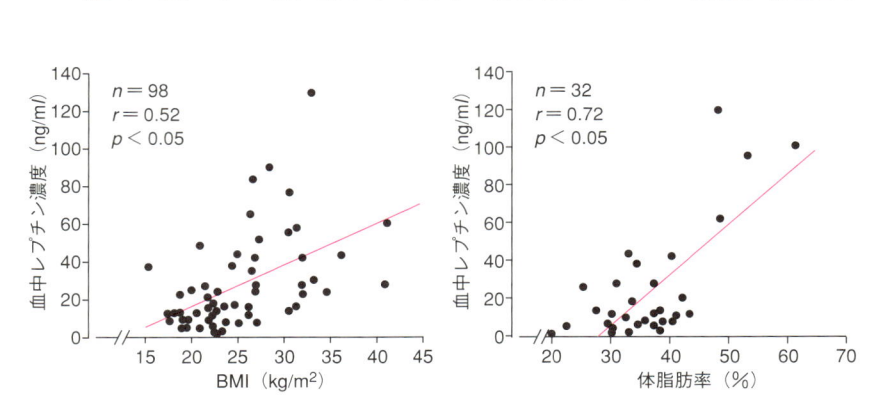

図7-13 血中レプチン濃度とBMI（体格指数）ならびに体脂肪率との関係（Hosodaら）

すのは，女子の体脂肪率の方が高値であるためと考えられている。レプチンレセプターは視床下部のほか，脂肪組織や肝臓・膵臓・骨格筋[*1]などに分布しており，血中レプチンの増加が摂食量の減少や交感神経が興奮することで相接的なインスリンの減少をもたらすという。またレプチンは，視床下部・下垂体ホルモンの分泌を調節することで生殖機能やストレス反応にも関与する。

[*1] インスリンの標的となる末梢臓器。

7-3 グリセロリン脂質の生合成およびコレステロールの代謝

(1) リン脂質の生合成

真核生物でのグリセロリン脂質の生合成は，図7-14のようにホスファチジン酸の合成から始まる。前駆体であるグリセロール3-リン酸は ① 解糖系で合成されたジヒドロキシアセトンリン酸から合成される経路と，② 肝臓や腎臓でグリセロールから合成される経路の2つがある。このグリセロール3-リン酸のC-1位とC-2位に，他の前駆体である長鎖アシルCoAがそれぞれ1分子ずつ導入されると，ホスファチジン酸が生成される。ホスファチジン酸は細胞内には痕跡程度しか存在しないが，ジアシルグリセロールやトリアシルグリセロールの生合成には必要な代謝中間体であり，ホスファチジン酸の分配が脂質合成の調節を支配している。

ホスファチジン酸にCTP（シチジン5′-三リン酸）のリン酸が1分子導入すると，CDP-ジアシルグリセロール（シチジン5′-二リン酸ジアシルグリセロール）[*2]となり，イノシトールが付加すると，3-ホスファチジルイノシトール（PI）に[*3]，またグリセロールリン酸が付加すると，3-ホスファチジルグリセロールリン酸（PG）が合成される。一方，ホスファチジン酸が加水分解を受けると，1,2-ジアシルグリセロールとなり，CDP-コリンやCDP-エタノールアミンからリン酸塩基部分が転移すると，3-ホスファチジルコリン（PC）や3-ホスファチジルエタノールアミン（PE）が合成される[*4]。これらのリン脂質は塩基交換反応によりセリンが導入されると3-ホスファチジルセリン（PS）が生成される。

3-ホスファチジルセリンのセリン残基が脱炭酸されると，3-ホスファチジルエタノールアミンとなり，そのエタノールアミン残基にメチル基供与体である S-アデノシルメチオニン[*5]（メチオニンにD-リボースとアデニンが1分子ずつ結合したもの）から3個のメチル基が連続して転移すると，3-ホスファチジルコリンが生成する。

[*2] 生体膜や輸送タンパク質の構成成分として重要な各種のグリセロリン脂質はシチジン5′-ジアシルグリセロールを共通前駆体として生合成される。

[*3] PIのイノシトール残基の遊離水酸基がATPにより2回つづけてリン酸化を受けると，ホスファチジルイノシトール一リン酸とホスファチジルイノシトール二リン酸が合成されるが，これらはミトコンドリア膜や脳組織に存在する。

[*4] PCとPEは他の経路，アシルリゾホスファチジルコリンあるいはアシルリゾホスファチジルエタノールアミンからも合成される。

[*5]

S-アデノシルメチオニン

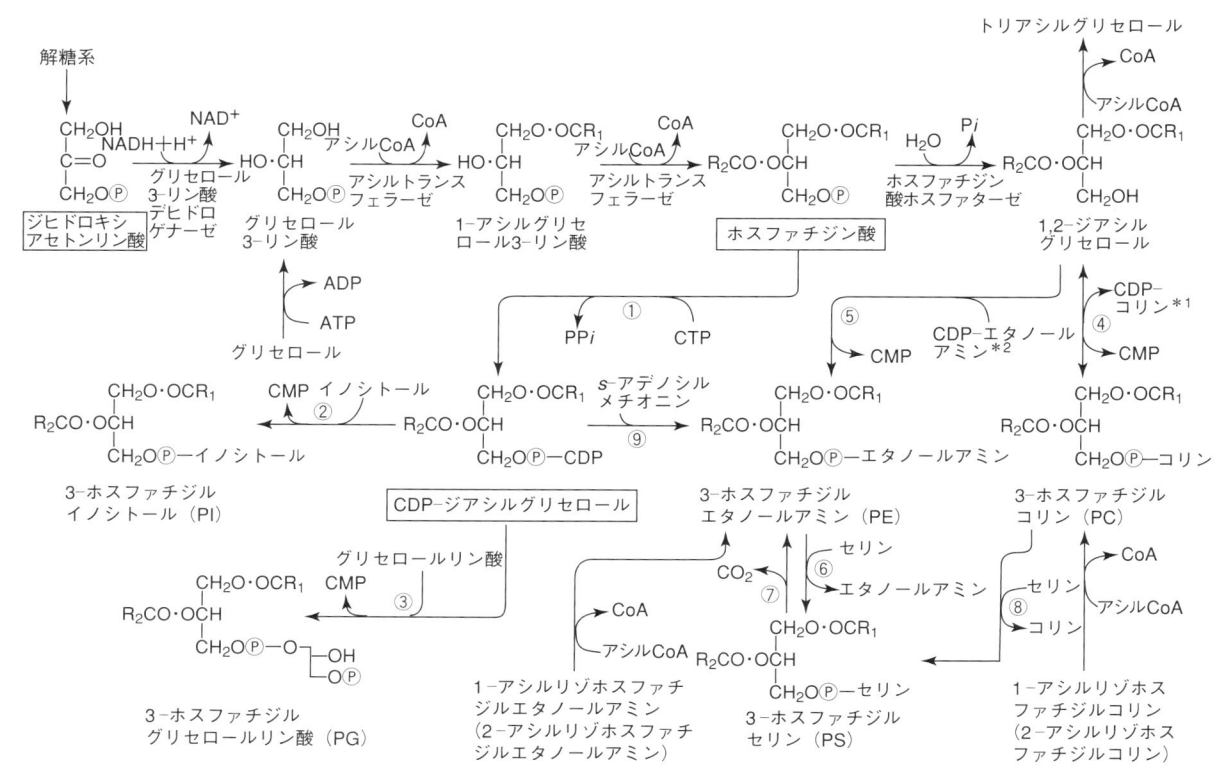

図7-14 生体におけるグリセロリン脂質の生合成

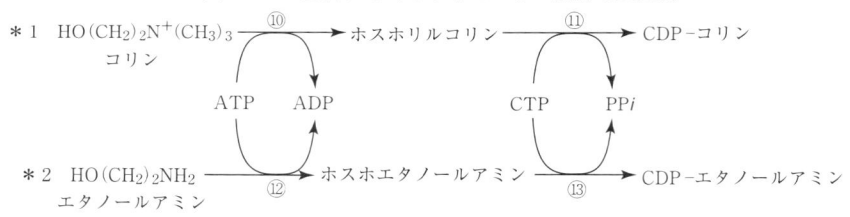

〔関与する酵素〕①PAシチジルトランスフェラーゼ ②PIシンセターゼ ③PGリン酸シンセターゼ ④ジアシルグリセロールコリンホスホトランスフェラーゼ ⑤ジアシルグリセロールエタノールアミンホスホトランスフェラーゼ ⑥PE：セリンホスファチジルトランスフェラーゼ ⑦PSデカルボキシラーゼ ⑧PC：セリンホスファチジルトランスフェラーゼ ⑨PE-N-メチルトランスフェラーゼ* p.117参照。

*1 $HO(CH_2)_2N^+(CH_3)_3$ コリン → ホスホリルコリン → CDP-コリン
*2 $HO(CH_2)_2NH_2$ エタノールアミン → ホスホエタノールアミン → CDP-エタノールアミン

〔関与する酵素〕⑩コリンキナーゼ ⑪コリンリン酸ジチジルトランスフェラーゼ ⑫エタノールアミンキナーゼ ⑬エタノールアミンリン酸シチジルトランスフェラーゼ

リン脂質の合成は主に細胞の小胞体で行われるが，CTPからCDP-ジアシルグリセロールへの合成反応および3-ホスファチジルセリンの脱炭酸によるホスファチジルエタノールアミンへの交換は，ミトコンドリアやペルオキシソーム（p.3，図1-2）で進行する。

（2）コレステロールの生合成と分解

コレステロールの合成

コレステロールの合成能は肝臓・小腸・皮膚で高く，腎臓・副腎・睾丸・卵巣は中等度，筋肉・脂肪組織では低い。ほとんどすべての組織の細胞のミクロソーム分画（小胞体・リボソーム）と細胞質ゾルで合成が行われてい

7 脂質の代謝

る。非常に複雑な化学構造をもつコレステロールの炭素骨格は，すべてアセチルCoAのメチル基とカルボキシル基の炭素に由来する。

[関与する酵素] ①アセチルCoAアセチルトランスフェラーゼ　②HMG-CoAシンターゼ　③HMG-CoAレダクターゼ　④メバロン酸キナーゼ　⑤ホスホメバロン酸キナーゼ　⑥ジホスホメバロン酸デカルボキシラーゼ　⑦イソペンテニル二リン酸Δ-イソメラーゼ　⑧ジメチルアリル trans-トランスフェラーゼ　⑨ゲラニル trans-トランスフェラーゼ　⑩スクアレンシンターゼ　⑪スクアレンモノオキシゲナーゼ　⑫ラノステロールシクラーゼ

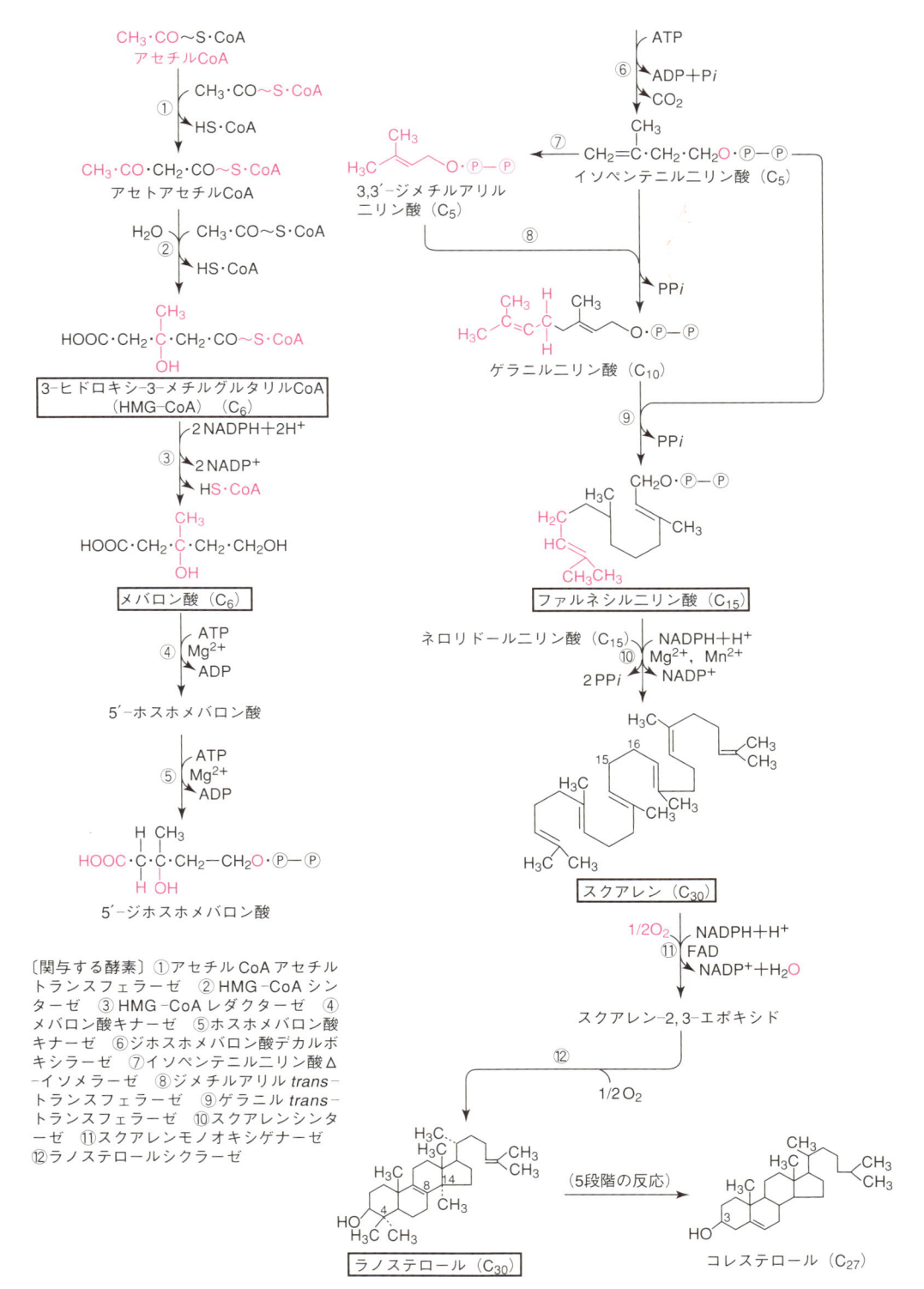

図7-15　コレステロールの生合成経路

コレステロールの生合成は，図7-15のように，① 唯一の出発物質であるアセチルCoAからメバロン酸の合成，② メバロン酸から活性化されたイソペンテニル二リン酸の合成，③ 炭素原子5個からなるイソプレン単位が6個重合してスクアレンの合成，④ スクアレンからコレステロールの合成の4段階に分けて，詳しく知られている。

アセチルCoAが3分子縮合すると3-ヒドロキシ-3-メチルグルタリルCoA（HMG-CoA，p.107，図7-5参照）が生成される。この代謝中間体であるHMG-CoAは，HMG-CoAレダクターゼ[*1]の作用で還元されCoAを失うと，C_6-化合物であるメバロン酸（mevalonlc acid）になる。次いでメバロン酸はATPにより2回リン酸化を受け，脱炭酸により，C_5-化合物のイソペンテニル二リン酸となる。

イソペンテニル二リン酸は3,3′-ジメチルアリル二リン酸に異化されるか，これらの両者はピロリン酸を失って結合するとC_{10}-化合物のゲラニル二リン酸となる。次いでイソペンテニル二リン酸が反応することで再びピロリン酸が離脱すると，C_{15}-化合物のフェルネシル二リン酸を生じる。ここでスクアレンシンターゼによりネロリドール二リン酸が付加し，$NADPH + H^+$による還元を受けるとC_{30}-化合物のスクアレン（suqualene）が合成される。

最終段階でスクアレンは還元されてスクアレン-2,3-エポキシドになり，分子状酸素の攻げきを受けて閉環されると，ステロイドの母体であるラノステロール（lanosterol）となり，次いでメチル基3個の除去，側鎖の二重結合の飽和化，ステロイド核B環の8，9位から5，6位への二重結合の移動などが行われると，C_{27}-化合物であるコレステロールが合成される。

コレステロールの分解

コレステロールの分解は，① コリルCoAを経て胆汁酸に至る経路[*2]と② プレグネノロンを経て種々のステロイドホルモンの生成[*3]に至る経路が主なものである。

胆汁酸の合成は肝臓で行われる。図7-16のように，コレステロールのC-7位の炭素原子が水酸化を受けて7α-ヒドロキシコレステロールになる。この場合に作用する7α-ヒドロキシラーゼは肝臓のミクロソームに局在する。この酵素は律速酵素（p.37参照）であり，最終生成物の胆汁酸によってフィードバック阻害を受ける。この7α-水酸化反応には，分子状の酸素，$NADPH + H^+$，シトクロムP450（p.182参照）が必要である。7α-ヒドロキシコレステロールはコリルCoAあるいはケノデオキシコリルCoAに導かれる二経路に分かれる。

コリルCoAはアミノ酸のタウリンあるいはグリシンと抱合し，タウ

[*1] コレステロール合成の律速酵素であり，メバロン酸やコレステロールにより，フィードバック阻害を受ける。フィードバック阻害（feedback inhibition）とは，一連の酵素反応の結果生じた最終生成物が，その反応の最初に作用する酵素の活性を低下させ，反応の進行を抑制することをいう。

[*2] 人の場合，1日当たりの胆汁酸合成量は約200 mgとされており，全身の代謝量からみて主経路と考えられている。

[*3] 副腎皮質ホルモンと性ホルモンが，主なステロイドホルモンである。

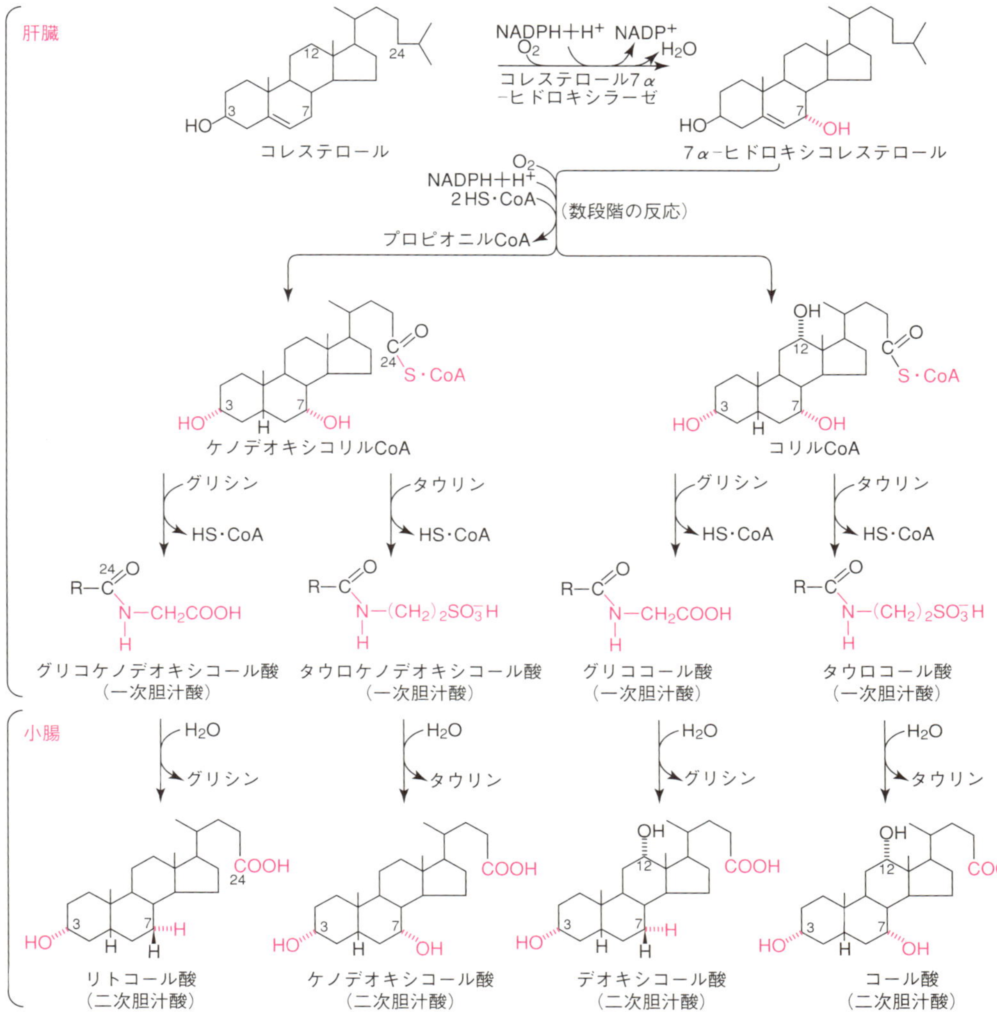

図 7-16 肝臓および小腸のおける胆汁酸の生合成（Roskoski・一部改）

肝臓で合成されるものを一次胆汁酸，腸管内において腸内細菌の作用で一次胆汁酸から合成されるものを二次胆汁酸という。コレステロールから7α-ヒドロキシコレステロールに変化する反応に律速酵素（p.37参照）のコレステロール7α-ヒドロキシラーゼが働く。二次胆汁酸のデオキシコール酸とリトコール酸は，一次胆汁酸から腸内細菌の作用で生成する。肝臓では約500mg／日の胆汁酸が合成される。この新生胆汁酸は小腸から吸収されて再循環してきた胆汁酸とともに胆汁として腸管に排泄される。腸内に分泌される胆汁酸の約94％が再吸収され，約6％がふん便中に失われる。

ロコール酸あるいはグリココール酸に，またケノデオキシコリルCoAも同様に，タウロケノデオキシコール酸あるいはグリコケノデオキシコール酸になる[*1]。これらの一次胆汁酸の一部は，腸内で腸内細菌により抱合基離脱と7α-脱水酸化反応により二次胆汁酸のコール酸，デオキシコール酸，ケノデオキシコール酸およびリトコール酸を生じる（p.64, 表4-6参照）。

一次および二次胆汁酸はほとんどすべてが回腸で吸収され，腸内に分泌された胆汁酸の98～99％が門脈を経て肝臓に戻るが，これを腸肝

[*1] 人の胆汁酸の主なものはコール酸とその12位の炭素原子に水酸基のないケノデオキシコール酸である。また胆汁酸のカルボキシル基にグリシンあるいはタウリンが抱合した抱合胆汁酸の形で存在しており，この抱合型のグリココール酸とタウロコール酸の比率は，人では約3：1の割合である。

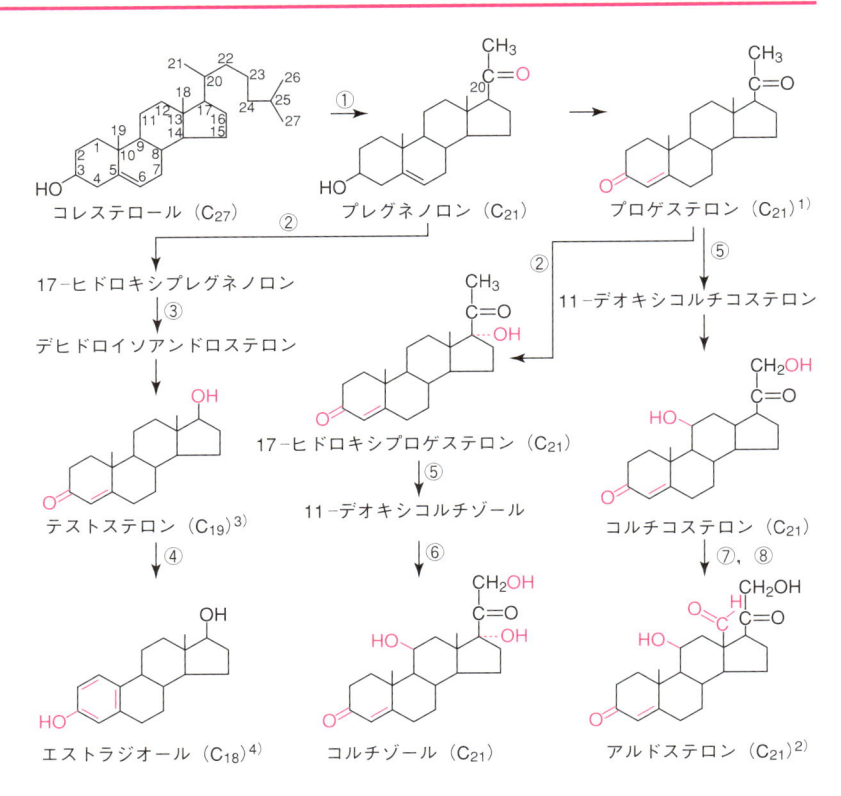

〔関与する酵素〕①コレステロールモノオキシゲナーゼ　②17α-ヒドロキシラーゼ　③ステロイドC17-C-20リアーゼ　④アロマターゼ　⑤21-ヒドロキシラーゼ　⑥11β-ヒドロキシラーゼ　⑦18-ヒドロキシラーゼ　⑧18-ヒドロキシステロイドオキシダーゼ

図7-17　コレステロールよりステロイドホルモンの生合成経路

酸化反応と水酸化反応には，分子状酸素，シトクロムP-450（p.182参照），NADPHが関与する。先天性副腎過形成の一般的病因はプロゲステロン21-ヒドロキシラーゼの欠損による。1) 黄体ホルモンの一種，2) ミネラルコルチコイドの一種，3) アンドロスタン群の一種，4) エストラン群の一種。

循環（entroheparic circulation）という。

　コレステロールから主なステロイドホルモンの合成は，図7-17のようにプレグネノロン（pregnenolone）から合成が開始される*1。プレグネノロンは2種類の酵素作用によりプロゲステロン（progesterone）*2 に変換する。黄体におけるステロイドホルモンの合成はこの段階で終了する。副腎ではさらにプロゲステロンからアルドステロン（aldosterone）*3 が合成される。すなわち，プロゲステロンは小胞体の21-ヒドロキシラーゼにより11-デオキシコルチコステロンになり，コルチコステロン（corticosterone）が合成され，次いで2種類の酵素の働きでアルドステロンが合成される。なお，プロゲステロンは17-ヒドロキシプロゲステロンを経てコルチゾール（cortisol）*4 になる。

　一方，プレグネノロンからテストステロン（testosterone）*5 の合成経路は3種類の小胞体の酵素が必要であり*6，テストステロンはアロマターゼの働きによりエストラジオール（estradiol）*7 になる。

*1　コレステロールからプレグネノロンへの反応はステロイドホルモン合成の律速段階である。

*2　黄体ホルモンの一種。

*3　ミネラルコルチコイドの一種。

*4　プレグナン群の一種。

*5　アンドロゲンの一種。

*6　睾丸での経路はテストステロンで終了する。

*7　主要な卵胞ホルモンであるエストロゲンの一種。

7-5 脂質代謝の異常と疾病

　脂質の代謝異常は主として血漿中の各種脂質濃度の増加をもたらす高脂血症，各種の臓器や組織の細胞内に脂質が蓄積する先天性の代謝異常である脂質蓄積症とが知られている。

(1) 高脂血症

　高脂血症（hyperlipemia）とは，血漿中の各種脂質成分が基準値[*1]以上に増加した状態をいう。血漿脂質はリポタンパク質の形で存在するので，一般に高リポタンパク質血症も同義語として用いられる。血液中の主な脂質はトリアシルグリセロール，コレステロール（遊離型・エステル型），リン脂質および遊離脂肪酸であり，脂肪酸はアルブミンと結合している。他の脂質類は，α-あるいはβ-グロブリンと結合してリポタンパク質の形で可溶性となり，体内の各組織に運ばれる。

　家族性高脂血症　　Fredricksonの分類を一部改めた，WHOの分類が現在一般に広く使用されている。リポタンパク質の1種類あるいは2種類が増加する組合せによって，表7-1のように6つの病型に分類されている。

　Ⅰ型はリポタンパク質リパーゼの欠損によりキロミクロンの増加がみられる。食後増加するキロミクロンの処理が行われず，血清はミルク状

[*1] 人の空腹時血清脂質の基準値

脂質の種類	含量（mg/dl）
総　脂　質	500 ～ 800
コレステロール	120 ～ 220
遊　離　型	40 ～ 120
エステル型	80 ～ 170
トリアシルグリセロール	30 ～ 150
リ　ン　脂　質	150 ～ 230
遊 離 脂 肪 酸	10 ～ 15

（金井）

表7-1　家族性高リポタンパク質血症の分類（WHO）

型	Ⅰ	Ⅱa	Ⅱb	Ⅲ	Ⅳ	Ⅴ
名　称	高キロミクロン血症	高β-リポタンパク質血症	高β-リポタンパク質―プレβ-リポタンパク質血症	高β-リポタンパク質―高プレβ-リポタンパク質血症	高プレβ-リポタンパク質血症	高キロミクロン―高プレβ-リポタンパク質血症
頻　度	きわめてまれ	普　通	普　通	まれ	普　通	まれ
発症時期	10歳以下	30歳以上	成　人　後	成　人　後	成　人　後	成　人　後
遺　伝	常染色体性劣性	常染色体性優性	常染色体性優性	？	常染色体性優性	常染色体性劣性？
血清性状	乳白濁	透　明	透明または白濁	透明,白濁または乳白濁	透明,白濁または乳白濁	白濁または乳白濁
血清コレステロール	正常，ときに上昇	著明に上昇	上　昇	上　昇	中等度上昇	中等度上昇
血清トリアシルグリセロール	著明に上昇	正常（ときに上昇）	中等度上昇	中等度上昇	上　昇	上　昇
動脈硬化	ゆるやか	促　進	促　進	促　進	促　進	やや促進
食事療法	脂肪制限（25～35g）	多不飽和脂肪酸を含む脂肪をとらせる。低コレステロール（300mg以下）	多不飽和脂肪酸を含む脂肪をとらせる。低コレステロール（300mg以下）	エネルギー制限（タンパク質20%―脂肪40%―糖質40%kcal）。低コレステロール（300mg以下）	エネルギー制限（糖質40%kcal）。コレステロールを中等度に制限（300～500mg）	エネルギー制限（脂肪50%―糖質50%kcal）。コレステロールを中等度に制限（300～500mg）

に白濁し，血清トリアシルグリセロールは空腹時でも高い値を示す。β-リポタンパク質の増加がみられるⅡa，Ⅱbおよび Ⅲ型のうち，Ⅱa型はLDL受容体の遺伝的欠損による疾患で，血中コレステロール量が著明に上昇する。なお，皮膚黄色腫，動脈硬化がおこり，虚血性心疾患の発症率が異常に高くなる。ⅡaとⅡb型は先天性であり，正常人に比べふん中への胆汁酸の排泄量が減少し，血液中からのコレステロール，胆汁酸およびβ-リポタンパク質の消失速度が遅延する。これらの患者は体内のコレステロール 7α-ヒドロキシラーゼが異常であると考えられている。ⅣおよびⅤ型は，プレβ-リポタンパク質の増加がみられ，血清コレステロール量が中等度に上昇する。なおⅣ型は血中トリアシルグリセロールの上昇とVLDLの増加がみられるが，キロミクロンの増加はみられない。Ⅴ型はVLDLとキロミクロンの増加がみられる。

　これらのうち，普通にみられるのはⅡa，ⅡbおよびⅣ型であり，また乳児期より発症し小児でもみられるのはⅠ，ⅡaおよびⅡb型である。高脂血症は前に述べたように，血清のコレステロールとトリアシルグリセロールのおのおの，あるいは両者の増量が認められ，原因治療が困難なため，食事によりこれら脂質のレベルの低下をはかることが治療の基本となっている。

　無β-リポタンパク質血症　無β-リポタンパク質血症は，その赤血球にとげが出ているので，アカントシトシス（acanthocytosis）ともいわれる。脂肪の吸収が障害を受け，β-リポタンパク質の欠損によりキロミクロンの形成が阻害されるため脂肪をリンパに送り込むことができず，小腸粘膜上皮細胞には脂肪滴が多くみられる。また脂肪吸収の低下により，血清のリノール酸やアラキドン酸は低い値を示す。成長がおくれ，神経障害，腱反射の消失，小脳性失調，振動覚の低下などが現れる。

　無α-リポタンパク質血症　アメリカのチサピーク湾にあるタンジャー島の人たちにはじめて発見された先天性疾患であり，Tangier病ともいわれる。扁桃が肥大しオレンジ色になるのが臨床的な特徴であり，扁桃に正常値の20〜100倍のコレステロールエステルが蓄積されることがあるという。血漿のα-リポタンパク質は欠損し，コレステロールやリン脂質の量も減少する。α-リポタンパク質が欠損するため，血液中からトリアシルグリセロールの除去が正常の場合に比べて遅くなり，その結果血漿トリアシルグリセロール量が増加する。無β-リポタンパク質血症と異なり，脂肪の吸収は正常であり，キロミクロンも正常の場合と同じように形成されるが，キロミクロン形成にはβ-リポタンパク質が必要であり，α-リポタンパク質は必要でないと考えられている。

(2) 脂質蓄積症

スフィンゴ脂質蓄積症

古くから研究の進んでいるスフィンゴ脂質蓄積症 (sphingolipidosis) は遺伝性疾患であり，多くの場合，合成反応が異常に進行するのではなく，当該するスフィンゴ脂質の加水分解に関与するリソソーム中の加水分解酵素の活性低下，あるいは酵素の遺伝的欠損によっておこる（図7-18）。

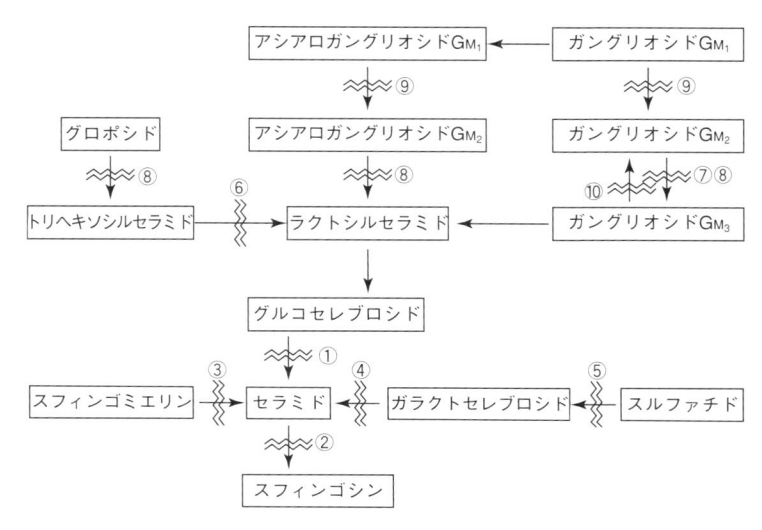

図7-18　リソソームの酵素によるスフィンゴ脂質の代謝経路（鈴木）
反応の番号（酵素）は表7-2に示した疾患名の番号である。

各種の疾患が知られており（表7-2），しばしば幼児期に現れ，これらの疾患は単一のスフィンゴ脂質が細胞内，とくにリソソームに蓄積するのが特徴である。またこれらの疾患のうち，代表的な疾患であるGaucher病の一部，Farber病およびNiemann-Pick病以外は中枢神経系の進行性変性疾患であり，中枢および末梢神経にスフィンゴ脂質が蓄積し，精神神経障害の現れるのが特徴である。

Gaucher病　　グルコセレブロシドーシス (glucocerebrosidosis) ともいい，肝臓，脾臓あるいは骨髄などの内皮細胞にグルコセレブロシドが異常に蓄積される慢性疾患である。正常な場合には他の生体成分と同様にグルコセレブロシドの合成系と分解系とが細胞内で一定のバランスを保っているのに対し，この場合には生合成は正常であるが，分解系に異常が現われる。すなわち，グルコセレブロシドをセラミドとグルコースとに加水分解するグルコセレブロシダーゼの活性が著しく低減することが認められ（正常人の20%以下），この酵素による代謝制御の欠損にもとづく疾患といえる。症状は乳児型，とくに早期に発病するものでは嚥下困難，斜視，筋緊張亢進，けいれんなどの神経症状が現われる。

表 7-2 スフィンゴ脂質蓄積症における欠損酵素と蓄積する脂質

疾 患 名	欠 損 酵 素*	蓄 積 す る 脂 質
1. Gaucher 病	グルコセレブロシダーゼ	グルコセレブロシド
2. Farber 病	セラミダーゼ	セラミド
3. Niemann-Pick 病	スフィンゴミエリナーゼ	スフィンゴミエリン
4. Krabbe 病	ガラクトセレブロシダーゼ（ガラクトシルセラミダーゼ）	ガラクトセレブロシド
5. 異染性脳白質ジストロフィー	セレブロシドスルファターゼ（アリルスルファターゼ A）	3-スルホガラクトシルセラミド
6. Fabry 病	α-ガラクトシダーゼ A	トリヘキソシルセラミド
7. Tay-Sachs 病	ヘキソサミニダーゼ A	ガングリオシド G_{M2}
8. Sandhoff 病	ヘキソサミニダーゼ A と B	アシアロガングリオシド G_{M2}, グロボシド
9. G_{M1} ガングリオシドーシス	G_{M1}-β-ガラクトシダーゼ	ガングリオシド G_{M1}
10. G_{M3} スフィンゴリポジストロフィー	ガングリオシド G_{M3}-N-アセチルガラクトサミニルトランスフェラーゼ	ガングリオシド G_{M3}

* 疾患番号は図 7-18 の代謝経路の数字（酵素名）に一致する。

Faber 病 リポグラヌロマトーシス（lipogranulomatosis）ともいい，セラミダーゼ欠損によりセラミドの蓄積する常染色体劣性遺伝病である。生後まもなく発症し，7～22 ヵ月で死亡する。

Niemann-Pick 病 スフィンゴミエリノーシス（sphingomyelinosis）ともいい，Gaucher 病と同様に脾腫の現われる疾患であり，肝臓も肥大する。脾臓，肝臓，肺あるいはリンパ節にスフィンゴミエリンが異常に蓄積するのが特徴である。現在では疾患が少なくとも 5 型に区別されており，A 型（幼児型）および B 型（内臓型）はスフィンゴミエリナーゼの欠損がみられるが，C 型（後期幼児型）および D 型（Nova-Scotia *1 型）ではこの酵素の活性は正常である。したがって，後者の型のスフィンゴミエリン蓄積の原因は酵素欠損以外に原因があると考えられている。

Krabbe 病 ミエリン細胞の形成が障害を受ける。生後 3 ヵ月で発症し，精神運動発達が遅延，視神経が萎縮し，1～2 年で死亡する。

異染性脳白質ジストロフィー 異染性ロイコジストロフィー（metachromatic leucodystrophy）ともいい，患者の脳に大量のスルファチド（sulfatide）が蓄積し糖脂質が減少する。スルファチドの蓄積は脳のほか，腎臓や他の組織でもみられ，尿中にも排泄される。

Fabry 病 セロミドオリゴヘキソシドシス（ceramide oligohexosidosis）ともいい，腎不全や循環不全をともない，トリヘキソシルセラミドが腎臓やリンパ腺に蓄積し，おそらくガラクトースが 2 分子結合したスフィンゴ脂質に作用する α-ガラクトシダーゼ A の欠損による障害と考えられている。皮膚の発疹，下肢疼痛がみられる。

Tay-Sachs 病 ガングリオシド G_{M2} の異常蓄積がみられ，その分解過程に関与する常染色体性劣性遺伝である。ヘキソサミニダーゼ A

*1 ノバ・スコシア地方（カナダ）に多発する特殊型である。

の欠損症である。この酵素の欠損によりニューロン（神経細胞）に G_{M2} が蓄積し，貝殻模様の封入体ができる。知能の遅れ，失明がおこり3歳ぐらいまでに死亡する。

他のスフィンゴ脂質蓄積症

Refsum 病　唯一の脂肪酸の代謝異常による疾患である。肝臓，腎臓あるいは血清などにトリアシルグリセロールやコレステロールエステルが，神経系には分岐脂肪酸のフィタン酸（phytanic acid）が増量したり蓄積したりする。フィタン酸は植物や反すう（芻）動物の組織に含まれており，普通の食事では1日約 56 mg 摂取されるが，体内では α 酸化を受けてプリスタン酸となり，そののちに β 酸化によって分解されてしまうために血漿にはこん跡しか含まれていない。Refsum 病患者はこの α 酸化に障害があるために，体内にフィタン酸が蓄積する。

Wolman 病　全身性リピドーシスの一種であり，トリアシルグリセロールやコレステロールが脾臓，肝臓，リンパ節などに蓄積し，また副腎の石灰化がおき，生後数ヵ月で死亡する先天性の疾患である。このほかイソ吉草酸血症やプロピオン酸血症など数種の短鎖脂肪酸の代謝異常も知られている。

8

タンパク質とアミノ酸の代謝

8-1 タンパク質代謝の概要

　生体を構成しているタンパク質は毎日分解するので，これを補うだけのタンパク質がからだの中で合成されている。毎日分解するタンパク質は，体タンパク質の1～2％である。分解速度は，それぞれの体タンパク質によって異なる。すなわち，寿命の長いタンパク質もあれば寿命の短いものもある。タンパク質の寿命は，各種臓器のタンパク質の生合成が停止し分解が続いているとき，タンパク質の量が50％に減少する時間で表わす。これを半減期（half life）という。

　食事から摂取したアミノ酸や体内でタンパク質の分解によって生ずるアミノ酸は，そのまま新しいタンパク質の生合成の材料として使われる。一方，タンパク質合成に使われないアミノ酸は，体内で脂肪酸合成や糖新生[*1]に使われたり，エネルギー源（ATP）[*2]に変換される。このように体内で他の物質に変化したり，分解したりすることを異化（catabolism）という。これに対し体内で必要な生体成分を合成することを同化（anabolism）という。同化と異化を合せて代謝（metabolism）[*3]という。

8-2 アミノ酸の窒素部分の代謝

　タンパク質を構成しているアミノ酸は必ず窒素を含んでいるので，アミノ酸から構成されるタンパク質も約16％の窒素を含む[*4]。生体成分で窒素を含む物質には，タンパク質のほかに核酸などがあるが，タンパク質の量が多いことから，窒素の代謝はタンパク質の代謝と考えてもよい。

---

*1　gluconeogenesis。生体内で糖質以外のタンパク質や脂質などからグルコースを生成すること。

*2　アデノシン5'-三リン酸（adenosin 5'- triphosphate，ATP）。電子伝達系で産生する。ATPがリン酸1分子をはずしアデノシン5'-二リン酸（ADP）になるとき，7.3 kcalのエネルギーを産生する。

*3　生体内で働いている特定の分子に注目した場合は生合成（biosynthesis），分解（degradation）という。生合成と分解を合せて代謝という。

*4　タンパク質は約16％の窒素を含むことから，窒素（N）の量に6.25を乗ずるとタンパク質量となる（N÷16×100＝N×6.25）。食品や生体成分に含まれる窒素の量は中和滴定を利用したケルダール法（Kjeldahl method）で測定する。

8 タンパク質とアミノ酸の代謝

窒素出納（nitrogen balance）は窒素の総摂取量と排泄量を比較する数値である。これを窒素平衡（nitrogen equilibrium）ともいう。窒素出納はタンパク質の出納である。正常の成人の場合には，窒素摂取量と窒素排泄量が等しくなる。排泄される窒素よりも摂取する窒素の方が多い場合には，これを"正の窒素出納"という。成長期の小児や妊婦の場合は，正の窒素出納になる。これに対して，"負の窒素出納"は，窒素排泄量が摂取量を上回る場合である。十分なタンパク質を摂取できない場合，がんの進行時や外科手術後などでは，このような状態になる。

タンパク質およびアミノ酸の窒素は，人の体内で異化によって尿素（urea）*1 に転換され排泄される。この尿素への転換はアミノ基転移，尿素サイクルの順序で連続しておこる。アミノ基転移や脱アミノによって炭素骨格だけになったアミノ酸は，TCAサイクル*2 の代謝中間体となり，最終的にはエネルギーとして使われる。

*1 尿素の構造は図8-2。

*2 TCAサイクル（p.86，図6-3参照）。

（1）アミノ基転移

アミノ基転移（transamination）*3 は異化の代表的な反応である。グルタミン酸はアミノ酸の代謝においては合成・分解ともに重要な代謝中間体である。アミノトランスフェラーゼ（aminotransferase）*4 の働きで，グルタミン酸のアミノ基がはずれ，α-ケトグルタル酸（2-オキソグルタル酸ともいう）に変換する。このとき同時にオキサロ酢酸はアミノ基を受けとり，アスパラギン酸に変化する。図8-1に示すように，グルタミン酸とオキサロ酢酸の間でアミノ基の交換が行われる。体内ではこの逆反応もおこる。このような反応をアミノ基転移という。体内におけるアミノ酸の合成では，グルタミン酸のアミノ基は対応するα-ケト酸に転移し種々のα-アミノ酸を合成する。このようにアミノトランスフェラーゼの働きでアミノ基がはずれ，他の物質に転移することをアミノ基転移という。

*3 アミノ酸とα-ケト酸（2-オキソ酸）との間で$-NH_2$が可逆的にやりとりされる反応。

*4 アミノ基の転移を触媒する酵素。アミノ基転移酵素，トランスアミナーゼともいう。この酵素はピリドキサルリン酸（pyridoxal phosphate, PLP）あるいはピリドキサミンリン酸（pyridoxamin phosphate）を補酵素としている。

*5 この酵素は従来GOTと呼ばれていた。

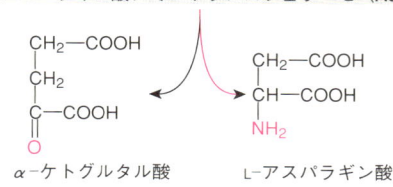

図8-1 アミノ基転移によりオキサロ酢酸とグルタミン酸からアスパラギン酸の生合成*6

*6 p.132，図8-4参照。

(2) アンモニアの生成

アミノ基転移がおこるとき，ミトコンドリアのマトリックスにあるグルタミン酸デヒドロゲナーゼ（glutamate dehydrogenase）の作用で，アミノ基はアンモニアになる。この反応は NAD^+ または $NADP^+$ を必要とする。

$$\text{グルタミン酸} + H_2O + NAD(P)^+ \rightleftarrows$$
$$\alpha\text{-ケトグルタル酸} + NH_3 + NAD(P)H + H^+$$

(3) 尿素サイクル

タンパク質やペプチドには，必ず窒素が含まれている。体内でタンパク質が分解される際に生じるアンモニアには毒性があるので，長時間体内にとどめることはできない。これを廃棄する方法は，生物によって異なる。鳥類や陸上のは虫類は尿酸（ureic acid，図8-2）の形にして廃棄し，哺乳類をはじめとする大部分の陸上脊椎動物は尿素（urea）として廃棄する（図8-2）。ヒトでは窒素異化の最終生成物は主に尿素である。尿素は肝臓の尿素サイクル（urea cycle）[*1] でつくられる。

尿素はアンモニア，二酸化炭素，アスパラギン酸などから生成される。まずカルバモイルリン酸シンターゼが働き，アンモニアと二酸化炭素からカルバモイルリン酸が合成される。この酵素は尿素サイクルの律速酵素[*2]（p.37）である。尿素1分子にはアミノ基が2個あり，その1個はアミノ酸のアスパラギン酸から，他の1個はアンモニア（NH_3）を起源とする。また尿素の炭素原子は炭酸水素イオン（HCO_3^-）からきたものである。尿素1分子が生成されるためには，ATP 3分子を必要とする（図8-3）。尿素サイクルは細胞質ゾルとミトコンドリアのマトリックスで行われる。

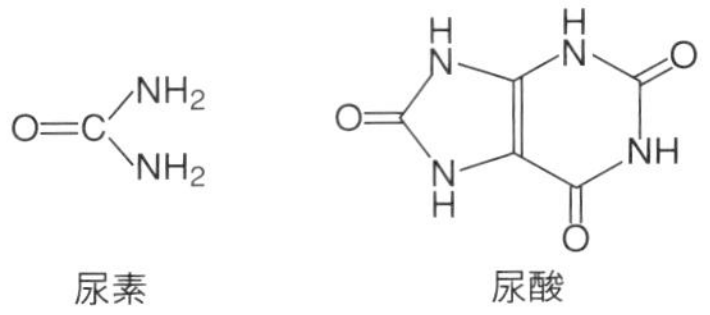

図8-2 尿素と尿酸の化学構造

尿素サイクルに関与する5種類の酵素の先天性欠損による代謝異常症には，高アンモニア血症（hyperammonemia），シトルリン血症（citrullinemia），アルギニノコハク酸尿症（argininosuccinic acid uria），高アルギニン血症（hyperargininemia）などが知られている。

[*1] 尿素回路，オルニチン回路（ornithine cycle）ともいう。尿素サイクルでは最終的にアルギナーゼにより尿素とオルニチンが生成されるので，アルギニンの生成経路でもある（p.131, 図8-3参照）。

[*2] rate-limiting enzyme。代謝速度の調節に関わる反応段階の酵素。

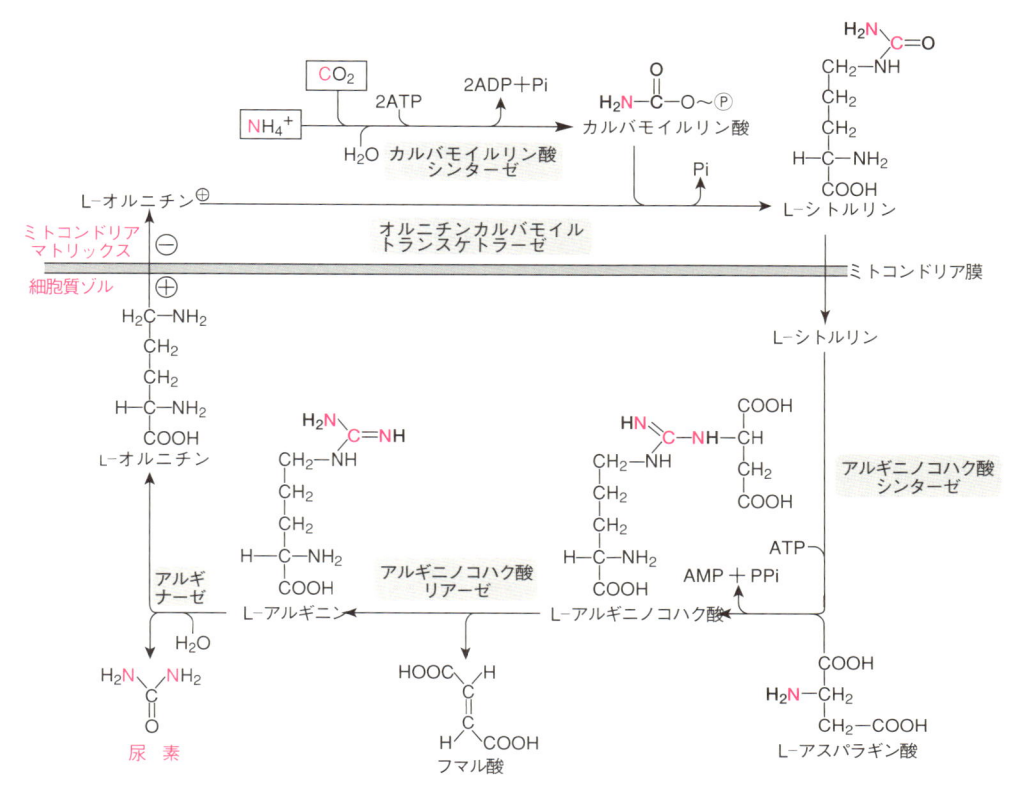

図8-3 尿素サイクルによる尿素の生合成

8-3 アミノ酸の炭素骨格の代謝

α-アミノ酸では，アミノ基部分を脱アミノ（deamination）で失ったのちに炭素骨格部分が残り，炭素骨格部分の異化反応がおこる。このときの反応経路により，糖原性アミノ酸（glucogenic amino acid）とケト原性アミノ酸（ketogenic amino acid），糖原性-ケト原性アミノ酸に分類できる。体内でホスホエノールピルビン酸（p.82）から解糖系を一部逆行してグルコースやグリコーゲンなどを合成することのできるアミノ酸を糖原性アミノ酸という。これに対し，アセト酢酸やアセチルCoAを生成するアミノ酸は，ケトン体の前駆体となる炭素骨格をもち，脂質代謝経路に合流することができるのでケト原性アミノ酸という。また糖原性-ケト原性アミノ酸も知られている。

(1) 糖原性アミノ酸

タンパク質が体内で分解して生成するアミノ酸の一部は，分解されてピルビン酸，オキサロ酢酸，α-ケトグルタル酸，スクシニルCoA，フマル酸などTCAサイクル[*1]の代謝中間体に変換する。これらは前述のように，糖新生の材料として使われ，このようなアミノ酸を糖原性ア

[*1] TCAサイクルの反応は細胞内のミトコンドリアで行われる。グルコースの分解では，解糖系→TCAサイクル→電子伝達系を経てATPが産生される。脂肪酸の分解ではβ酸化→TCAサイクル→電子伝達系を経てATPが産生される（p.86，図6-3参照）。

*1 この酵素は従来 GPT と呼ばれていた。

図8-4 ピルビン酸とグルタミン酸のアミノ基転移によるアラニンの生合成

ミノ酸という。アラニン，アスパラギン酸，グルタミン酸はアミノ基転移をおこし，生体内で合成される（図8-1，図8-4）。この反応は可逆的であり，アミノ基転移の逆反応でアラニンからピルビン酸が，アスパラギン酸からオキサロ酢酸が，グルタミン酸から α-ケトグルタル酸が体内で合成される。グルタミンとアスパラギンもグルタミン酸とアスパラギン酸に変換するので糖原性である。メチオニンは分子内に存在する硫黄を利用して体内でシステインを生成するが，このとき同時にできる α-ケト酪酸がプロピオニル CoA を経てスクシニル CoA に変換する。

*2 糖原性アミノ酸はアラニン，アスパラギン酸，アスパラギン，システイン，グリシン，ヒスチジン，セリン，プロリン，バリン，グルタミン酸，グルタミン，メチオニン，アルギニンの13種類である。

*3 ケト原性アミノ酸はロイシン，リシンの2種類である。

*4 糖原性-ケト原性アミノ酸はイソロイシン，フェニルアラニン，チロシン，トリプトファン，トレオニンの5種類である。

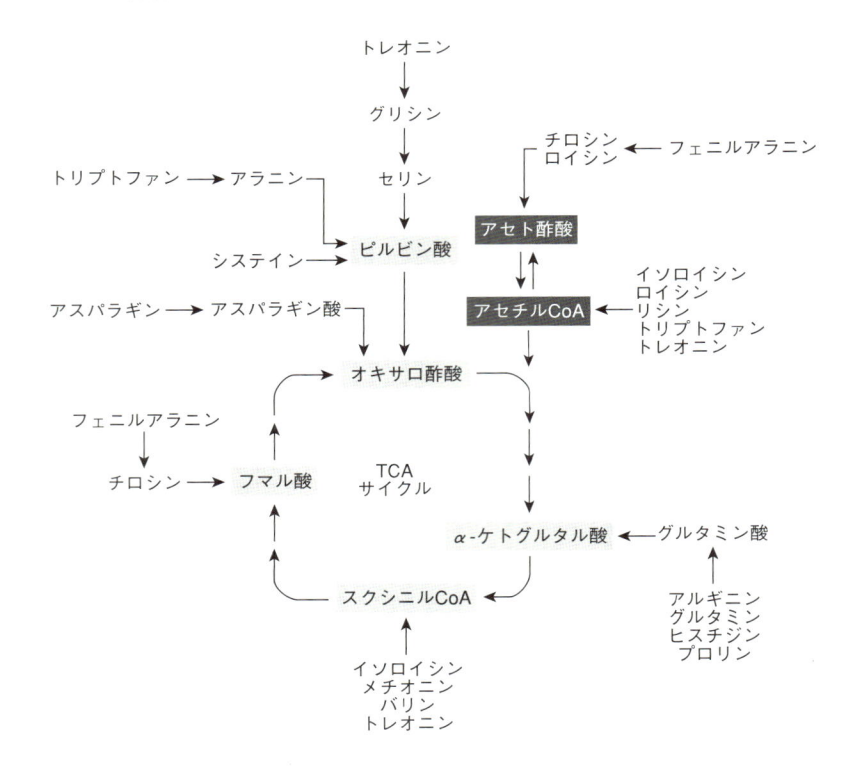

図8-5 糖原性アミノ酸*2 とケト原性アミノ酸*3，糖原性-ケト原性アミノ酸*4

スクシニル CoA はグルコースの代謝物として TCA サイクル（p.86，図 6-3）に存在するので，メチオニンも糖原性アミノ酸である。このような糖原性アミノ酸にはアラニン，アスパラギン酸，アスパラギン，システイン，グリシン，ヒスチジン，セリン，プロリン，バリン，グルタミン酸，グルタミン，メチオニン，アルギニンなど 13 種類のアミノ酸がある（図 8-5）。

(2) ケト原性アミノ酸

細胞内でアセチル CoA*1 やアセト酢酸になるアミノ酸は，ここから脂肪酸の生合成を経て脂質*2 になる。さらにケトン体*3 に進む場合もある。リシン 1 分子は細胞内でいくつかの段階を経て 2 分子のアセチル CoA に変換する。このようなアミノ酸をケト原性アミノ酸といい，ロイシンとリシンの 2 種類のアミノ酸が知られている。

アミノ酸のいくつかは糖原性，ケト原性どちらにもなる。糖原性-ケト原性アミノ酸にはイソロイシン，フェニルアラニン，チロシン，トリプトファン，トレオニンなど 5 種類のアミノ酸が知られている（図 8-5）。

8-4　非必須アミノ酸の生合成

アミノ酸混合物でのアミノ酸制限実験の結果から，アミノ酸は必須アミノ酸（essential amino acid）と非必須アミノ酸（nonessential amino acid）とに分類される。表 8-1 に示したヒトの必須アミノ酸*4 は体内で合成されないか，あるいは合成されたとしても必要量に満たないので，食事から摂取しなければならない。これに対し非必須アミノ酸は解糖あるいは TCA サイクルのある段階の代謝中間体を材料にして体内で合成

表 8-1　必須アミノ酸のアミノ酸評定パターン
（mg/g タンパク質）

アミノ酸	乳児	学齢期前 (2〜5 歳)	学齢期 (10〜12 歳)	成人
ヒスチジン	26	19	19	16
イソロイシン	46	28	28	13
ロイシン	93	66	44	19
リシン	66	58	44	16
メチオニン＋シスチン	42	25	22	17
フェニルアラニン＋チロシン	72	63	22	19
トレオニン	43	34	28	9
トリプトファン	17	11	9	5
バリン	55	35	25	13
合　計	460	339	241	127

FAO/WHO/UNU 合同会議の報告（1985）による。

---

*1　acetyl CoA。生体内ではアセチル CoA を材料にしてマロニル CoA が生成される。さらに 1 分子のアセチル CoA と何分子かのマロニル CoA を結合して長鎖飽和脂肪酸が生合成される。

$CH_3 \cdot CO \sim S \cdot CoA + HCO_3^- + ATP$
（アセチル CoA）

$\xrightarrow{Mg^{2+}}$ $\begin{array}{c} COO^- \\ | \\ CH_2 \\ | \\ CO \sim S \cdot CoA \end{array}$ $+ ADP + Pi + H^+$
（マロニル CoA）

アセチル CoA ＋ 7 マロニル CoA ＋ 14 NADPH ＋ 14 H$^+$
$\longrightarrow$ パルミチン酸 ＋ 8 CoA ＋ 7 CO$_2$ ＋ 14 NADP$^+$ ＋ 6 H$_2$O

*2　脂肪酸にグリセロールが結合すると中性脂肪（トリアシルグリセロール）になる。

$\begin{array}{c} CH_2O \cdot OCR_1 \\ | \\ R_2CO \cdot O \cdot CH \\ | \\ CH_2O \cdot OCR_3 \end{array}$
中性脂肪

*3　ケトン体（ketone body）を生成する反応は，実質的にはミトコンドリアで行われている。アセトアセチル CoA からアセト酢酸が生成する。
アセトアセチル CoA ＋ H$_2$O ＋アセチル CoA $\longrightarrow$
　　アセト酢酸＋ H$^+$ ＋ HS・CoA

*4　必須アミノ酸の必要量は 1985 年 FAO（Food and Agriculture Organization of the United Nations）/WHO（World Health Organization）/UNU（United Nations University）（国際連合食糧農業機関・世界保健機構・国際連合大学）合同会議で定めたアミノ酸評定パターンによる。FAO，WHO，UNU はいずれも国連の組織である。体内ではメチオニンからシスチンが，フェニルアラニンからチロシンが合成されるので，アミノ酸評定パターンでは両者を加えた数値で表示されている。

できる。非必須アミノ酸は食事から摂取するよりも，体内で合成する方が有利である。なお，ある種の細菌や植物はヒトの非必須アミノ酸を合成することができる。

(1) アラニン・アスパラギン酸・アスパラギン・グルタミン酸・グルタミンの生合成

アラニンは解糖で生成されたピルビン酸とグルタミン酸からアミノ基転移によって生成され（図8-4），アスパラギン酸はTCAサイクルのオキサロ酢酸とグルタミン酸からアミノ基転移で合成される（図8-1）。アスパラギンはグルタミンのアミド窒素がアスパラギン酸に転移することで生成する。同時にグルタミンはアミドを失い，グルタミン酸に変化する。このときアスパラギンシンターゼがこの反応を触媒する（図8-6）。グルタミンはグルタミン酸とアンモニアが反応してできる。この反応はグルタミンシンターゼが触媒として働く（図8-7）。

*1 グルコースが分解してピルビン酸に変換する解糖（glycolysis）の代謝中間体である（p.82, 図6-2参照）。

*2 R：

葉酸の化学構造はp.141, 図8-19参照。

図8-6 アスパラギン酸よりアスパラギンの生合成

図8-7 グルタミン酸よりグルタミンの生合成

(2) セリン・グリシン・システインの生合成

解糖の中代謝間対である3-ホスホグリセリン酸*1から3段階の反応

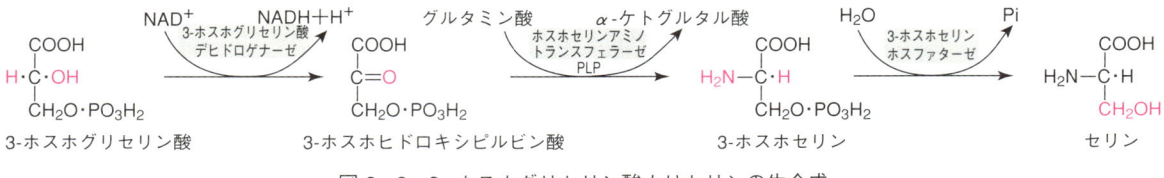

図8-8 3-ホスホグリセリン酸よりセリンの生合成

図8-9 セリンよりグリシンの生合成

応でセリンが合成される（図8-8）。このセリンよりグリシン（図8-9）とシステイン（図8-10）がつくられる。

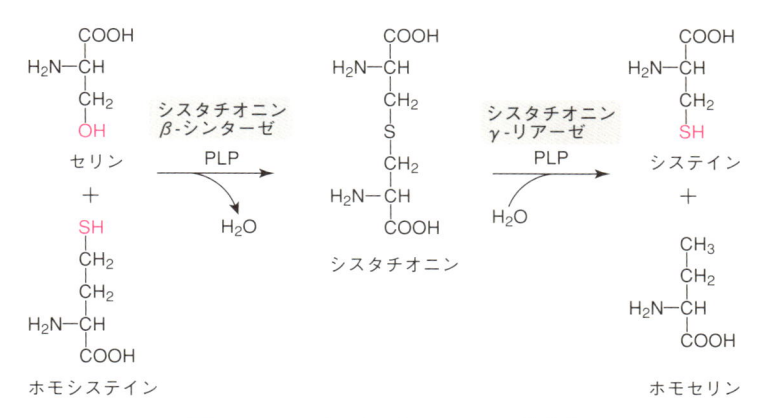

図8-10 セリンよりシステインの生合成

(3) プロリン・アルギニンの生合成

プロリンとアルギニンはグルタミン酸より合成される。プロリンとアルギニンが合成される代謝中間体であるグルタミン酸γ-セミアルデヒドまでは同じ経路をたどる（図8-11）。

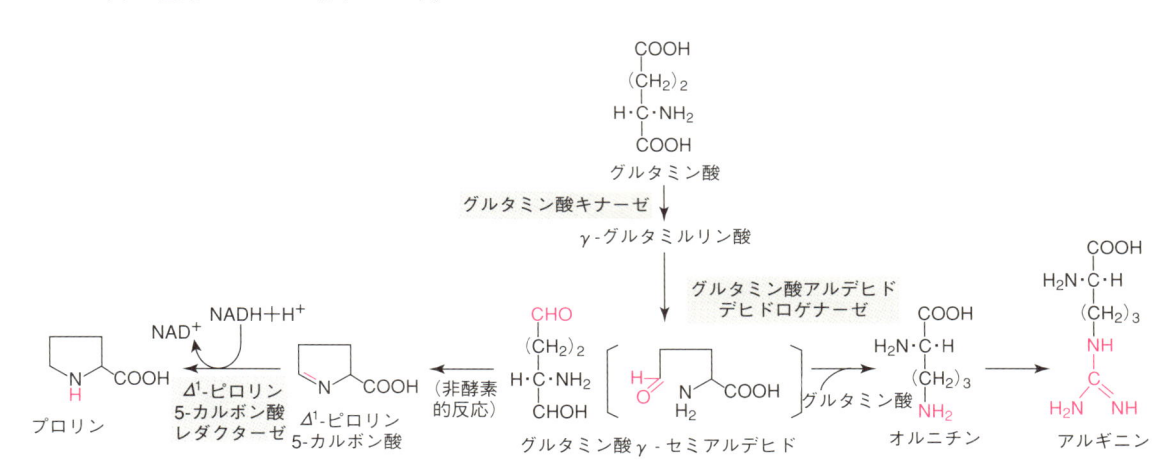

図8-11 グルタミン酸よりプロリンとアルギニンの生合成

(4) チロシンの生合成

チロシンはフェニルアラニンから生合成される（図8-12）。この反

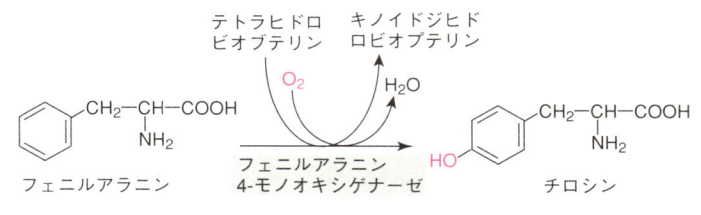

図8-12 フェニルアラニンよりチロシンの生合成

応はフェニルアラニン 4-モノオキシゲナーゼによって触媒される。この酵素が先天的に欠損するとフェニルケトン尿症[*1]の原因となる。

8-5 アミノ酸から生成される生理的に重要な物質

(1) ペプチドホルモン

ホルモン（hormone）[*2]は内分泌腺で産生され分泌される。化学構造によって，アミノ酸よりなるホルモン，ペプチドホルモン，ステロイドホルモンなどに分類される。

下垂体前葉ホルモン

下垂体前葉から分泌されるホルモンには，成長ホルモン，脂肪分解刺激ホルモン，副腎皮質刺激ホルモン，プロラクチン，甲状腺刺激ホルモン，卵胞刺激ホルモン，黄体形成ホルモン（間質細胞刺激ホルモン）などがある。これらはいずれもポリペプチドからなる。

ヒトの成長ホルモン（growth hormone, GH）は 191 個のアミノ酸残基からなる（図 8-13）。成長期に下垂体前葉から多量に分泌され，からだの成長を促す。幼児期に骨端の軟骨細胞に作用し，増殖を促す働きがある。またタンパク質合成を促進し筋肉細胞へのアミノ酸の輸送を

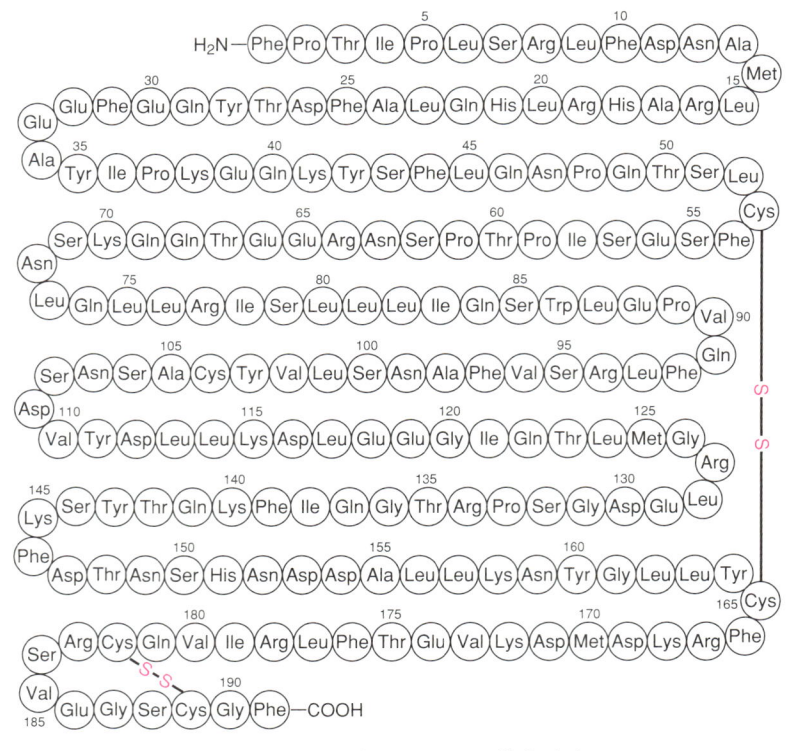

図 8-13 ヒト成長ホルモンの構造（Li）

[*1] phenylketourea。アミノ酸代謝異常症のひとつである。血中のフェニルアラニン濃度が上昇し，チロシン濃度が低下する。p.141 参照。

[*2] ホルモンの定義は次のようである。①内分泌腺で生合成し，分泌される。②血液中を移動する。③標的器官（target organ）で働く。

増加させる。糖質代謝にも関係しており，血糖値を上昇させる。脂肪組織の分解を促進し，血中の遊離脂肪酸を増加させ，肝臓での脂肪酸酸化を促進する働きもある。

副腎皮質刺激ホルモン（adrenocorticotropic hormone, ACTH）は，人の場合39個のアミノ酸残基からなるポリペプチドである。下垂体前葉から分泌され，副腎皮質を刺激して，成長を促し機能を亢進させる。39個のアミノ酸のうち，N末端アミノ酸残基より数えて24番目のアミノ酸までのペプチド鎖はこのホルモンの作用発現に必須である（図8-14）。

定常領域：完全な生物活性発現に必要

H₂N—Ser-Tyr-Ser-Met-Glu-His-Phe-Arg-Trp-Gly-Lys-Pro-Val-Gly-Lys-Lys-Arg-Arg-Pro-Val₂₀

HOOC—Phe-Glu-Leu-Pro-Phe-Ala-Glu-Ala-Ser-Gln-Asp-Gly-Ala-Asp-Pro-Tyr-Val-Lys
       35   30   25 24

可変領域：生物活性には不要

図8-14 ヒト副腎皮質刺激ホルモン（ACTH）の構造
N末端アミノ酸から数えて24番目までのペプチド鎖が生物活性のために必要

プロラクチン（prolactin）は乳腺刺激ホルモンともいい，化学構造は成長ホルモン（GH）と類似し198個のアミノ酸残基からできている。その作用は単独ではなく，例えば，乳腺の発育に対しては成長ホルモン・エストロゲン・プロゲステロン（p.66参照）など協力して働く。

下垂体後葉ホルモン

下垂体後葉からはオキシトシンとバソプレシンという全く異なる作用をもつペプチドホルモンが分泌されている[*1]。オキシトシン（oxytocin）は子宮平滑筋の収縮を促し，出産を進めるホルモンである。このホルモンが働くと陣痛がおこることから陣痛促進剤として用いられ

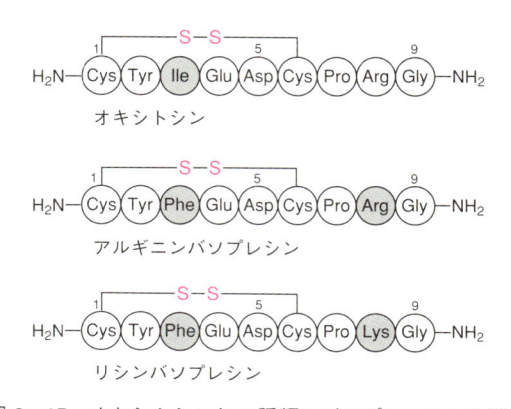

H₂N—Cys-Tyr-Ile-Glu-Asp-Cys-Pro-Arg-Gly—NH₂
オキシトシン

H₂N—Cys-Tyr-Phe-Glu-Asp-Cys-Pro-Arg-Gly—NH₂
アルギニンバソプレシン

H₂N—Cys-Tyr-Phe-Glu-Asp-Cys-Pro-Lys-Gly—NH₂
リシンバソプレシン

図8-15 オキシトシンと2種類のバソプレッシンの構造

[*1] オキシトシンと2種類のバソプレシンは構造が類似している。オキシトシンは3位のアミノ酸がイソロイシン，バソプレシンは3位のアミノ酸がフェニルアラニンである点が異なる。またバソプレシンで8位のアミノ酸が，アルギニンの場合はアルギニンバソプレシン，リシンの場合は，リシンバソプレシンという。

8 タンパク質とアミノ酸の代謝

ている。構造はアミノ酸9個からなるペプチドである（図8-15）。

バソプレシン（vasopressin, VP）[*1]は抗利尿ホルモン（antidiuretic hormone, ADH）ともいわれ、オキシトシンと同様にアミノ酸9個からなるペプチドである。バソプレシンは構成アミノ酸の2個所のアミノ酸の違いにより、アルギニンバソプレシンとリシンバソプレシンの二種類がある。その化学構造はどちらもオキシトシンと極めて類似したアミノ酸配列を示す（図8-15）。バソプレシンは腎臓の遠位尿細管および集合管の細胞を標的器官とし、腎臓での水分の再吸収を促す。血漿浸透圧の刺激を受けて再吸収の働きがおこる。このホルモンが不足すると尿崩症[*2]を引きおこし、大量の希釈尿が排泄されるので、多量の水分摂取が必要となる。

[*1] バソプレシンの分泌量が欠乏すると遠位尿細管および集合管における水分の再吸収が阻害され、尿量が著しく増加する。1日に10 l になることもある。

[*2] diabetes incipidus。バソプレシン（抗利尿ホルモン）の分泌が低下することによりおこる。腎臓の集合管における水分の再吸収が減り、尿量が増加する。1日に10 l にも達することもある。

甲状腺ホルモン

甲状腺から分泌される甲状腺ホルモン（thyroid hormone）の主なものはトリヨードチロニン（triiodothyronine, T_3）とテトラヨードチロニン（tetraiodothyronine, T_4）である。チロシンのヨウ素化誘導体であり、特殊アミノ酸の一種でもある（図8-16）[*3]。化学構造は類似している。このホルモンは物質代謝を亢進する働きがある。血清中の T_4 と T_3 量を比べると、前者が約10倍多く含まれているが、後者の方が5〜10倍の生理作用をもつ。

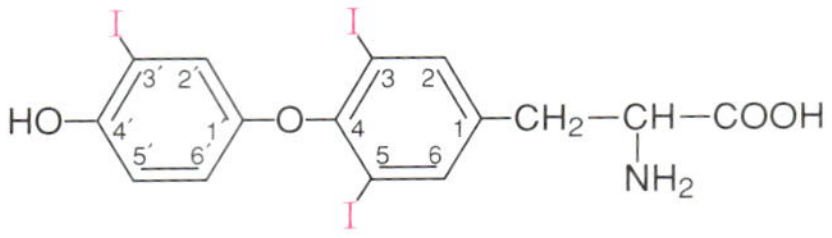

[*3] これらの前駆体として働いているのはモノヨードチロシン（MIT）とジヨードチロシン（DIT）である。MIT 1分子とDIT 1分子が結合しトリヨードチロニン（T_3）が、DIT 2分子からチロキシン（T_4）が生成する。

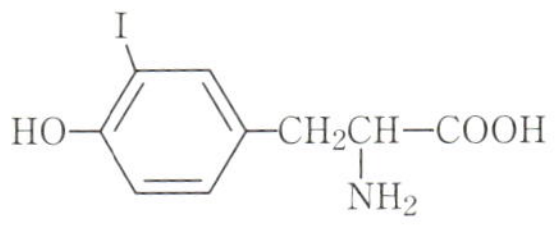

モノヨードチロシン（MIT）

ジヨードチロシン（DIT）

3,5,3'-トリヨードチロニン（T_3）

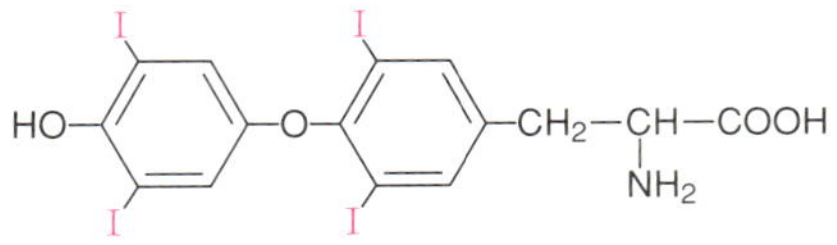

3,5,3',5'-テトラヨードチロニン（チロキシン、T_4）

図8-16　甲状腺ホルモンの化学構造

甲状腺ホルモンの生合成は前駆体のチログロブリン（thyroglobulim）というタンパク質の分子のなかでおきる。チログロブリンは、ヨウ素化糖タンパク質でコロイド状になっている。血液中でチロキシン結合グロブリンやチロキシン結合プレアルブミンに結合して運搬される。甲状腺ホルモンの働きは、細胞内のステロイド受容体に作用することによりおこる。このホルモンの生成や分泌は下垂体前葉の甲状腺刺激ホルモン（thyroid stimulating hormone, TSH）の影響を強く受けている。

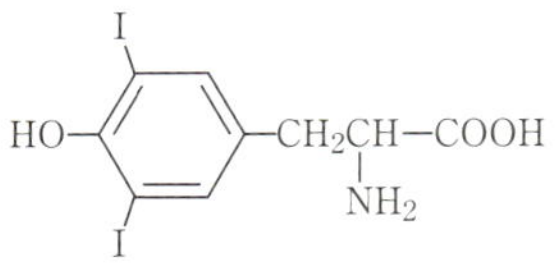

8 タンパク質とアミノ酸の代謝

膵臓ホルモン

膵臓から分泌されるホルモンは，インスリン[*1]，グルカゴン，ソマトスタチン，膵ポリペプチドがある。膵島[*2]細胞群B（β）細胞からインスリン（insulin）が，A（α）細胞からはグルカゴン（glucagon）が分泌され，血糖値の調節を行っている。

ヒトインスリンの化学構造は図2-8（p.23）に，グルカゴンの化学構造は図8-17に示す。インスリンの主な働きは血糖値[*3]の低下であるが，この他イオンや基質の輸送，細胞における物質の出入り，酵素活性，タンパク質合成，遺伝子発現などに影響を与える。1型糖尿病（インスリン依存型糖尿病，IDDM）[*4]はインスリンを合成する場である膵臓の細胞が損傷を受け，インスリンの分泌が減少したり，不可能になるためにおこる。2型糖尿病（インスリン非依存型糖尿病，NIDDM）[*5]はインスリン受容体の欠乏あるいは活性低下によってインスリン感受性が低下するためにおこる。

[*1] インスリンについては p.23, 図2-8参照。

[*2] 従来はLangerhans島と呼んでいたが，最近は略して膵島という。

[*3] 糖尿病（diabetes mellitus, DM）は糖質と脂質の代謝調節異常でおこる病気である。グルコースを大量に摂取していても体はあたかも飢餓状態のときのように反応する。そのため血中グルコース濃度（血糖値）が異常に高くなり，一部が尿にもれ出て検出される。尿中の高濃度のグルコースはからだから水分を奪うので，多尿となり口が渇く症状を呈する。

[*4] 1型糖尿病は若年（15歳以下）で発症する。患者は過血糖になる。

[*5] 2型糖尿病は肥満を伴うと発症しやすい。日本では潜在的な2型糖尿病患者が多数いることが指摘されている。

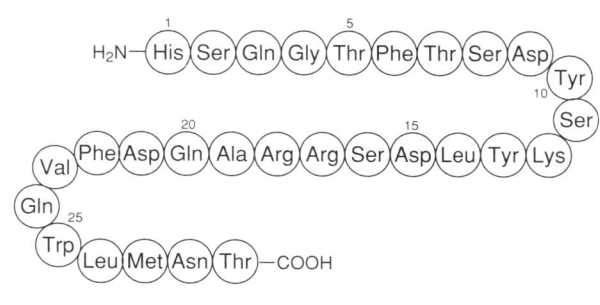

図8-17 ヒトグルカゴンの構造（Bromerら）

グルカゴンは29個のアミノ酸残基をもつ単鎖ポリペプチドであり，哺乳動物では構造が同一である。グルカゴンは主に肝臓で働き，インスリンの作用に拮抗する。血中グルコース濃度が低下すると，膵臓からグルカゴンが血中に放出される。解糖を遅らせグルコース消費を減少させるために，血糖値を上昇させることになる。

消化管ホルモン

消化管からホルモンの定義に合致する物質が分泌されることがわかり，これを消化管ホルモン（gastrointestinal hormone）という。消化管ホルモンは消化器の働きを促進または抑制する働きがある。消化管ホルモンの中でペプチド構造を持つ主なものはガストリン，コレシストキニン，セクレチンなどであり，セクレチンは消化管ホルモンのなかで最初に発見されたホルモンである。

ガストリン（gastrin）は胃洞部や十二指腸から分泌される。胃幽門部に，食物による刺激が加わると分泌される。胃壁からの胃酸やペプシンの分泌を促進し，胃での消化を助ける働きがある。

コレシストキニン（cholesystokinin）は十二指腸、空腸から分泌され、膵アミラーゼの分泌を促進する。食物が十二指腸に入ってくるとその刺激で分泌される。

セクレチン（secretin）は膵液の分泌を促進するホルモンである。十二指腸や空腸から分泌される。酸性の胃液を含む物質が小腸に移動するとその刺激で分泌される。膵臓での炭酸水素イオン分泌を促進する働きがある。

(2) ビタミンB群

ビタミンB群[*1]のなかでアミノ酸やペプチド構造を分子内にもつものは、ナイアシン、葉酸、パントテン酸などである。

ナイアシン　ナイアシン（niacin）とニコチンアミド（nicotinamid）は同じビタミン効果をもつ。体内でニコチンアミドはニコチンアミドアデニンジヌクレオチド（NAD^+）あるいはニコチンアミドアデニンジヌクレオチドリン酸（$NADP^+$）になる（p.32, 表3-1）。NAD^+や$NADP^+$は生体内で酸化還元反応の補酵素として働く。ナイアシンは必須アミノ酸であるトリプトファン[*2]から生合成（トリプトファンの1/60量）され（図8-18）、NAD^+に変換する。したがって、ナイアシンとトリプトファンの両方が不足すると欠乏症がおきる。欠乏症はとうもろこしを常食としている地域でみられ、代表的な欠乏状態をペラグラ（pellagra）[*3]という。ペラグラになると下痢、皮膚炎、痴呆などの症状が現れる。

[*1] ビタミンB群にはビタミンB_1（チアミン）、ビタミンB_2（リボフラビン）、ナイアシン、葉酸、パントテン酸、ビタミンB_6（ピリドキシン、ピリドキサル、ピリドキサミン）、ビタミンB_{12}、ビオチンなど8種類の水溶性ビタミンがある。いずれも体内では補酵素として作用する。ビオチンの補酵素であるビオシチンはL-リシンを含む。

[*2] トリプトファンの必要量はp.133, 表8-1参照。

[*3] ペラグラ患者はとうもろこしを常食とする南アメリカやアジアに多い。日本ではほとんどみられない。

[*4] ピリドキサル5'-リン酸（p.31, 表3-1参照）

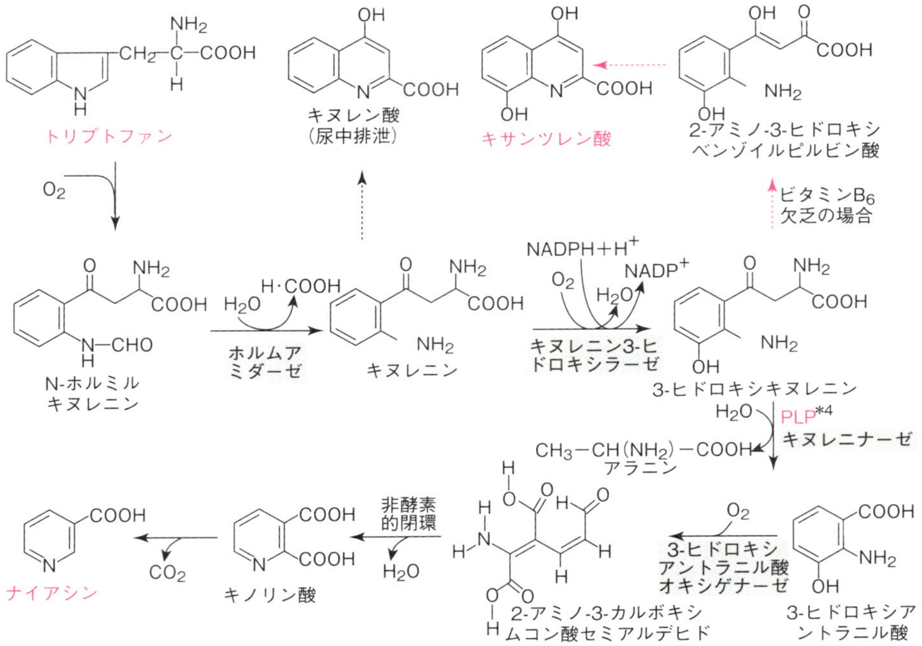

図8-18　体内におけるトリプトファンからナイアシンへの変化

葉酸

葉酸（folic acid）は構造のなかにアミノ酸であるグルタミン酸が含まれている（図 8-19）。テトラヒドロ葉酸は葉酸の 5～8 位に水素原子が 1 個ずつ合計 4 個導入されたもので（p.134, 図 8-9），体内では葉酸の活性型（補酵素）として働く。テトラヒドロ葉酸は体内で核酸合成に必要なメチル基，メチレン基，メテニル基，ホルミル基，ホルムイミノ基などの C_1 化合物の運搬体となる。葉酸が欠乏すると巨赤芽球性貧血になる。

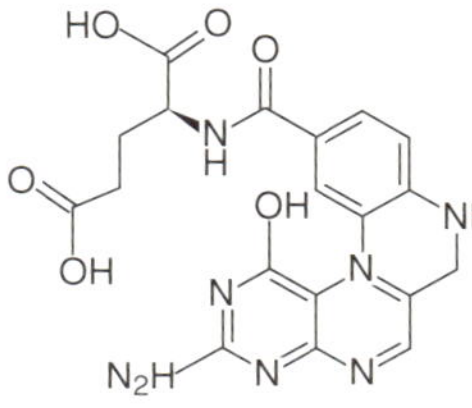

図 8-19 葉酸の化学構造

パントテン酸

パントテン酸（pantothenic acid）はパントイン酸と β-アラニンが結合したものである（図 8-20）。コエンザイム A（CoA, HS・CoA）の構成成分となる（p.32, 表 3-1(5)）。CoA はアシル基転移に関与し，TCA サイクル[*1] や脂肪酸の生合成[*2] などで重要な働きをしている。

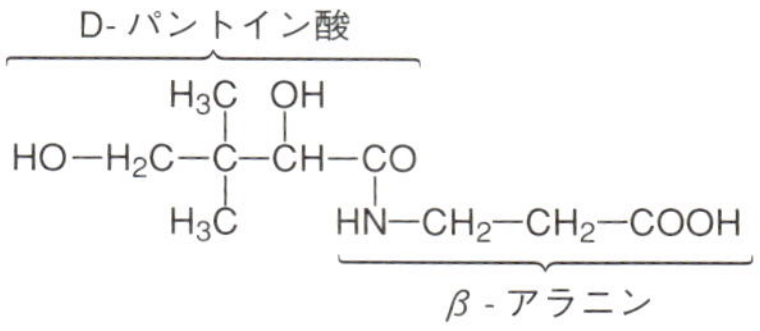

[*1] p.86。図 6-3 参照。
[*2] p.115。図 7-12 参照。

図 8-20 パントテン酸の化学構造

8-6 アミノ酸代謝の異常と疾病

アミノ酸代謝に関与する酵素の欠損によって先天的におこる疾患を，アミノ酸代謝異常症という。

(1) フェニルケトン尿症

フェニルケトン尿症（phenylketonuria, PKU）はアミノ酸代謝異常症の中で代表的な症状である。北アメリカやヨーロッパで最もよく見られる。チロシンは必須アミノ酸のフェニルアラニンから生合成されるが，この反応を触媒する肝臓のフェニルアラニン 4-モノオキシゲナーゼ[*3] の先天的欠損によっておこる疾患である。この酵素の欠損により，血液

[*3] フェニルアラニン 4-モノオキシゲナーゼの働きについては p.135, 図 8-12 参照。フェニルアラニンがチロシンに変換する際に働く酵素である。

中にフェニルアラニンが蓄積し，チロシン濃度が低下する。高濃度のフェニルアラニンはチロシンに変換することができず，フェニルピルビン酸に変換する（図8-21）。フェニルアラニンの血中濃度が増加すると，中枢神経系の発育に異常がおこり精神発育不全となる場合がある。誕生直後に血液中のフェニルアラニン濃度，尿中のフェニルピルビン酸濃度を測定し，これらが異常に高い値を示す場合にフェニルケトン尿症と判定する。治療は生後10年間食事からのフェニルアラニン摂取を厳密に制限し，低フェニルアラニン食とすることが必要である。

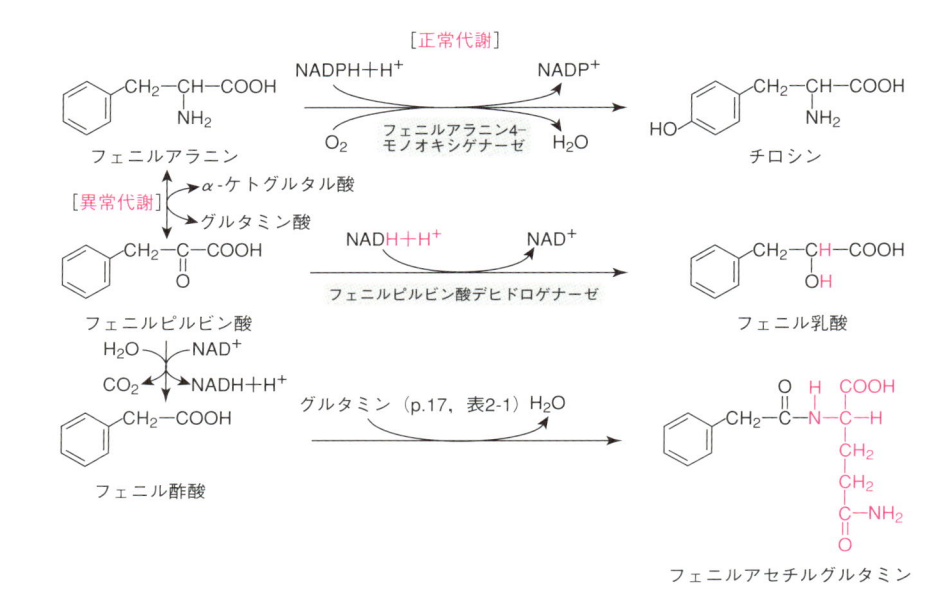

図8-21 フェニルケトン尿症におけるフェニルアラニンより各種のフェニルケトンの生成経路

（2）ヒスチジン血症

ヒスチジンはヒスチジンアンモニアリアーゼにより非酸化的脱炭酸を受けてウロカニン酸になり，水の付加と二重結合の移動により4-イミダゾロン5-プロピオン酸が生じ，一部はヒダントイン5-プロピオン酸となり尿中に排泄される。しかし大部分はイミダゾロン核の加水分解により，N-ホルムイミノグルタミン酸になる（図8-22）。

ヒスチジン血症（histidinemia）は肝臓のヒスチジンアンモニアリアーゼの先天性欠損により，ヒスチジンよりウロカニン酸への代謝が阻害され，その結果ヒスチジンデカルボキシラーゼによりヒスチジンが脱炭酸を受けてヒスタミンとなり，イミダゾールピルビン酸やイミダゾール酢酸の方へ分解が進む（図8-22）。血中ヒスチジン量は増加し，尿中へのヒスチジン，イミダゾールピルビン酸，その他のイミダゾールなどの代謝中間体が多量に排泄される。症状は他の疾患と同じように知能障

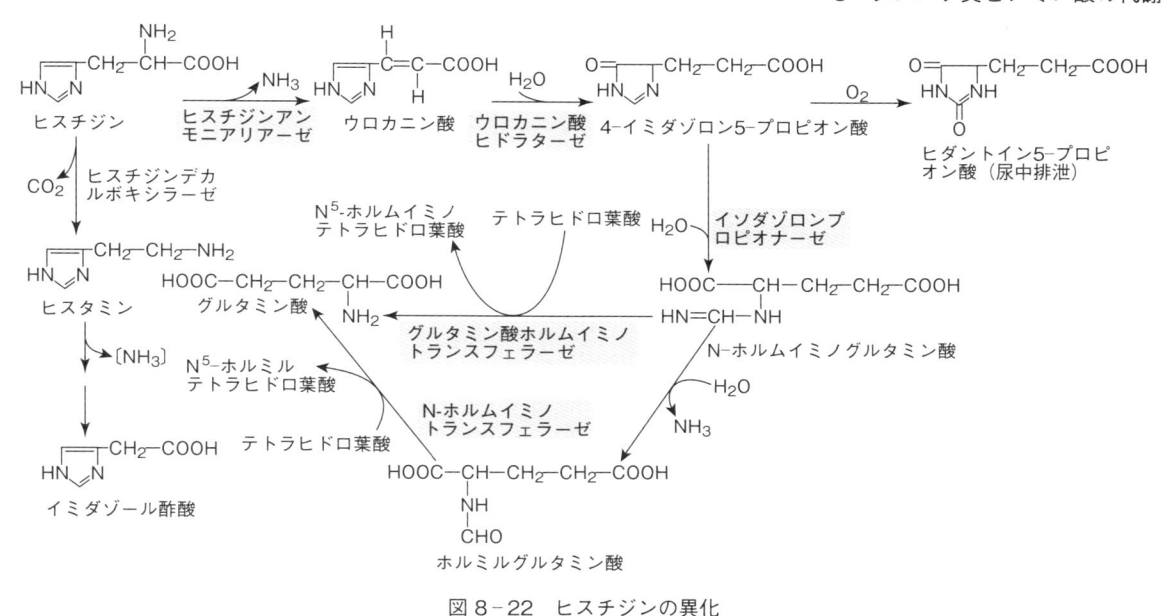

図 8-22 ヒスチジンの異化

(3) ホモシステイン尿症

ホモシステイン尿症（homocystinuria）は，先天性含硫アミノ酸[*1]代謝異常症のひとつである。単一の疾患ではなく，硫黄転移経路に関与する酵素の欠損，あるいは欠乏によっておこる症候群とされている。ホモシステイン尿症は，メチオニンの硫黄がホモシステインを介してシステインに移される過程に障害があるため，タンパク質の合成に必要なシステインの不足をきたす疾患であるので，食事療法としては低メチオニン－高システイン食を与えると有効である。新生児より食事療法を始めると，5歳くらいまでに知能障害や水晶体脱臼などの症状を予防できるという。

代表的なホモシステイン尿症はシスタチオニン β-シンターゼ欠損であり，ホモシステインからシスタチオニンの合成が阻害されるために，血液中のホモシステインあるいはその前駆物質であるメチオニンが増加する。しかしメチオニンはホモシステインとの間に往復経路があるので，血中メチオニンは高い値と普通の値を示す場合とがある（図 8-23）。

(4) メープルシロップ尿症

ロイシン，イソロイシン，バリンなどの分岐鎖アミノ酸，それぞれの α-ケト酸の代謝異常をメープルシロップ尿症（maple syrup urine disease）という。すなわち，側鎖ケト酸のデカルボキシラーゼの先天性欠損によって，側鎖ケト酸から脂肪酸への転換が障害を受け，尿中に多量の分岐鎖アミノ酸とそのケト酸が排泄され，患者の尿や汗がサトウカエデ（メープル）の糖蜜に似た特有の臭気をもつことから，この名がつけ

[*1] システイン，メチオニンなど硫黄を含むアミノ酸を含硫アミノ酸という（p.17 参照）。

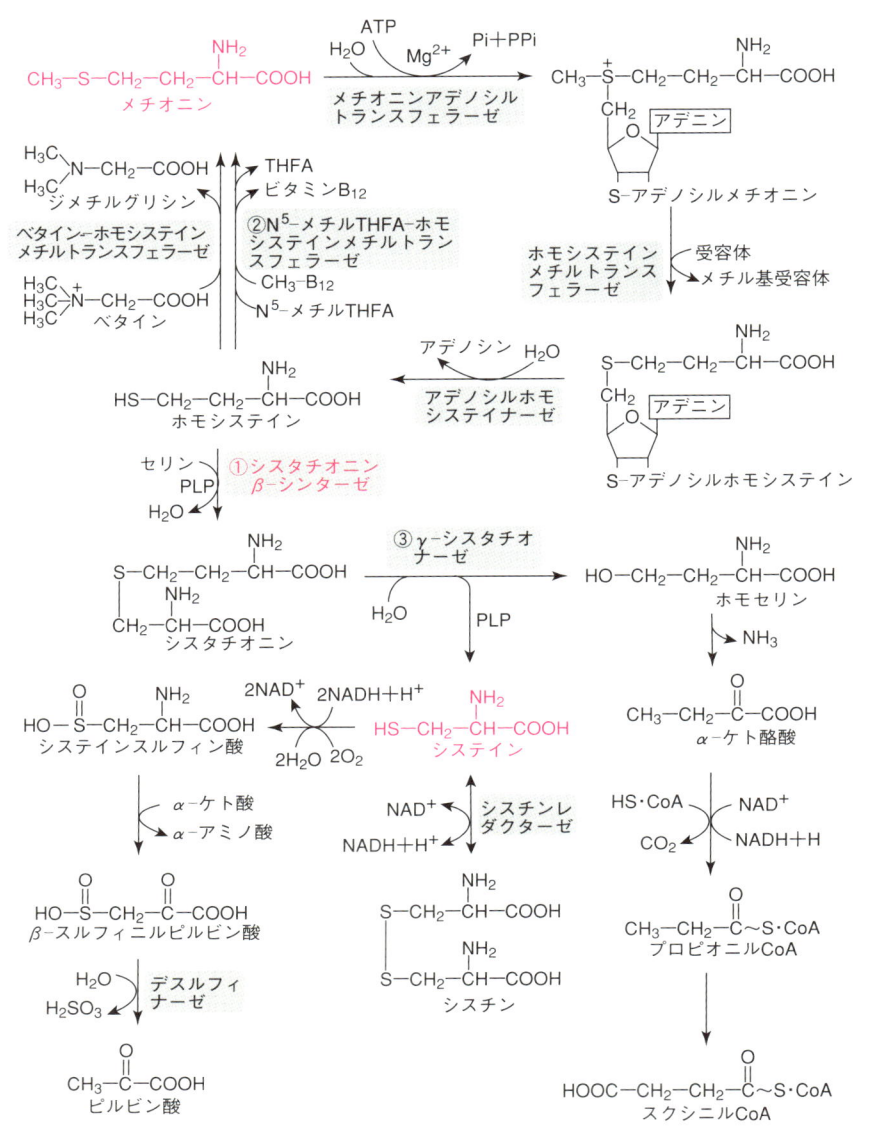

図 8-23 メチオニンからスクシニル CoA あるいはピルビン酸への変化
①〜③の酵素欠損が知られている。

られた。症状は激しく，緊張感・けいれん・哺乳困難・後弓反張[*1]をきたし，生後数カ月で多くは死亡する。食事療法としては，分岐鎖アミノ酸を最小必要量含むような食事が用いられている。

[*1] 反弓緊張・弓なり緊張・反弓姿勢ともいう。頭と下肢が背方にそり，体幹が腹面を凸にして弓なりになる姿勢。

9

情報高分子の構造と機能

9-1 遺伝子および染色体の構造と機能

(1) 遺伝子

あらゆる生物の子は親に似た形や性質を持つ。親から子，子から孫へと伝えられる性質や形態のことを形質という。この形質を伝えるのが遺伝子（gene）であり，遺伝子はデオキシリボ核酸（deoxyribonucleic acid, DNA）からできている。DNAは主に核のなかに存在する。

DNAの働きは2種類あり，ひとつは複製（replication）である。細胞が分裂するとき旧DNAを鋳型として新DNAがつくられる。旧DNAのもつ全体の塩基配列の情報が，新DNAに受け継がれていく。

DNAのもうひとつの働きは，生体内でのタンパク質合成の情報をもっていることである。DNAには生体内でどのようなアミノ酸配列のタンパク質をつくるかという情報が，塩基配列による暗号で組み込まれている。DNAに組み込まれた塩基配列により，どのようなアミノ酸配列のタンパク質をつくるかが決定される。このDNAの情報は親から子に伝えられるので，同じ種の生物は同じアミノ酸配列のタンパク質を生体内でつくることになる。

(2) 染色体

真核細胞[*1]のDNAはヒストン（histone）[*2]という特殊な塩基性タンパク質と複合体を形成し，複雑に折りたたまれた立体構造をしている。ヒストンの量はDNAと同じくらいか，DNAより多い。この複合体をクロマチン（chromatin）[*3]という。細胞分裂期（M期）[*4]には核のなかにあるクロマチンが凝縮して高次構造になり，光学顕微鏡で観察することができる。これを染色体（chromosome）という。細胞のもつ染色体の数は生物によって大きく異なるが，必ず偶数個である[*5]。生物が生

[*1] eukaryotic cell. 核膜をもつ細胞。真核細胞には植物細胞と動物細胞がある。これに対し核膜をもたない細胞を原核細胞（prokaryotic cell）といい，細菌などがある。原核細胞のDNAは細胞内ではほとんど裸の状態で存在するが，真核細胞のDNAはヒストンと呼ばれるタンパク質と結合して核内に存在する。真核細胞をもつ生物を真核生物，原核細胞からなる生物を原核生物という。

[*2] 真核細胞のヒストンは4種類（H2A，H2B，H3，H4）存在する。ヒストンが各2分子ずつ集合した8量体にDNAが結合している。

[*3] クロマチンにはヒストン以外のタンパク質（非ヒストンタンパク質）が結合している場合もある。非ヒストンタンパク質は遺伝子発現の調節に関与している。p.8，表1-2参照。

[*4] 細胞周期は何も動いていないように見える周期（G_1期，S期，G_2期）と染色体が形成され分裂が起こる分裂期（M期）にわかれる。分裂期はさらに前期，中期，後期，終期にわかれる。

[*5] 染色体の数は生物によって異なり，下記のようである。ショウジョウバエ（8），トノサマガエル（26），ハツカネズミ（40），人（46），チンパンジー（48），犬（78）。

*1 真核生物のゲノムサイズは原核生物のゲノムサイズの約10倍である。

きていくうえで最低必要な染色体，あるいはそれに含まれるDNAのことをゲノム（genome）*1 という。生物のもっている遺伝情報を知るうえで，ゲノムの解析は大変重要な研究分野となっている。

9-2 核酸の構造

(1) 核酸の構成成分と種類

核酸（nucleic acid）は細胞の核のなかに存在し，リン酸を含む酸性の物質であることから，この名前がつけられた。その後，核のなかだけではなく細胞質ゾルやミトコンドリアにも存在することがわかった。核酸は構造の特徴により，DNAとRNA（リボ核酸，ribonucleic acid）とに大別される。その基本的な構成成分は両者とも同じで，塩基（プリン塩基およびピリミジン塩基）と五炭糖（リボースあるいは2-デオキシリボース）とリン酸を1：1：1の比率で含んでいる（表9-1）。

表9-1 DNAおよびRNAの構成成分

構成成分		DNA	RNA
主要塩基	プリン	アデニン，グアニン	アデニン，グアニン
	ピリミジン	シトシン，チミン	シトシン，ウラシル
五炭糖		デオキシリボース	リボース
リン酸		リン酸	リン酸

表に示した主要塩基のほかに微量成分として，DNAにはメチル基をもつアデニンやシトシン（N^6-メチルアデニンおよび5-メチルシトシン）が，RNAとくにtRNAには，20種以上の異なる塩基やヌクレオシドが知られている。メチル化リボースも存在する。

塩基はその構造からプリン誘導体とピリミジン誘導体とに分類される。プリン誘導体にはアデニン（adenine, A），グアニン（guanine, G），ヒポキサンチン（hypozanthine, Hyp）が，ピリミジン誘導体にはシトシン（cytosine, C），ウラシル（uracil, U），チミン（tymine, T）がある。DNAに含まれる主要な塩基はアデニン，グアニン，シトシン，チミンであり，RNAにはアデニン，グアニン，シトシン，ウラシルが含まれている（図9-1）*2。

核酸に含まれる五炭糖は，DNAの場合はデオキシリボース（deoxyribose），RNAの場合はリボース（ribose）である（図9-2）。

(2) ヌクレオシド

塩基と五炭糖が1分子ずつ結合したものをヌクレオシド（nucleoside）という。五炭糖の1位の炭素と各種の塩基が結合したものである。塩基の結合部位はプリンの場合は9位の窒素が，ピリミジンの場合は1

*2 これらは核酸を構成する主要な塩基である。これ以外に多種類の微量塩基が存在する。微量塩基の構造は主要塩基に類似している。

9 情報高分子の構造と機能

〔プリン誘導体〕

塩　基： アデニン（A）　　グアニン（G）　　ヒポキサンチン（Hyp）

ヌクレオシド： アデノシン　　グアノシン　　イノシン

ヌクレオチド： アデノシン5′-一リン酸（AMP，dAMP）　　グアノシン5′-一リン酸（GMP，dGMP）　　イノシン5′-一リン酸（IMP）

〔ピリミジン誘導体〕

塩　基： シトシン（C）　　ウラシル（U）　　チミン（T）

ヌクレオシド： シチジン　　ウリジン　　チミジン

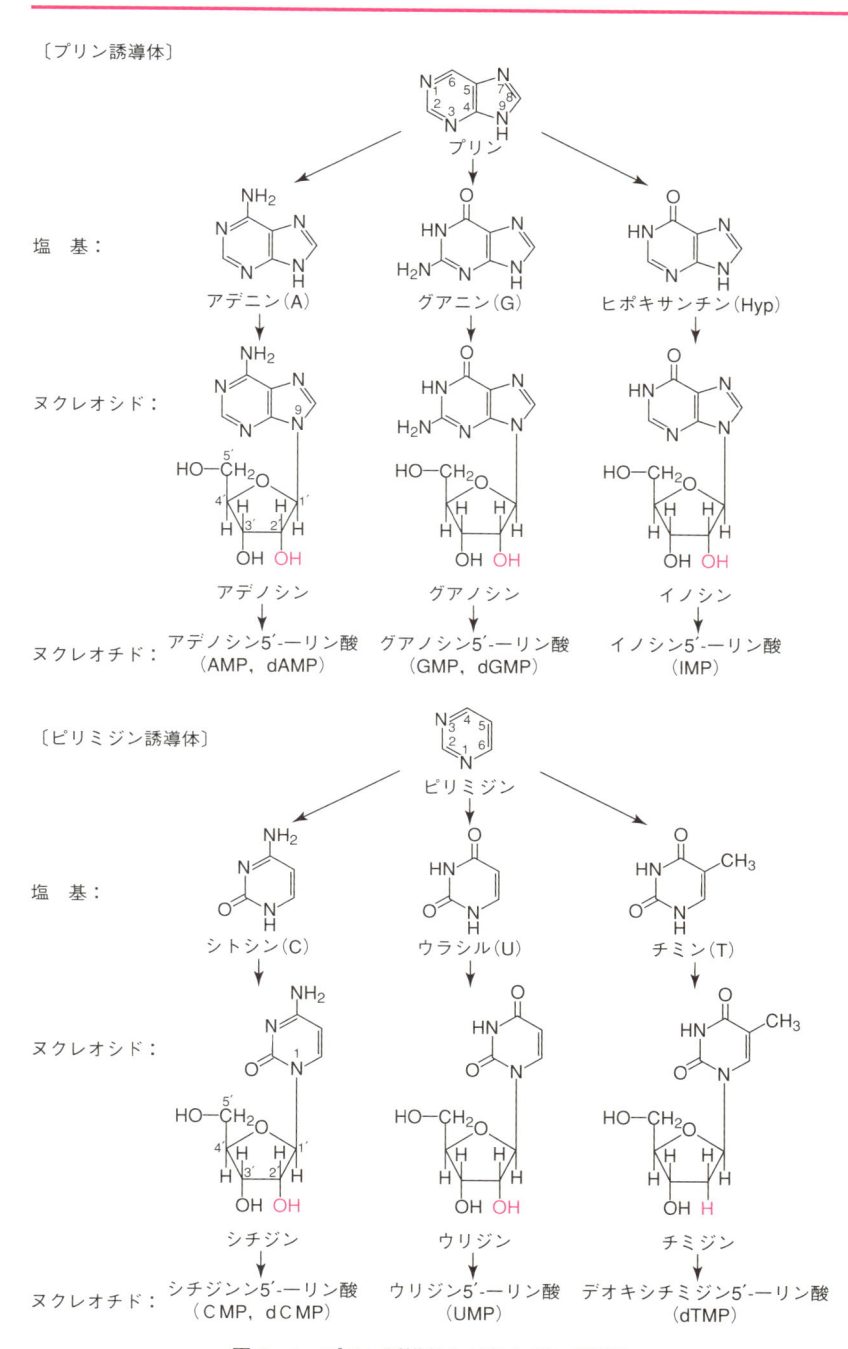

ヌクレオチド： シチジン5′-一リン酸（CMP，dCMP）　　ウリジン5′-一リン酸（UMP）　　デオキシチミジン5′-一リン酸（dTMP）

図 9-1　プリン誘導体とピリミジン誘導体

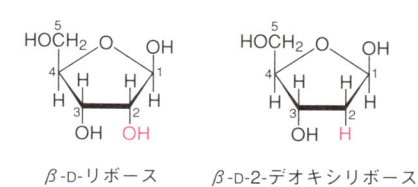

β-D-リボース　　β-D-2-デオキシリボース

図 9-2　核酸に含まれる五炭糖

*1 五炭糖か塩基と結合した場合は、五炭糖のC-ナンバーにダッシュ（1'）をつける。

位の窒素が，おのおの五炭糖の1位炭素と結合*1するが，結合する塩基と糖の種類によりアデノシン（adenosine），グアノシン（guanosine），イノシン（inosine），シチジン（cytidine），ウリジン（uridine），チミジン（tymidine）と呼ぶ（図9-1，表9-2）。

表9-2 ヌクレオシドおよびヌクレオチドの名称

塩　基	ヌクレオシド	ヌクレオチド
アデニン	アデノシン	アデノシン 5'-一リン酸（AMP）(アデニル酸ともいう)
グアニン	グアノシン	グアノシン 5'-一リン酸（GMP）(グアニル酸ともいう)
ヒポキサンチン	イノシン	イノシン 5'-一リン酸（IMP）(イノシン酸ともいう)
シトシン	シチジン	シチジン 5'-一リン酸（CMP）(シチジル酸ともいう)
ウラシル	ウリジン	ウリジン 5'-一リン酸（UMP）(ウリジル酸ともいう)
チミン	チミジン	デオキシチミジン 5'-一リン酸（dTMP）(デオキシチミジル酸ともいう)

（3）ヌクレオチド

ヌクレオシドにリン酸が1分子結合したものをヌクレオチド（nucleotide）という。リン酸は五炭糖の5'位の炭素に結合し，塩基は五炭糖の1'位の炭素に結合する（図9-3）。五炭糖としてリボースが結合したものをリボヌクレオチド（ribonucleotide），デオキシリボース*2が結合したものをデオキシリボヌクレオチド（deoxyribonucleotide）という。ヌクレオチドを構成している塩基と五炭糖によってアデニル酸（AMP），グアニル酸（GMP），イノシン酸（inosine 5'-monophosphate, IMP），シチジル酸（CMP），ウリジル酸（UMP），デオキシチミジル酸（deoxythymidylic acid, dTMP），デオキシアデニル酸（deoxyadenosine monophosphate, dAMP），デオキシグアニル酸（deoxyguanosine monophosphate, dGMP），デオキシシチジル酸（deoxycytidine monophosphate, dCMP）などが存在する（図9-1）。ヌクレオチドが多数重合した高分子構造のポリヌクレオチド（polynu-

*2 デオキシリボースはリボースの2位の酸素がとれた構造である（p.147，図9-2参照）。

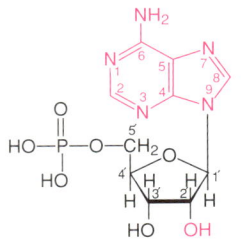

アデノシン5'-一リン酸（AMP） 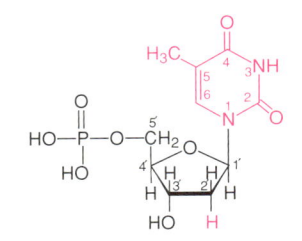　　デオキシチミジン5'-一リン酸（dTMP）

図9-3 ヌクレオチドの化学構造の例

cleotide）が核酸の DNA や RNA である。

（4）DNA の構造

　DNA は塩基，五炭糖としてデオキシリボース，リン酸が結合したデオキシヌクレオチドが多数重合したポリヌクレオチド鎖で構成されている。主な構成塩基はアデニン（A），シトシン（C），グアニン（G），チミン（T）である。さまざまな生物の DNA を構成する塩基組成を調べると，アデニンとチミン，グアニンとシトシンはその割合が極めて近い値を示した。この事実と X 線回折の研究結果から，1953 年 Watson と Crick は，DNA が二重らせん構造（double helix）[*1] であることを提案した。

＊1　DNA の Watson-Crick 二重鎖モデル。p. 150，図 9-5 参照。

　DNA は二本鎖が互いに向き合い平行になっているが，この二本鎖は 5′末端と 3′末端とが逆方向になっている（図 9-4）。これを逆平行という。さらにこの二本鎖が二重らせん構造になっている。（図 9-5）。DNA の構造は，アデニンとチミン，グアニンとシトシンが互いに向き合い，アデニンとチミンは 2 本の水素結合で，グアニンとシトシンは 3 本の水素結合で結合している。これを塩基対（base pair）という。また，このような塩基の組み合わせを相補性[*2] という。この相補的な塩基の関係は細胞内での DNA の複製や DNA を鋳型にして mRNA がつくられるとき，また細胞質ゾルでの mRNA と tRNA の関係でもみられ

＊2　complementarity。相補性をもつ塩基と塩基は互いに 2 本ないし 3 本の水素結合で結合し，立体的に向き合う。

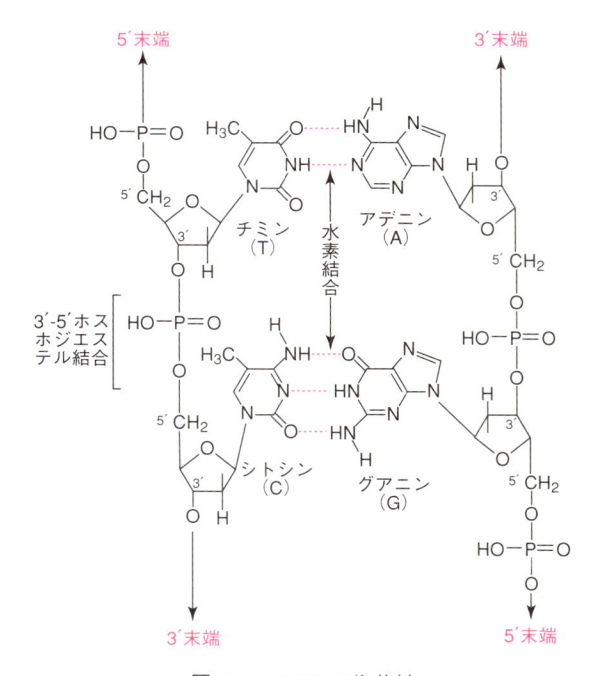

図 9-4　DNA の塩基対
シトシンとグアニンの間には 3 つの水素結合ができるが，チミンとアデニンの間では 2 つの水素結合である。なお，ヌクレオチドの並び方（塩基配列）は一文字を用いて方向性を示して，例えば 5′ACGT3′ のように示す。

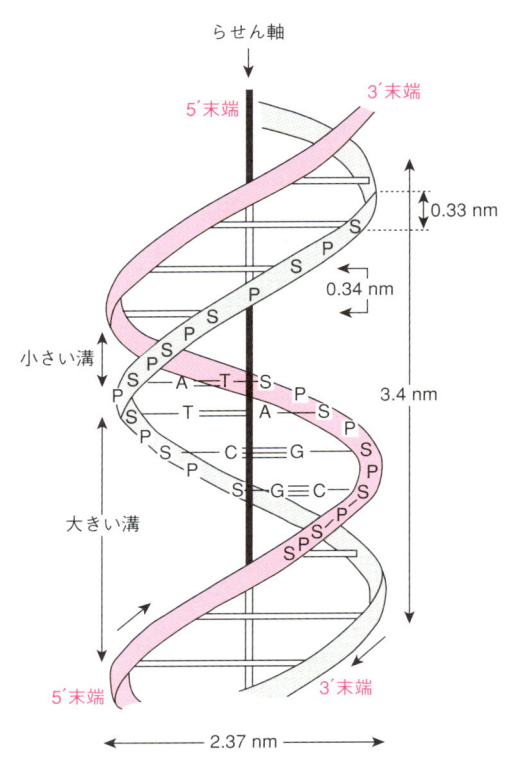

図 9-5 DNA の二重らせん構造
S はデオキシリボースを，P はリン酸を，A はアデニン，T はチミン，G はグアニン，C はシトシンを示す。

る。

DNA は遺伝情報を伝達している。これは生物にとって大変重要な役割である。体内で働くタンパク質はすべて体内で生合成されるが，この場合も DNA のもつ塩基配列にしたがって，タンパク質のアミノ酸配列[*1]が決定される。

(5) RNA の構造

RNA は DNA の情報によってつくられる。RNA を構成する 4 種類の主要な塩基は，アデニン（A），グアニン（G），シトシン（C），ウラシル（U）である。RNA では DNA のチミン（T）のかわりにウラシル（U）が構成塩基となっている。五炭糖はリボースであり，リン酸も構成成分となっている。グアニンとシトシンは DNA の場合と同様に相補性があるが，アデニンとウラシルにも相補性がある。RNA は DNA が細胞の中でタンパク質の生合成を行なう場合に，その手助けをしている。RNA はその機能と構造から，メッセンジャー RNA（messenger RNA, mRNA），転移 RNA（transfer RNA, tRNA），リボソーム RNA（ribosomal RNA, rRNA）の 3 種類がある。

[*1] amino acid sequence。タンパク質を構成するアミノ酸の並ぶ順番を示す。タンパク質の一次構造ともいう（p. 23 参照）。

9 情報高分子の構造と機能

| mRNA |

　mRNAは基本的に1本鎖である。核のなかでDNAの二重らせん構造がほぐれ1本鎖になったDNAのもつ遺伝情報を，相補的に写し取る役割をしている。この働きを転写（transcription）という。mRNAはさまざまな分子量のものがあり，その寿命は短い。核のなかでつくられたmRNAは核膜より細胞質ゾルに移り，タンパク質合成の場であるリボソーム（ribosome）に移動する[*1]。ここにtRNAがタンパク質合成の材料となる活性アミノ酸を運んでくる。mRNA上の塩基配列は3個ずつのセットになっており，これをトリプレット（triplet）という。塩基3個によってひとつのアミノ酸が決められており（表9-3），このmRNAの遺伝暗号をコドン（codon）といい，5'末端から3'末端側にリボソームが移動しながら，コドンの指定どおりのアミノ酸配列を決めていく。

[*1] mRNAは核，細胞質ゾルのどちらにも存在する。これに対しDNAは主に核の中にある。

表9-3　コドン表

1文字目 (5'末端側)	2文字目				3文字目 (3'末端側)
	U	C	A	G	
U	UUU UUC } Phe UUA UUG } Leu	UCU UCC UCA UCG } Ser	UAU UAC } Tyr UAA 終止 UAG 終止	UGU UGC } Cys UGA 終止 UGG Trp	U C A G
C	CUU CUC CUA CUG } Leu	CCU CCC CCA CCG } Pro	CAU CAC } His CAA CAG } Gln	CGU CGC CGA CGG } Arg	U C A G
A	AUU AUC AUA } Ile AUG Met (開始)	ACU ACC ACA ACG } Thr	AAU AAC } Asn AAA AAG } Lys	AGU AGC } Ser AGA AGG } Arg	U C A G
G	GUU GUC GUA GUG } Val	GCU GCC GCA GCG } Ala	GAU GAC } Asp GAA GAG } Glu	GGU GGC GGA GGG } Gly	U C A G

U：ウラシル，C：シトシン，A：アデニン，G：グアニン

| tRNA |

　tRNAは図9-6に示したような構造であり，その一部に水素結合をもつ。tRNAの分子量は2万～3万で核酸のなかでは小さい。tRNAはmRNAの情報に基づいてタンパク質の生合成を行なう場合に，アミノ酸の活性化を行なう。すなわち，tRNAの底部にある3個の塩基がmRNAのトリプレットと相補的にかみ合う。tRNAの底部にあるトリプレットを，アンチコドン（anticodon）という。mRNAのコドンとtRNAのアンチコドンの間では，アデニンにはウラシルが，グアニンにはシトシンが相補的に向き合う。アミノ酸は約20種類[*2]あるが，アミノ酸の種類によって異なるtRNAが存在する。このtRNAはそれぞれが決められたアミノ酸を運

[*2] アミノ酸の名称，略号，構造については p.17，表2-1参照。

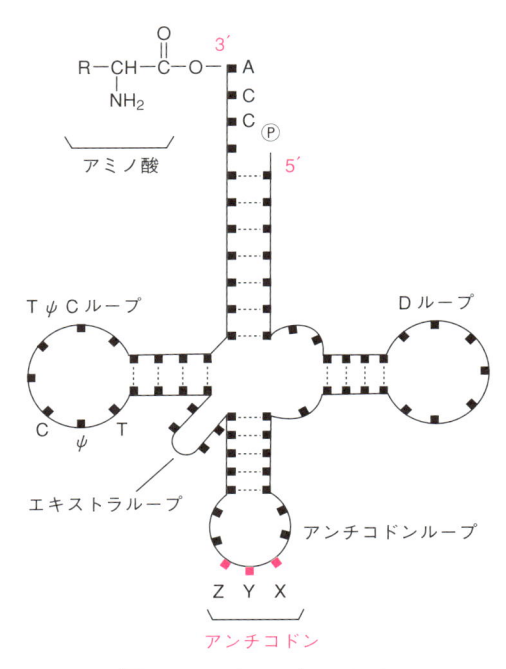

図 9-6 アミノアシル tRNA
TΨC ループ：プソイドウリジル酸（Ψ）を含み，tRNA がリボソームの適切な場所と結合するのに必要である。エキストラループ：tRNA の種類で長さが異なる。D ループ：ジヒドロウリジル酸を含み，アミノアシル tRNA シンテターゼが認識するのに必要な部分のひとつである。鎖線は RNA 鎖の塩基対を示す。アンチコドンの指定するアミノ酸が 3′位末端に結合する。

搬する。同一のアミノ酸を運搬する tRNA でも生物によって異なる塩基配列を示す。tRNA にアミノ酸が結合したものをアミノアシル tRNA（aminoacyl tRNA）という（図 9-6）[*1]。

rRNA　rRNA は最も多量に存在する RNA である。タンパク質合成の場である細胞質ゾルに存在するリボソームは，rRNA とタンパク質が結合したものである。真核生物の細胞質では，60S [*2] と 40S のふたつのサブユニットから構成される 80S の rRNA がはたらいている。

9-3　ヌクレオチドの代謝

核酸やその構成ユニットであるヌクレオチドは，人が摂取している食品中の成分として含まれているが，体内で合成されているから必須栄養成分ではない。ヌクレオチドの構成材料となるプリン[*3]やピリミジン[*4]も，体内で両性中間体などから十分に合成されている。プリンヌクレオチドおよびピリミジンヌクレオチドの生合成は強調的に調節されている。

[*1] 運搬するアミノ酸の種類によって tRNA の塩基配列，立体構造が異なる。

[*2] リボソームは電子顕微鏡でなければ観察することができず，このような細胞小器官の大きさは S（沈降定数，超遠心分離機による沈降速度）で比較する。

[*3] 塩基のなかでアデニン（A），グアニン（G）をいう（図 9-1）。

[*4] 塩基の中でチミン（T），シトシン（C），ウラシル（U）をさす。

(1) プリンヌクレオチドの代謝

プリンヌクレオチドである AMP や GMP は、ペントースリン酸側路から供給される α-D リボース 5′-一リン酸を出発物質とする。5-ホスホリボシル 1-ピロリン酸（PRPP）を経て、途中のイノシン 5′-一リン酸（inosine 5′-monophosphate, IMP）の段階から AMP [*1] と GMP [*2] に分かれる。肝臓でのプリンヌクレオチドの生合成は数段階にもわたり厳重に調節されている。図 9-7 にプリン核を構成する原子の由来を示した。

[*1] アデニル酸。アデニン、リボース、リン酸が結合したもの（図 9-1）。

[*2] グアニル酸。グアニン、リボース、リン酸が結合したもの（p.147、図 9-1 参照）。

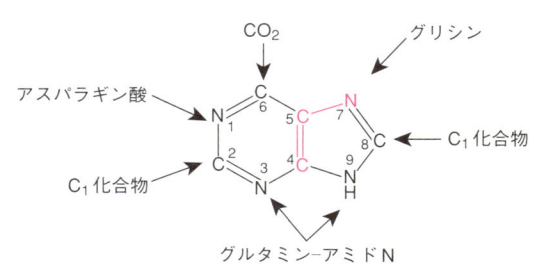

図 9-7　プリン核を構成する原子の由来

(2) ピリミジンヌクレオチドの代謝

5-ホスホリボシル 1-ピロリン酸（PRPP）はピリミジンヌクレオチドの生合成にも利用されている。シチジンとウリジンは生体内で再利用されている。

9-4 タンパク質の生合成

(1) DNA の複製

DNA は生物にとって重要な遺伝情報をもっている。細胞が分裂するときには、旧 DNA と全く同じ新しい DNA を正確につくる必要がある。DNA の複製は、複製起点（replication origin）と呼ばれる DNA の特定の位置から開始される。プライマー[*3] と呼ばれる短い核酸が鋳型となる旧鎖 DNA 一本と相補的に向き合い、その端の 3′末端に次つぎに 5′-デオキシリボヌクレオチド-三リン酸を結合する。このとき、旧 DNA の二本鎖のおのおのが鋳型となる。

DNA の複製は、まず DNA の二本鎖の水素結合[*4] が離れ、二本鎖 DNA の一部がほどけることから始まる。この形を複製フォーク（replication fork）という。DNA の一部が一本鎖になった旧 DNA に対し、相補的に新しい一本鎖 DNA が形成されていく。おのおのの一本鎖に対し同時に新鎖が形成される。二本の旧鎖はいずれも新しい鎖の鋳型として働く。5′→3′の方向に新鎖が伸びていくものをリーデング鎖（leading

[*3] primer。反応の開始に必要な構造、物質。

[*4] 相補性をもつ塩基と塩基の間は水素結合で結ばれている。2 本の水素結合をもつものはアデニンとチミンである。グアニンとシトシンの間には 3 本の水素結合がある。

strand）という。これに対し，もう一方の鎖は複製フォーク（replication fork）とは逆の 5'→3' 方向に短鎖をつくり，後で鎖が互いにつなぎ合わされる。この短い鎖は，発見者の名前から岡崎フラグメント[*1]（Okazaki fragment）と呼ばれる。岡崎フラグメントがつなぎ合わされた長い鎖をラギング鎖（lagging strand）という。

DNA 新鎖の合成では，つくられつつある鎖の末端に 4 種類の 5'-デオキシヌクレオチド-三リン酸（dATP, dGTP, dCTP, dTTP）を次つぎに結合していく。この反応を触媒するのは Kornberg によって発見された DNA ポリメラーゼ（DNA polymerase）という酵素である。

基質のヌクレオチドが結合するときに，三リン酸の端のリン酸 2 分子がピロリン酸[*2]としてはずれる。DNA ポリメラーゼは 2 本の DNA 鎖を同時に合成する。新しくつくられた 1 本の DNA 鎖と鋳型となっ

[*1] 岡崎令治の研究によって明らかになった。

[*2] リン酸 2 分子が脱水結合したものをピロリン酸（pyrophosphate, PPi）という。

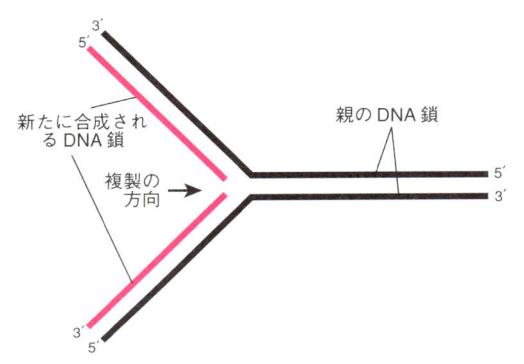

図 9-8 DNA の半保存的複製
もとの DNA の二本鎖が 1 本ずつに分かれ，おのおのの 1 本鎖に相対的な鎖が新しく合成される。この場合に 3' と 5' は逆方向となる。

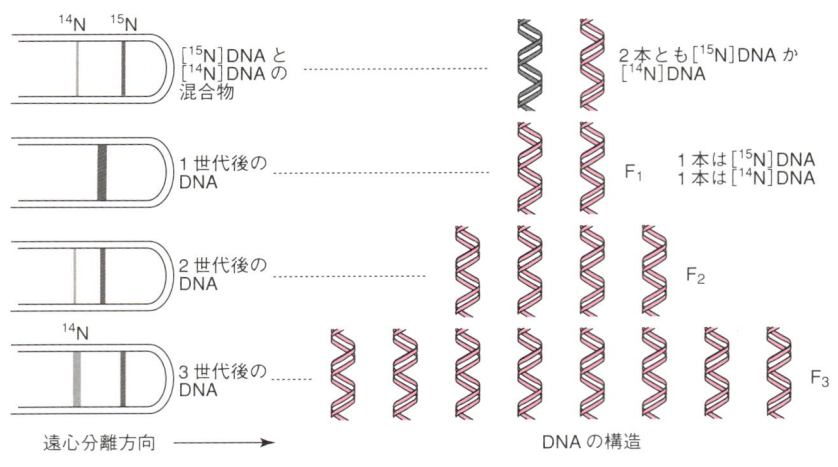

図 9-9 DNA の複製
Meselson と Stahl の実験である。大腸菌を ^{15}N を含む培地中で培養し，^{15}N をもつ DNA を含む菌を得た。この菌をふつうの ^{14}N を含む培地へ戻し，分裂を 1 回，2 回，3 回行った。この実験から細胞分裂でおこる DNA の複製はもとの二本鎖が 1 本ずつにわかれ，おのおのの相手となる DNA 鎖が新しく合成される半保存的複製であることが明らかになった。

た1本の旧鎖DNAが相補的に水素結合を形成し、二重らせん構造となる。このような複製を半保存的複製（semiconservative replication）という（図9-8）。この方法では新しく形成されたDNAのなかに必ず旧鎖DNAの1本が入っている。親細胞からできる二つの娘細胞には、それぞれ新鎖・旧鎖1本ずつからなるDNAが入っていることになり、親細胞から娘細胞へと遺伝形質を伝えていく（図9-9）。

(2) mRNAの生成

DNAの持っている塩基配列を読みとり、RNAを合成する。転写[*1]は、DNAの一部だけで行なわれる。DNAの二重らせん構造の一部がほどけ、2本鎖の1本に相補的に塩基が配列し、RNAポリメラーゼ[*2]によって結合する。この基質は5′-リボヌクレオチド-三リン酸（ATP、GTP、CTP、UTP）である。DNAの2本鎖のどちらの鎖でも、相補的にRNAがつくられる。RNAの鋳型となるのは1本鎖DNAの一部である（図9-10）。鋳型となる鎖を鋳型鎖（template strand）という。RNA合成ではDNAとは異なり、プライマー[*3]を必要としない。RNAが合成される方向は常に5′→3′である。

転写で合成されたRNA鎖がmRNAとして働くためには、加工が必

[*1] transcription。DNAの塩基配列として書かれている遺伝情報の一部をRNAの塩基配列に写しとること（p.151参照）。

[*2] RNA polymerase。真核生物では3種類（I、II、III）ある。RNAポリメラーゼIは核小体に、RNAポリメラーゼII、IIIは核質に存在する。

[*3] primer。反応の開始に必要な物質、構造をいう（p.153参照）。

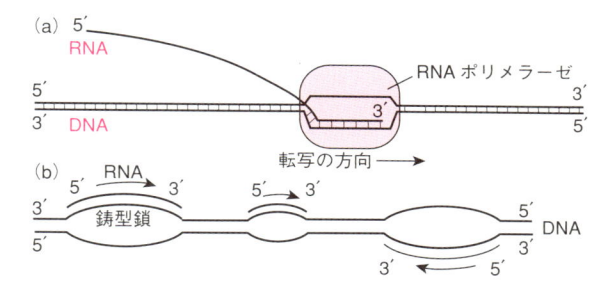

図9-10 RNAポリメラーゼによるDNAの転写と鋳型鎖

(a) DNAの二重らせん構造の一部がほどけた1本鎖の一部に相補的にRNAが合成される。この時働く酵素はRNAポリメラーゼである。
(b) DNAの1本鎖の一部が鋳型となりRNAが合成される。

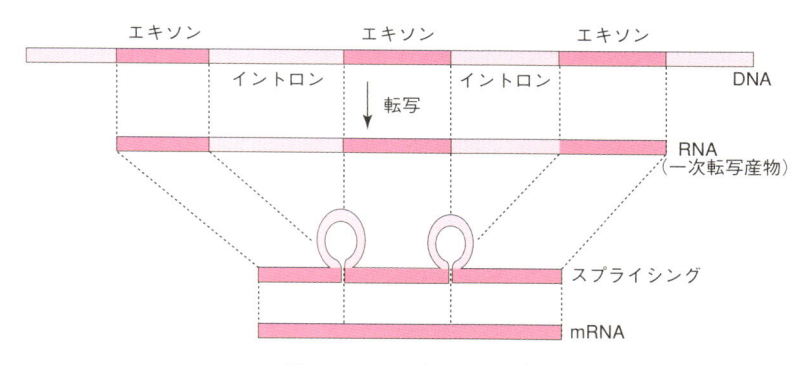

図9-11 スプライシング

DNAを転写してできたRNA（一次転写産物）から、不要なイントロンを除去することをスプライシングという。スプライシングによりエキソンだけが接続しmRNAとなる。

要である。この過程をプロセシング（processing）という。DNAを鋳型としてRNAが合成されるが，RNAの情報部分をエキソン（exon），非情報部分をイントロン（intron）という。イントロンが除かれ，エキソンだけが結合していく。これをスプライシング（splicing）という（図9-11）。このようにして必要な塩基配列だけをもったmRNAがつくられる。

（3）遺伝暗号

アミノ酸は約20種類であるが，タンパク質合成の情報をもつ核酸の塩基は4種類である。塩基のもつ情報をアミノ酸に変換するときには，塩基3個のもつ情報がアミノ酸1個に変換する。塩基3個の配列によって，合成されるアミノ酸が決定される。表9-3（p.151）に示すように，AUGはタンパク質の合成開始の命令をだすコドンであり，このコドンが現れるとタンパク質の合成が開始される。そしてAUGから3塩基ごとにアミノ酸の合成の暗号を読みとっていく。この読みとり枠をフレーム（reading frame）という。

一方AUGはメチオニンを示すコドンでもある。またUAA，UAG，UGAの三種類のコドンはタンパク質合成の終了を命令するコドンである。mRNAはその暗号のすべてが読みとられるわけではなく，開始コドンから終了コドンまでが読みとられ，これに対応するタンパク質が合成される。この開始コドンから終了コドンまでの塩基配列をオープンリーデングルーム（open reading room）という。64個のトリプレットのうちアミノ酸に対応するのは61個なので，一種類のアミノ酸に対して複数のコドンが存在する。

（4）tRNAの働き

リボソームの表面でタンパク質が合成される場合に，活性化されたアミノ酸を運搬するtRNA[*1]が必要である。tRNAは特定のコドンと相

*1 tRNAは生体内では立体的な三次構造をしている。この構造を塩基を主にして平面にあらわし水素結合を近づけて書くと，クローバーの葉のような形になる。p.152，図9-6参照。

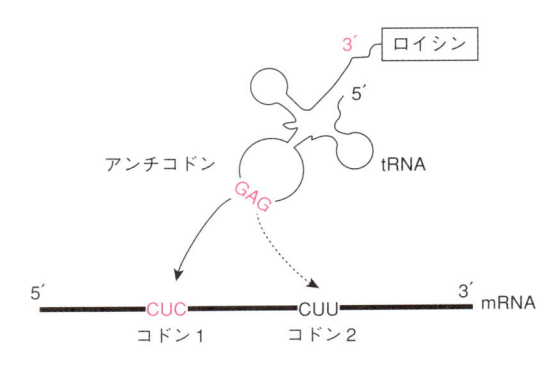

図9-12　コドンとtRNAのアンチコドン

mRNA上のコドンに対応するアンチコドンをもつアミノアシルtRNAが向き合い，アミノ酸が連結することによりタンパク質となる。タンパク質のアミノ酸配列はmRNA上の塩基配列を読みとったものとなる。

補的に結合するアンチコドン*¹ をクローバ状のアンチコドンループにもち，アンチコドンにより決められた活性アミノ酸を tRNA の 3'-末端に結合したアミノアシル tRNA の形で，指定されたアミノ酸の運搬を担当している（図 9-12）。

（5）リボソームにおけるタンパク質の生合成

核酸のもっている情報をタンパク質に変換することを翻訳（translation）といい，翻訳は mRNA の 5'→3' 方向に進むが，この場合ポリペプチドの合成は N 末端から C 末端に向かって行われる。

真核生物では転写*² とプロセシング*³ は核のなかで行われ，翻訳*⁴ は細胞質ゾルで行われる。リボソームは二種類のサブユニットからなる。真核生物の細胞質では 60S と 40S のサブユニットから 80S のリボソームが構成されている。

翻訳の始まりは，まずリボソームが mRNA の 5' 末端と結合し，mRNA の 3' 方向に移動していく。リボソームが最初に出会った AUG の開始コドンが，開始の合図となって塩基の読みとりが開始する。アミノアシル tRNA *⁵ によって運搬されてきたアミノ酸は，次つぎに縮合しペプチドを合成していく。1 本の mRNA に多数のリボソームが結合し，同時に同じポリペプチドを多数生合成する。1 本の mRNA に多数のリボソームが結合したものをポリソーム（polysome）という。

*1 コドンとアンチコドンはおのおのの塩基が相補的に対応する。mRNA 上のコドンに対応する tRNA が配置されることになる。したがって tRNA が運搬してくるアミノ酸の並ぶ順番は mRNA の塩基配列によって決定される。

*2 transcription。DNA の塩基配列として書かれている遺伝情報の一部を RNA の塩基配列に写しとること（p.151 参照）。

*3 processing。転写で DNA を鋳型として合成された RNA を加工して mRNA とすること（p.155, 156 参照）。

*4 translation。核酸のもっている情報をタンパク質に写しとること。

*5 aminoacyl tRNA。tRNA の 3' 末端にアミノ酸を結合したもの。p.152, 図 9-6 参照。

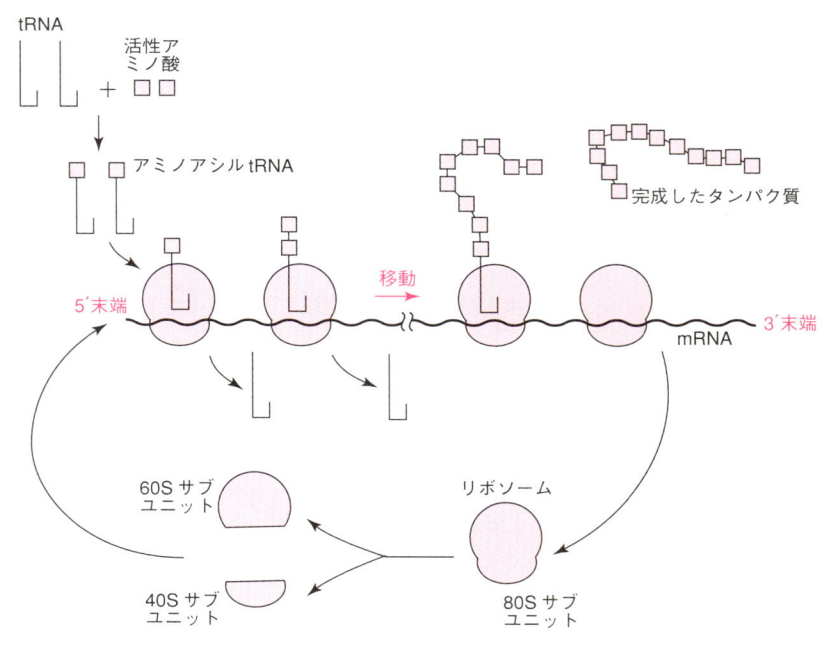

図 9-13 ペプチド合成におけるポリソーム
mRNA に多数のリボソームが結合したものをポリソームという。リボソームは mRNA 上を移動する。コドンの塩基配列に従って，アミノアシル tRNA が活性アミノ酸を運搬してくる。このアミノ酸が結合してタンパク質となる。

コドンの数は 61 種類あるが，細胞内にはこれに対応する tRNA が存在する。おのおのの tRNA は対応するアミノ酸を mRNA の 3'側に結合する。これがアミノアシル tRNA である。tRNA は約 80 個の塩基をもっており，その底部にアンチコドンと呼ばれる塩基の組み合わせをもっている。これが mRNA 上のコドンと相補的に向き合う（図 9-12）。アミノアシル tRNA が運搬してきたアミノ酸は，次つぎに縮合してポリペプチドとなる。このようにして 1 本の mRNA から同時に，同じ多数のポリペプチドが合成される（図 9-13）。

9-5 遺伝子発現の調節と遺伝子操作

(1) 遺伝子発現の調節

遺伝子はすべてが発現するのではなく，その一部が発現している。この発現の調節は，生物にとって形質の決定や生体内でのタンパク質合成を規定するので，極めて重要である。遺伝子発現の調節は転写レベルと翻訳レベルが考えられるが，主に転写の段階で行われている。

(2) 遺伝子操作

さまざまな生物の DNA の塩基配列が明らかになるにつれ，これを用いた新しい研究が始まった。従来は新しい品種をつくる場合には，種のかけ合わせを行っていたが，この方法では膨大な時間と手間がかかる。遺伝子を改変することにより人類に有用な新しい作物をつくる研究が進められた。遺伝的におこる病気の原因を解明し，あらかじめ遺伝子に操作を加えることによって発病を防止しようという研究も行われている。例えば病気の治療に有効なホルモンなどのタンパク質を安価に大量につくろうという試みも行われるようになった[1]。このような研究の考え方は，農芸化学[2]や医学の分野で大きな研究の流れになっている。

人だけではなく，あらゆる生物のゲノム研究は世界中で進められている。特定の塩基配列をもつ DNA を多量につくりだす技術を，遺伝子のクローニング（cloning）という。特定の DNA 配列をとりだし，これを改変する技術を組換え DNA 技術（recombinant DNA technology）という。組換え DNA 技術には，いくつかの基本的な実験段階がある。DNA の分離，特定配列における DNA の切断，DNA 断片の連結，宿主細胞への DNA の導入，DNA の複製と発現，組換え体をもつ宿主細胞の同定などである。これらの方法を組み合わせて遺伝子操作が行われている。

[1] 人インスリンや成長ホルモンはすでに大腸菌（*E. coli*）を用いて作られ，使用されている。

[2] 遺伝子組換え食品などはこの例である。

10 個体の調節機能と恒常性

10-1 生体における細胞間の情報伝達

　人のからだは，分化した多種多様な細胞と，それらから構成される器官群で成りたつ。個体としての生命が維持されるためには，それぞれの細胞や器官が固有の機能を果たすと同時に，それぞれが中枢の支配下で相互に連絡をとり合い，全体の調和が保たれなければならない。このような調和のとれた状態を生体の恒常状態といい，これを可能にする性質を生体の恒常性の維持（homeostasis）という。恒常性を維持するためには，外界からの刺激，各臓器や体液の変化などの情報が中枢へ伝達され，次いで中枢から各臓器へと指令の伝達が不可欠である。

　これらの情報伝達には神経系を介するものと，ホルモン（内分泌系）などの液性因子を介するものとがある。両者は情報の伝達速度や伝達の

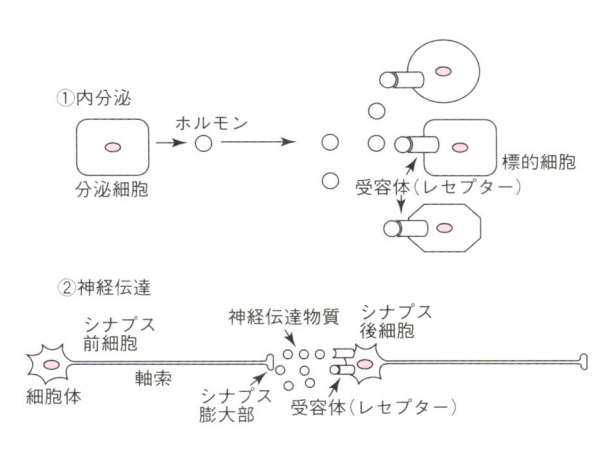

図10-1　細胞間の情報伝達
内分泌と神経伝達は，情報伝達の標的となる細胞の範囲と伝達の距離，情報伝達に用いられる物質の種類などで大きく異なるが，細胞から細胞へ化学物質により信号を伝達する，という意味ではよく似た機構といえる。

標的細胞の範囲などに大きい違いがみられるが,いずれも細胞間に伝達を担う化学物質が存在し,それを受容する受容体タンパク質が存在するという点では,似たような機構であるといえる(図10-1)。

また,生体内には種々の外来異物が侵入し,それが生体の恒常性を撹乱する場合がある。"異物"には,細菌やウイルスなどのほかに多種多様な化学物質があるが,生体内にはそれらを排除し,無毒化するための免疫系などの生体防御機構がある。

10-2 神経系による情報伝達

神経系による情報伝達には,求心性の経路—末梢の感覚器から外界の刺激や内臓の状態を中枢に伝達する働きと,遠心性の経路—中枢から末梢の器官へ制御する情報を伝達する働きとがある。それぞれの経路の情報の統御は中枢神経系が担っている。情報伝達の機構としては,個々の神経細胞(neuron)内の"興奮の伝導"と神経細胞間の"興奮の伝達"とがある。

(1) 活動電位と興奮の伝導

神経細胞は刺激により興奮し,それを伝導する働きをもつ。神経細胞は図10-2に示すように,神経細胞体・樹状突起・軸索・終末部から構成される。軸索の周囲が髄鞘[*1]で覆われているものが有髄神経,髄鞘の無いものが無髄神経である。神経の興奮の伝導はその電気的な性質によって行われる。神経細胞の内部は細胞外部に対して負の電位をもっている。細胞が興奮せず静止した状態にあるときの細胞膜内外の電位差を静止(膜)電位といい,約 $-60 \sim -80$ mV である(図10-3)。

[*1] ミエリン(myelin)ともいう。神経軸索をとり巻き状に重層するSchwann細胞からなる膜系で,絶縁体として神経興奮伝導を助けている。

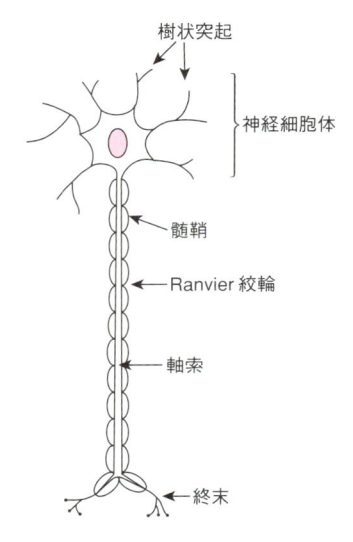

図10-2 神経細胞(ニューロン)の構造

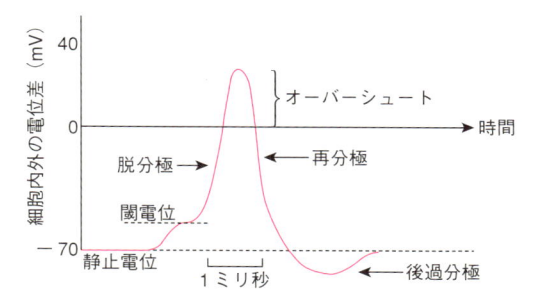

図10-3 神経興奮時の膜電位の変化

神経細胞の膜電位（膜内外の電位差）は非興奮時には－70mVであるが，ある一定レベル以上の刺激を受けると急激に電位差が小さくなり（脱分極），ついには電位が逆転して一瞬＋30～35mVの値をとり，再び急激にもとの電位差に戻る（再分極）という変化がおこる。この一瞬の電位変化が活動電位であり，神経の興奮の本体である。

神経に刺激が加えられ，興奮が生じると徐々に膜電位の減少（脱分極[*1]）がおこり，ある一定レベルを超えると急激に脱分極が進行する。この電位レベルを閾（膜）電位といい，そのあとの電位変化を活動電位という。この活動電位は急速（約1ミリ秒）に変化するスパイク電位と，その後のゆっくりとした電位変化の後電位からなる。スパイク電位では，膜電位の減少ののち，電位の反転（－→＋）がおこり＋30～35mVに達する。その後すぐに再び脱分極がおこり，電位の再反転が現われ，最初の静止電位よりも大きく－（マイナス）の値をとった（後過分極）のち，静止電位の値に復帰する。

このような膜電位の変化は刺激を受けたときに細胞膜のNa^+チャネル（sodium ion channel）が開き，Na^+の透過性が一時的に亢進し，細胞外に高い濃度で存在するNa^+が濃度勾配にしたがって流入するためにおこる。

神経細胞の細胞膜の一部が興奮して活動電位が発生すると，隣接部との電位差が生じ，そこに電流が流れる（局所電流）。この電流は細胞外では静止部→興奮部，細胞内では興奮部→静止部の方向に流れるため，隣接部では細胞内→細胞外に電流が流れることになる。そのため，隣接部も脱分極して活動電位を発生する。このように，一箇所の興奮が次つぎに隣接部の脱分極を引きおこすことにより，神経軸索を興奮が伝導することになる（図10-4①）。

この局所電流の出入りは，有髄神経の場合，髄鞘部では絶縁性が高いためにおこらず，髄鞘に覆われていない細胞膜部位（Ranvier絞輪）でのみ発生する。その結果，活動電位は髄鞘部を跳び越えRanvier絞輪伝いに発生することになる。この現象を跳躍伝導といい，伝導速度は無髄神経での神経伝導に比べて，数倍から100倍以上と極めて速くなる（図10-4②）。

[*1] p.163の*1を参照。

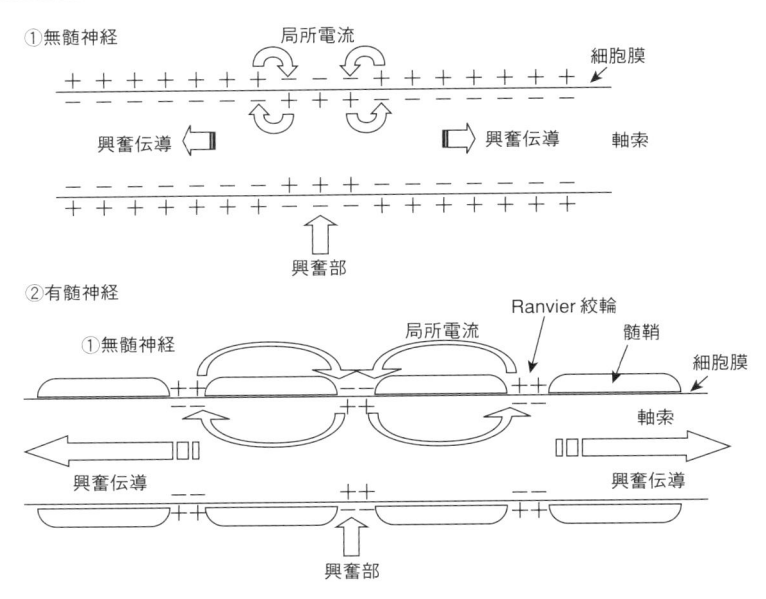

図 10-4 無髄神経・有髄神経の興奮伝導の違い
① 無髄神経では一部に発生した興奮（活動電位）により隣接部との電位差から局所電流が生じ，これが隣接部での脱分極・活動電位を引きおこす。この活動電位がさらに隣接部の脱分極を引きおこし，と次つぎに興奮が膜に沿って伝播していく（興奮の伝導）。
② 有髄神経では，髄鞘という絶縁体があるため，興奮に伴う局所電流は髄鞘のない部分（Ranvier 絞輪）でしかおこらず，興奮は髄鞘を跳び越えて伝導することになり，その伝導速度は無髄神経の場合よりもずっと速い（跳躍伝導）。

(2) シナプス伝達

興奮がひとつの神経細胞（シナプス前細胞）から他の細胞（シナプス後細胞）に伝えられることを興奮の伝達という。興奮の伝達は神経細胞→神経細胞以外にも，神経細胞→筋細胞でもおこる。興奮の伝達される部位はシナプス（synapse）という数 10 nm ほどの細胞間隙であり，この部分には組織的な結合は無い（図 10-1）。シナプス前細胞の軸索末端にはシナプス小頭という膨大部があり，このなかには内部にシナプス伝達に関与するアセチルコリン（acetylcholine），ノルアドレナリン（noradrenaline），ドーパミン（dopamine），セロトニン（serotonin）[*1]などの神経伝達物質を含む顆粒（シナプス小胞）が多数存在する。

シナプス前細胞に神経の興奮が伝導され，シナプス小胞に活動電位が到達すると，電位依存性の Ca^{2+} チャンネル（channel）が開いて，細胞外の Ca^{2+} が細胞内に流入する。Ca^{2+} はシナプス小胞の細胞膜への融合と，小胞内の神経伝達物質のエキソサイトーシス[*2]による放出を促進する。放出された神経伝達物質はシナプス後細胞の細胞膜にある受容体に直ちに結合する。神経伝達物質受容体には，① それ自体がイオンチャンネルの構造を有するもの（アセチルコリン受容体など），② 受容体からの細胞内情報伝達によりイオンチャンネルタンパク質の機能調節をするもの（ノルアドレナリン受容体など）がある。

[*1] 主な神経伝達物質とその構造

$CH_3-CO-O-CH_2CH_2-\overset{+}{N}(CH_3)_3$
アセチルコリン

HO-C6H3(OH)-CH(OH)-CH_2-NH_2
ノルアドレナリン

HO-C6H3(OH)-CH_2-CH_2-NH_2
ドーパミン

(5-ヒドロキシインドール)-CH_2-CH_2-NH_2
セロトニン

[*2] exocytosis，細胞の膜能動輸送のうち，細胞から外への輸送のことで，開口分泌ともいう。

神経伝達物質の受容体への結合により，受容体の立体構造が変化し，上記①または②の機構で，Na⁺チャンネルが開き，細胞内にNa⁺が流入する。その結果，シナプス後細胞でも脱分極*¹がおこり，興奮が伝導される。

受容体に結合した後の神経伝達物質は，分解・拡散・エンドサイトーシス*²によるシナプス前細胞への再吸収などにより，シナプス間隙から除去される。

*1 膜脱分極ともいう。細胞は負の静止電位をもち，膜の内側は負に分極している。イオンチャンネルの開閉により膜電位が正の方向に変化することを脱分極（dopolarization）という。

*2 endocytosis，細胞膜の突出または陥入による小胞を介して細胞が外環境から種々の物質をとり込む機構，飲作用ともいう。

10-3 内分泌系による情報伝達

内分泌系による情報伝達は，内分泌腺で合成され分泌されるホルモン（hormone）が血流を介して標的器官に到達し，その器官の代謝活動などを調節するという情報伝達の方式をとる。末梢の器官での代謝の状態についての情報は，主に体液成分の変化として中枢神経系またはそれぞれの分泌器官で検出され，それを基にした分泌制御が行われる（→フィードバック調節）。内分泌系での生体調節は神経系と全く別個に行われるわけでなく，神経系（とくに自律神経系）と協調している場合が多い。

ホルモンと同様に体液を介して，細胞間情報伝達に関与する因子としてサイトカイン（cytokine）と総称される物質群がある*³。ホルモンとの違いは，産生臓器があまり限局されないことと，分子量が比較的大きめであること（分子量1万～数万のものが多い）が挙げられるが，そ

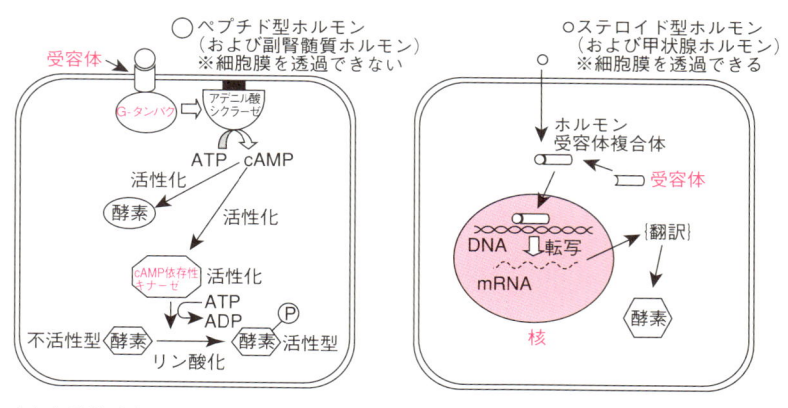

*3 サイトカインはもともと免疫系細胞から放出される制御因子として見出されたもので，インターフェロン・インターロイキン・コロニー刺激因子・増殖因子などに分類される。また，近年，脂肪細胞もレプチン・アディポネクチンなど各種のサイトカイン類を分泌していることが知られ，これらはとくにアディポサイトカインと称される。

(a) 細胞膜受容体型ホルモンの情報伝達　　(b) 細胞内受容体型ホルモンの情報伝達

図10-5　それぞれのホルモン受容体とその細胞内情報伝達経路

(a) ペプチド型のホルモンや副腎髄質ホルモンの受容体は細胞膜表面にある。受容体からの信号伝達経路の代表的なものは，受容体とホルモンの結合→Gタンパク質の活性化→アデニル酸シクラーゼの活性化→合成されたcAMPによるさまざまなタンパク質の活性化を行う。cAMPにより活性化されるタンパク質の代表は，cAMP依存性タンパク質キナーゼ（A-キナーゼ）で，これが各種のタンパク質をリン酸化により機能調節している。
(b) ステロイド型ホルモンや甲状腺ホルモンなどの受容体は細胞内（および核内）にある。これらの受容体は転写因子であり，ホルモンとの結合により活性化され，遺伝子の転写を促進する。

の作用面はホルモンと厳密に区別することは難しい。

（1）ホルモンの種類と性質

ホルモンは細胞間の情報伝達の機能をもつ，という点では前述の神経伝達物質と類似しており，その化学構造から，ペプチド（タンパク質）型，ステロイド型およびアミノ酸・アミン型に分類できる（表 10-1）。ホルモンの分泌量は，一般に $10^{-6} \sim 10^{-12}$ M 程度と極めて微量である。

（2）ホルモンの標的細胞での作用機構

ホルモンは標的細胞に存在する特異的な受容体に結合することで，初めてその作用を発揮する。受容体の局在とその後の信号伝達の経路は，大別して二通りがある（図 10-5）。

表 10-1　ホルモンの種類と主な生理作用

分泌器官	ホルモン名	構造	生理機能
視床下部	甲状腺刺激ホルモン放出ホルモン（TRH）	P	TSH 分泌促進
	黄体形成ホルモン放出ホルモン（LHRH）	P	LH，FSH 分泌促進
	成長ホルモン放出因子（GRF）	P	成長ホルモン分泌促進
	成長ホルモン分泌抑制因子（ソマトスタチン；SRIF）	P	成長ホルモン分泌抑制
	プロラクチン放出ホルモン（PRH）	P	プロラクチン分泌促進
	プロラクチン放出抑制ホルモン（PIH）	P	プロラクチン分泌抑制
	副腎皮質刺激ホルモン放出ホルモン（CRH）	P	ACTH 分泌促進
下垂体前葉	成長ホルモン（GH）	P	成長促進，タンパク質合成促進，脂肪分解促進
	甲状腺刺激ホルモン（TSH）	P	甲状腺の発育・甲状腺ホルモンの合成・分泌促進
	副腎皮質刺激ホルモン（ACTH）	P	副腎皮質ホルモンの合成・分泌促進
	卵胞刺激ホルモン（FSH）	P	卵胞発育促進
	黄体形成ホルモン（LH）	P	黄体の発育・維持，卵胞成熟
	プロラクチン（PL）	P	乳腺の発育，乳汁分泌
下垂体中葉	メラニン細胞刺激ホルモン（MSH）	P	メラニン色素沈着（人では機能不明）
下垂体後葉	抗利尿ホルモン(ADH,バソプレッシン(VP)ともいう)	P	利尿抑制作用
	オキシトシン（OXT，OT）	P	乳汁分泌・子宮収縮
甲状腺	チロキシン（T4），トリヨードチロニン（T3）	A	基礎代謝の亢進・成長促進
	カルシトニン（CT）	P	骨 Ca の放出抑制⇒血中 Ca 低下
副甲状腺	副甲状腺ホルモン（PTH，パラチリンともいう）	P	骨 Ca の放出促進⇒血中 Ca 増加
松果体	メラトニン	P	性腺の機能・発育の抑制
膵臓	インスリン	P	組織でのグルコース取り込み促進⇒血糖値低下
	グルカゴン	P	グリコーゲンの分解促進⇒血糖値上昇
副腎髄質	アドレナリン，ノルアドレナリン	A	血糖値上昇・血圧上昇
副腎皮質	グルココルチコイド	S	肝臓の糖新生促進⇒血糖値上昇・炎症抑制作用
	ミネラルコルチコイド	S	Na^+ 再吸収促進・ K^+ 排泄促進
精巣	アンドロゲン，テストステロン	S	男性の生殖機能維持・第二次性徴発現
卵巣	エストロゲン	S	女性の生殖機能維持・第二次性徴発現・性周期維持
胎盤	絨毛性性腺刺激ホルモン（HCG）	P	妊娠維持
消化管	ガストリン	P	胃液分泌促進
	コレシストキニン（CCK）	P	膵液分泌促進
	セクレチン	P	膵液分泌促進

構造の P：タンパク質・ペプチド型，S：ステロイド型，A：アミノ酸・アミン型

| 受容体が細胞膜にあるタイプ |

タンパク質・ペプチド型ホルモンおよびカテコールアミンなどが，これに当てはまる。この場合には，細胞内のタンパク質の修飾による質的変化により代謝調節を行う。

① 細胞膜に組み込まれている受容体に，これらのホルモンが結合する（ホルモン受容体複合体）。
② 細胞膜内側で受容体に結合しているG-タンパク質[*1]が活性化される。
③ 活性化したG-タンパク質は，膜タンパク質であるアデニル酸シクラーゼ（情報伝達に重要な役割をもつ）を活性化する。
④ アデニル酸シクラーゼの作用により，ATPからサイクリックAMP（cyclic AMP, cAMP）[*2]が合成される。
⑤ cAMPは，細胞内の多くのタンパク質を活性化する。そのなかには，cAMP依存性タンパク質キナーゼがあり，この酵素により種々の酵素などのタンパク質がリン酸化される。
⑥ 多くのタンパク質は，リン酸化により活性化される。その結果，活性化された酵素により代謝調節がなされる。

| 受容体が細胞内にあるタイプ |

ステロイドホルモンおよび甲状腺ホルモンなど脂溶性の高いホルモンがこれに当てはまる。この場合には，新たなタンパク質合成による量的変化で代謝調節を行うといえる[*3]

① ホルモンは細胞膜（および核膜）を透過し，細胞内（および核内）に存在する受容体と結合し（ホルモン受容体複合体），これを活性化する。
② 活性化された受容体は核内の遺伝子の特異的な部位に結合し，転写の調節を行う（DNAの転写によりmRNAを生成する）。

10-4 生体内の恒常性の維持

（1）フィードバック機構による調節

恒常性の維持には，これまで述べたような器官どうし，細胞どうしの情報伝達が必要であり，これらを介して相互に促進・抑制の機能調節を行っている。調節の統合には，3章で述べたようなフィードバック機構（p.38参照）がしばしば働いている。例として，下垂体前葉ホルモン分泌の負のフィードバック調節について説明する。

下垂体前葉からの，性腺刺激ホルモン（GTH）[*4]，副腎皮質刺激ホルモン（ACTH），甲状腺刺激ホルモン（TSH）などの分泌は，分泌され

[*1] G-タンパク質：GTP結合タンパク質の略称で，GTP結合性と水解活性を合せもつタンパク質群である。結合するグアニンヌクレオチドがGTP⇔GDPの相互変換することでタンパク質分子の立体構造が変化し活性調節を行う。簡単に言うと，GTPの結合により，スイッチONになり，GDPに分解することでスイッチOFFになる。本文で述べている場合のG-タンパク質は，"三量体型G-タンパク質"といわれるもので，α・β・γのサブユニット構造をもつ。このタイプ以外に"低分子量G-タンパク質"といわれるグループもあり，これらも細胞内の信号伝達やさまざまな調節機構に関与している。

[*2] サイクリックAMPのような分子を，ホルモンに続く信号伝達の担い手，ということでセカンドメッセンジャー（2nd messenger）という。セカンドメッセンジャーには他に，イノシトール1,4,5-三リン酸，cGMPなどがある（AMPの構造はp.148，図9-3参照）。

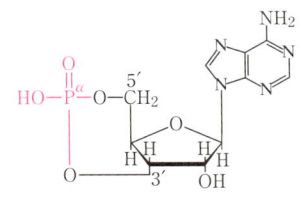

サイクリックAMPの構造

[*3] 実際のところ，cAMPによって活性化される転写因子もあるので，cAMP依存性の信号伝達は酵素の質的・量的両方の変化をもたらすことになる。

[*4] ゴナドトロピン（gonadotropin）ともいう。黄体形成ホルモン（LH）と卵胞刺激ホルモン（FSH）とは協同して作用するため，一括して性腺刺激ホルモンという。

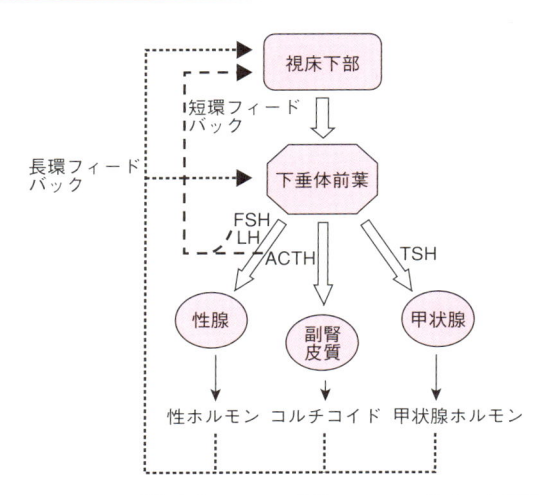

図 10-6 下垂体前葉ホルモン分泌のフィードバック調節

下垂体前葉ホルモンは負のフィードバックにより分泌調節されている。上位中枢である視床下部からの刺激により下垂体から分泌される FSH, LH, ACTH (p.164, 表 10-1 参照) などは視床下部にも作用して下垂体への刺激を抑制し、それらホルモン自体の分泌を低下させる（短環フィードバック）。また FSH, ACTH などの作用で分泌される性ホルモン、コルチコイドなども同様に視床下部に抑制的に作用する（長環フィードバック）。TSH：甲状腺刺激ホルモン（表 10-1）。

たホルモン自体の作用により分泌が抑制される。この抑制には 2 つのパターンがある（図 10-6）。

① 性腺刺激ホルモンや ACTH が、下垂体前葉の上位中枢である視床下部に作用することで分泌を抑制させる（短環フィードバック）。

② 下垂体前葉ホルモンの標的器官である内分泌腺からのホルモンが視床下部に作用して、各内分泌腺の刺激ホルモンの分泌を抑制させる（長環フィードバック）。ACTH の場合には、この作用によって分泌されたコルチコイドが視床下部に作用して副腎皮質刺激ホルモン放出ホルモン（CRH）の分泌を抑制する[*1]。

恒常性維持の機構では、随所でこのようなフィードバックによる（多くは負のフィードバック）調節が用いられている（(2)の血糖値の維持（p.169 参照），(3)の体温の恒常性の維持（p.170 参照）の項を参照）。

(2) 体液中の電解質のバランスと酸塩基平衡

体液とは体内の液体成分の総称であり、細胞外液と細胞内液とに区分される（図 10-7）。成人男子の体内の水分量は体重の約 60 % であり、細胞内液がその 2/3（体重の 40 %）を占める。残りの 1/3（体重の 20 %）が細胞外液であり、その 1/4 が血漿、3/4 が間質液である。

体液（体重の60%）｛細胞外液（体重の20%）｛血漿（体重の5%）／間質液（体重の15%）｝／細胞内液（体重の40%）｝

図 10-7 成人男子の体液組成

[*1] TSH には短環フィードバックはなく、もっぱら長環フィードバックにより調節されている。

10 個体の調節機能と恒常性

体液の性状を一定に保ち，細胞外液の浸透圧，特定の電解質濃度およびpHを一定に維持することが，生体の恒常性の維持を保つ上で極めて重要である。

細胞外液量と浸透圧の維持

細胞外液の浸透圧は（総Na^+量＋総K^+量）／総水分量に比例するので，これらの電解質や水分の体内への出入りのバランスが崩れると，浸透圧に変化が生じる。浸透圧の維持は，主として下垂体後葉ホルモンであるバソプレッシン（vasopressin, VP）の作用と口渇による。血漿の浸透圧が上昇するとバソプレッシンの分泌が上昇し，腎尿細管での水の再吸収が促進され，水分が保留される。一方，浸透圧の上昇は口渇を引きおこし，摂水量が増加する。その結果，細胞外液量が増加することで希釈され，浸透圧は低下する（図10-8）。浸透圧が低下するとバソプレッシン分泌は抑制され，水分が過剰に保留されることはない。

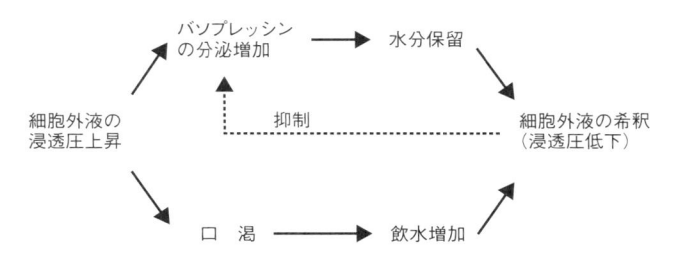

図10-8 バソプレッシンによる細胞外液浸透圧の調節
体内の水分量が減少し細胞外液の浸透圧が上昇すると，下垂体後葉ホルモンのバソプレッシンの分泌が増加される。バソプレッシンは腎尿細管での水分再吸収を促進し，体内の水分保留を高め，細胞外液の浸透圧を低下させる。

Na^+は細胞外液の主な電解質であり，その濃度は細胞外液量の調節に中心的な役割を果たす。下痢・熱射病・重症アシドーシス（後述）などの際，糞便・汗・尿中に体内から多くのNa^+が失われると，細胞外液は顕著に減少し，脱水症状を呈し血圧が低下する。

特定の電解質濃度の調節

細胞外液中の主な電解質としては，Na^+以外に，Cl^-，Ca^{2+}，Mg^{2+}，HCO_3^-（重炭酸イオン）などがあり（表10-2），さまざまな調節機構により，

表10-2 細胞外液中の主な電解質のおよその濃度

電解質	濃度（mEq/lH$_2$O）
Na^+	142
Cl^-	105
Ca^{2+}	5
K^+	4
Mg^{2+}	1.7
HCO_3^-	27

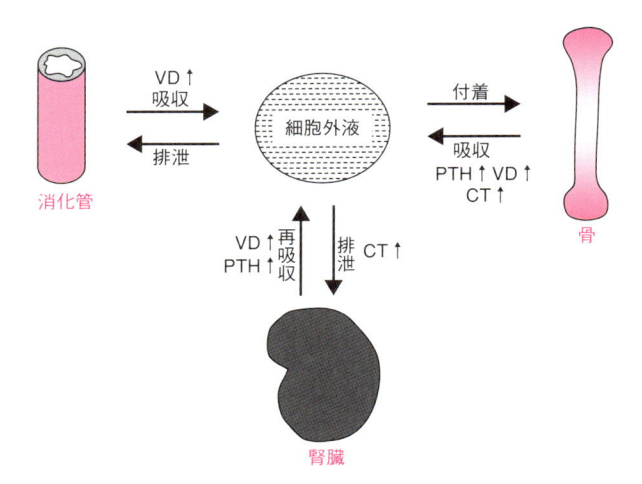

図10-9 各種ホルモンによるカルシウム代謝の調節
VD：$1\alpha,25$-ジヒドロキシコレカルシフェロール（ビタミンD_3の活性型）。
　　カルシトリオールというホルモン名もある。
PTH：副甲状腺ホルモン，CT：カルシトニン，↑：促進，↓：抑制
細胞外液中のCa^{2+}濃度は，消化管でのCa^{2+}吸収／排泄，骨でのCa^{2+}吸収／付着および腎尿細管でのCa^{2+}再吸収／排泄のバランスで調節される。それぞれのホルモンの細胞外液中のCa^{2+}濃度に対する作用は，VD・PTH －濃度上昇，CT －濃度下降となる。

ほぼ一定の濃度に保たれている。細胞外液中のCa^{2+}の濃度は，濃度上昇に働く$1\alpha,25$-ジヒドロキシコレカルシフェロール（ビタミンD_3）および副甲状腺ホルモン（parathyroid hormone, PTH, パラトルモンともいう），濃度下降に働くカルシトニン（calcitonin, CT）によりほぼ一定に調節されている（図10-9）。

pHの維持

細胞外液のpHは，通常7.40 ± 0.05の範囲に厳密に調節されており，pH7.35以下ではアシドーシス（acidosis），pH7.45以上ではアルカローシス（alkalosis）という異常な状態になる[*1]。正常時にも主としてアミノ酸の代謝経路よりH^+の放出があるが，細胞外液のpHは，さまざまな緩衝系により酸の負荷から守られている。とくに重要なのは，炭酸緩衝系，血漿タンパク質緩衝系およびヘモグロビン緩衝系である。いずれの緩衝系においても，pHの低下（H^+の増加）に際し，下に示す式のように化学平衡が左側に移動することで，H^+が消去される。

炭酸緩衝系　血液中ではCO_2とHCO_3^-（重炭酸イオン）との間に平衡が成り立つ。

$$CO_2 + H_2O \rightleftharpoons H_2CO_3 \rightleftharpoons H^+ + HCO_3^-$$

血液中のH^+が増加すると平衡は直ちに左側に傾き，その結果生じたCO_2は肺から放出される。

血漿タンパク質緩衝系　血液中に存在する血漿タンパク質は有効な緩衝系として機能している。タンパク質分子のもつカルボキシル基とア

---

*1 アシドーシスの原因は，糖尿病によるケト酸，激しい労作時の乳酸のような代謝により生じる有機酸の増加（代謝性アシドーシス），肺の呼吸機能の低下による血液のCO_2分圧の上昇（呼吸性アシドーシス）がある。また，アルカローシスの原因は多量のアルカリ性塩の服用，激しい嘔吐による胃液中のHClの大量喪失や過呼吸による血液のCO_2分圧の低下（呼吸性アルカローシス）などである。

ミノ基による緩衝作用である。

$$R\text{-}COOH \rightleftharpoons R\text{-}COO^- + H^+$$

$$R\text{-}NH_3^+ \rightleftharpoons R\text{-}NH_2 + H^+$$

ヘモグロビン緩衝系　ヘモグロビンに含まれるヒスチジン残基のイミダゾール基が，緩衝作用に関与する。血中のヘモグロビン量は極めて大きいので，とくに重要な緩衝系である。

リン酸緩衝系　リン酸は血漿の pH に対して，以下の形で存在し緩衝作用を示す。

$$H_2PO_4^- \rightleftharpoons HPO_4^{2-} + H^+$$

ただし，血中のリン酸濃度は極めて低いので，この系の緩衝作用の貢献は小さいが，細胞内液の緩衝系としては重要である。

血糖値の維持　グルコースは脳などの組織において不可欠のエネルギー源であるため，血中のグルコース濃度（血糖値）の維持は生理的に極めて重要である。血糖値の正常範囲は 70〜110 mg/dl であり，食事後は一時的に 120〜130 mg/dl 程度まで上昇したり，絶食時には 60 mg/dl 程度まで低下したりすることもあるが，おおむね正常範囲に調節されている。

血糖値はグルコースの血中に入る量と，血液からでていく量のバランスで決まる。したがってこの調節には，① 食事からの摂取，②筋肉な

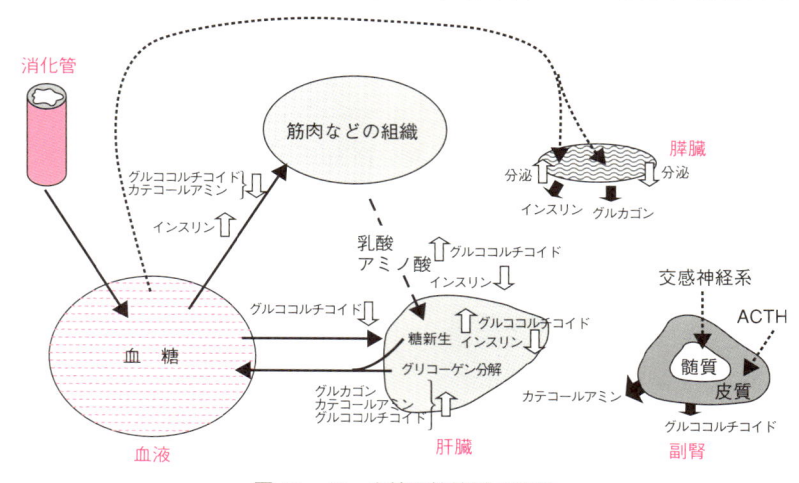

図 10-10　血糖調節機構の概要
　　　──→：グルコースの移動・利用　⇧：促進　⇩：抑制
　　　‑‑‑‑‑‑：分泌調節

血糖値は，消化管からのグルコース吸収，各組織でのグルコースの取り込みおよび肝臓でグリコーゲン分解や糖新生で生成されたグルコースの放出のバランスで調節される。血糖調節ホルモンのうち，血糖値を低下させるものはインスリンだけで，グルカゴン・グルココルチコイド・カテコールアミンは全て血糖値を上昇させる。それぞれのホルモンの作用機序は表 10-3 参照。

表 10-3　それぞれの血糖調節ホルモンの作用

ホルモン	血糖値の調節	主な作用機序
インスリン	下降	・各組織でのグルコースとり込み増大 ・肝での糖新生抑制 ・筋からの糖原性アミノ酸放出抑制 ・筋でのグリコーゲン合成促進
グルカゴン	上昇	・肝でのグリコーゲン分解促進 ・肝での糖新生促進
カテコールアミン＊	上昇	・肝からのグルコース放出促進 ・末梢組織でのグルコース利用の低下 ・肝・筋のグリコーゲン分解促進
グルココルチコイド	上昇	・肝・末梢組織からの糖原性アミノ酸放出促進 ・末梢組織でのグルコース利用の低下 ・肝の糖新生促進

＊アドレナリン，ノルアドレナリン，ドーパミンの総称

どの組織による血液からのグルコースのとり込み，③肝臓によるグルコースの生成などが主要要因になり，これにはさまざまな血糖調節ホルモンが関与する（図10-10）。それぞれのホルモンの作用を表10-3にまとめた。

血糖値調節の代謝上のポイントとしては，①グリコーゲン分解によるグルコース生成，②糖新生によるグルコース生成，③各組織でのグルコースとり込みが主要なものであり，これらのポイントで促進や抑制の調節を行うことにより血糖値が維持されている。また，主要な調節ホルモンであるインスリンやグルカゴンは血中グルコース自体により，その変動が打ち消されるように分泌が調節されており，負のフィードバック調節の一例といえる。

（3）体温の恒常性の維持

生体内の酵素群の最適温度域は狭い範囲なので，生体の正常な機能には体温維持が重要である。生体は筋運動や栄養素の代謝などにより熱が産生されるが，一方では放射・伝導・水分蒸散などにより熱が奪われる。この両者は視床下部の体温中枢の支配下にあり，この調節作用により一定の体温が維持されている（図10-11）。血液や皮膚の温度に変化があると，体温調節中枢がその変動を打ち消すように調節するが，これも負

図 10-11　体温調節機構の概要
体温は視床下部の体温調節中枢により調節され，寒冷に対しては産熱促進や放熱抑制，温熱に対しては放熱促進により一定に保たれる。

のフィードバックの一例である。5章で述べたように，物質が代謝される際には自由エネルギーの放出があるが，そのエネルギーの一部は熱に変換され，これが体温維持に貢献している。

また，哺乳動物の体内には，熱産生に関与する組織である褐色脂肪組織がある（とくに幼児期）。この組織を構成する褐色脂肪細胞には，脂肪蓄積に関わる通常の脂肪細胞（白色脂肪細胞）と異なり，数多くのミトコンドリアが存在する。前述のように，ミトコンドリアでは燃料分子の代謝により生じたエネルギーを用い，内膜を隔てて濃度勾配が形成されている。内膜・外膜間の空間に高濃度で存在するH^+がミトコンドリアのマトリックス内へ，$F_0 \cdot F_1$-ATPシンターゼ[*1]を介して流入する際に放出されるエネルギーからATPが合成される。しかし，褐色脂肪細胞のミトコンドリアでは$F_0 \cdot F_1$-ATPシンターゼを介さず，脱共役タンパク質（uncoupling protein, UCP）[*2]を介して，H^+がマトリックスに流入する経路が存在し，この経路で放出されたH^+濃度勾配のエネルギーは熱に変換される（図10-12）。

[*1] p.74〜75参照。

[*2] 褐色脂肪組織のミトコンドリアに存在する熱産生のために脱共役作用をもつタンパク質。脱共役とは酸化的リン酸化において，電子伝達で得られたエネルギーをATP合成反応に共役するのを阻害する場合に用いられる用語。

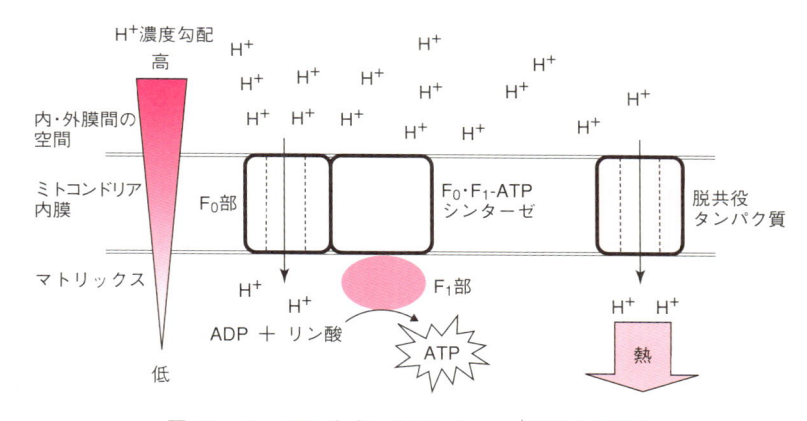

図10-12　ATP合成と共役しないH^+輸送と熱産生
褐色脂肪組織での熱産生は脱共役タンパク質によって行われる。このタンパク質は$F_0 \cdot F_1$-ATPシンターゼと同様にミトコンドリア内膜を隔てたH^+の濃度勾配からエネルギーを取り出すが，ATPの合成反応と共役せず熱に変えて放出する。

10-5　免疫と生体防御

人は常に周囲の環境に存在する多くの微生物や化学物質との接触にさらされている。そのなかには生体の恒常性の維持に障害をもたらすものもあり，それらを排除したり無毒化する機構が生体に存在する。代表的なものが免疫系で，主に感染性の微生物へ対処する機能が備わっている。有害な化学物質に対しては，種々の酵素系が関与している。

（1）免疫系の概要

免疫系（immune system）は外来の微生物とその産生物やさまざまな物質（抗原，antigen）を，生体内に存在しない"異物"と判断し，それを排除する機構をもつ。さらに一度遭遇した外来異物に対し，その情報を"記憶"し，二度目以降の遭遇時には迅速かつ強力な応答ができるような仕組みがある。

免疫系はその機能から，自然免疫系と獲得免疫系の2つのタイプに分類される。自然免疫系は感染性の微生物に対して最初の障壁となり，多くのものはこれにより排除される。この障壁を越えた病原体に対しては，獲得免疫系が働く。獲得免疫系はそれぞれの病原体に対して特異的に反応し，それらを排除するだけでなく，その病原体を"記憶"して，再び同じ病原体による感染が生じたときには速やかな対処を可能にする。それぞれの免疫系は完全に別個のものではなく，相互作用により機能している。

自然免疫系・獲得免疫系のいずれも体内に広く分布する液性因子と細胞性因子により構成されており，自然免疫系にはさらに生体のさまざまな物理的防御因子がこれに加えられる（表10-4）。自然免疫系の主な構成因子の特徴とその作用について以下に説明する。

表10-4 自然免疫系と獲得免疫系の特徴と主な構成因子

特徴と因子	自然免疫系	獲得免疫系
特徴	・作用の特異性は低く，広範の病原体に対処する。 ・感染を繰り返しても抵抗力は高くならない。	・作用の特異性が高い。 ・感染により病原体を記憶し，抵抗力を高める。
物理的防御因子	皮膚，粘膜，繊毛など	―
液性因子	胃酸，リゾチーム，急性期反応タンパク質（CRP，補体，インターフェロン）など	抗体
細胞性因子	貪食細胞（単球／マクロファージ），ナチュラルキラー細胞（NK細胞）	B細胞・T細胞

物理的防御因子　皮膚・粘膜・繊毛などで，多くの病原体はこれらの障壁により侵入を阻止されている。したがって創傷や火傷で，これらが損傷を受けたときには感染がおこりやすくなる。

液性因子　物理的障壁では分泌液により，その防御力が高められている。分泌液中の各種の液性因子が，侵入した微生物による感染を防いでいる。また，体内に侵入した病原体に対しては，血液中の液性因子がこれに作用する。

① 酸　口腔から消化管へ侵入した微生物は，胃酸によりpH1〜2になった胃液にさらされ，ここで大部分が死滅する。

② リゾチーム　唾液や気道の粘液などに含まれる酵素*1 で，細菌の細胞壁を分解する作用をもつ。

③ 急性期反応タンパク質*2　感染がおこった際に，血液中に急激に増加する一連のタンパク質群である。次の物質が知られている。

CRP（C-reactive protein，C反応性タンパク質）：細菌表面を覆い，補体や貪食細胞の作用を助ける（オプソニン作用，opsonin activity *3）。

補体（complement）：約20種類の血清タンパク質群で，それ自体で溶菌作用をもつほか，貪食細胞の感染部位への集合やオプソニン作用による作用増強など多くの機能をもつ。これらの作用は獲得免疫系と関連が深い。

インターフェロン（interferon）：ウイルスに感染した細胞から分泌され，未感染の細胞の抵抗性を増強する。これも獲得免疫系と相互作用が大きい。

細胞性因子：貪食作用などにより病原体の非特異的な排除を行うと同時に，獲得免疫系と相互に作用を行う。個々の細胞については後述する。

（2）免疫担当細胞の種類と機能

免疫担当細胞は全て骨髄に由来する造血性幹細胞に由来し，主に2つの分化経路を経てさまざまな細胞に分化する（図10-13）。

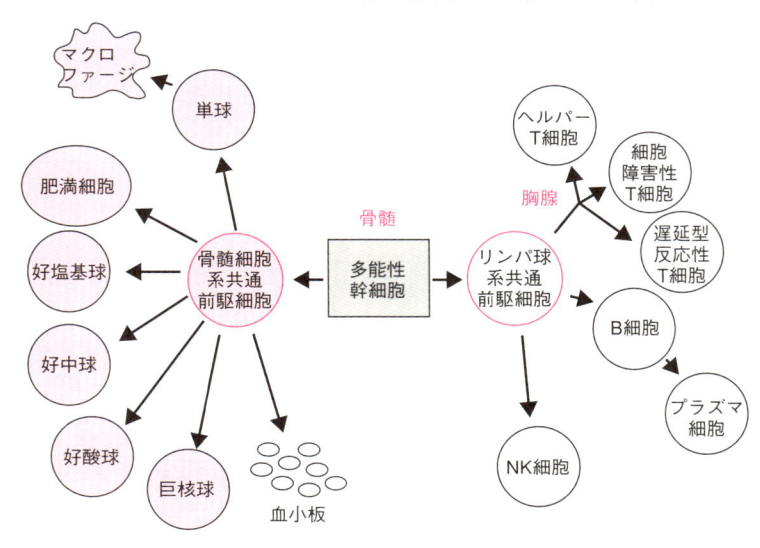

図10-13　免疫担当細胞の起源と種類

全ての免疫担当細胞は骨髄の多能性幹細胞に由来し，幹細胞は骨髄細胞系とリンパ球系の2種類の細胞系列に分化する。リンパ球系の細胞はさらに，胸腺で生成するT細胞，骨髄や胎生肝で生成するB細胞およびNK細胞といった別種の細胞群に分化する。

| リンパ球系細胞 |

リンパ球系の細胞にはT細胞とB細胞とがある。T細胞（Tリンパ球）は骨髄で発生した前駆細胞が胸腺で成熟してできたものであり，一方，

*1　リゾチーム（lysozyme）：ムコペプチドグリコヒドラーゼ。細菌の細胞壁のムコペプチドなどに含まれるN-アセチルムラミン酸とN-アセチルグルコサミン間の$\beta 1 \rightarrow 4$結合を加水分解する酵素。

*2　急性期タンパク質（acute phase protein）ともいう。感染を含めた炎症性変化に呼応して血中で増加するタンパク質。

*3　オプソニンとは，細菌や異物粒子に付着し，補体の存在下で食細胞による貪食作用を受けやすくする血清抗体。

B細胞（Bリンパ球）は骨髄（胎生期では肝臓）で分化したものである。これらの細胞以外に"第3群"と称するリンパ球もあり，ナチュラルキラー細胞（NK細胞）などが含まれる。

T細胞　細胞表面に存在するタンパク質[*1]の種類により，ヘルパーT細胞，細胞障害性T細胞，遅延型反応性T細胞などに分類される。いずれのT細胞も細胞表面に抗原に対する受容体（T細胞受容体）をもっている。しかし，この受容体は遊離の抗原は認識できず，他の細胞（抗原提示細胞）の表面上に存在する抗原のみを認識する。T細胞は抗原との結合により活性化され，ヘルパーT細胞（helper T cell）はさまざまなサイトカイン（cytokine）[*2]を分泌し，B細胞を活性化して抗体（antibody）の産生を促したり，貪食細胞や細胞障害性T細胞を活性化させたりして，抗原の処理を進める（図10-14）。細胞障害性T細胞は標的細胞表面に存在する抗原の認識に基づいた特異的な細胞障害作用をもつ。

[*1] リンパ球や白血球の細胞表面には多数の分子（多くは膜タンパク質）が存在するが，これらのなかには特定の細胞に特異的に存在するものもあるので，これらの細胞を分類する上でのマーカーとして用いられている。これらの分子は特異的なモノクローナル抗体により同定され，CD1，CD2（CD：cluster designation）というふうに整理されている。
（例）CD4$^+$：ヘルパーT細胞，CD8$^+$：細胞障害性T細胞・サプレッサーT細胞。

[*2] ホルモン様の低分子量の生理活性タンパク質で，血球細胞から分泌され，これにより免疫反応の強さと期間とが調節される。また細胞と細胞間での情報交換を担っている。

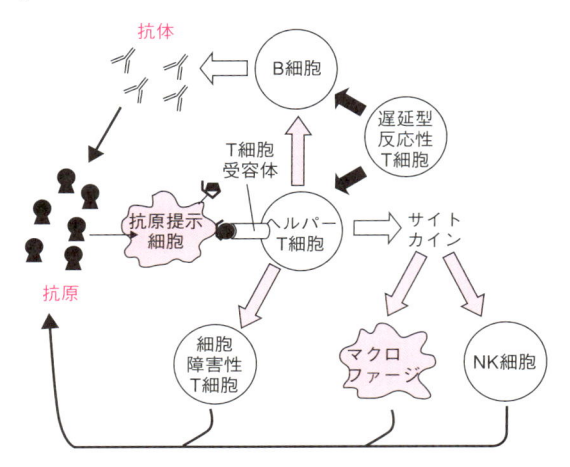

図10-14　T細胞を介した免疫機能発現の概略
⇨活性化　⇨分泌　➡調節　→攻撃

"偵察隊"である抗原提示細胞を介して抗原を認識したヘルパーT細胞は，抗原への攻撃の"司令塔"となる。攻撃にはB細胞の活性化による抗体産生や貪食細胞・細胞障害性T細胞の活性化による抗原処理がある。

B細胞　抗体（免疫グロブリン）を産生する細胞である。抗体には分泌されるものと，細胞表面に存在し抗原に対する受容体として機能するものとがある。この表面抗体に抗原を結合させたB細胞は，抗原提示細胞としての機能もある。

ナチュラルキラー細胞（natural killer cell）　ウイルスなどに感染された細胞表面に現れる特異的なタンパク質を認識して接着し，その細胞を破壊する細胞傷害性をもつTリンパ球の亜種の一種である。頭文字をとり，NK細胞ともいう。

10 個体の調節機能と恒常性

骨髄細胞系細胞
（白血球および血小板）

単核貪食細胞系細胞（単球, monocyte）
骨髄に由来する単球系の細胞で血流に乗って全身に分布する。これらは分化してマクロファージ（macrophage）などになり、病原微生物などの外来粒子状物質を貪食作用によりとり込んで破壊するとともに、破壊した抗原の一部を細胞表面に提示して、抗原提示細胞*1として細胞性免疫の活性化の役割を担う。

顆粒球と肥満細胞　顆粒球（granulocyte）には好中球・好酸球・好塩基球があり、血液中の白血球の60〜70％を占める。多分葉核をもつため多核白血球（多核球）ともいう。好酸球や好中球は貪食作用以外に、細胞内の顆粒内容物の放出（脱顆粒）による加水分解酵素など、細胞傷害性因子での外来微生物の処理作用を担っている。好塩基球と肥満細胞*2は類似した細胞で、どちらも循環血中には少なく、とくに肥満細胞は粘膜や結合組織に存在する。いずれも脱顆粒による免疫能をもつが、放出されるヒスタミンなどの化学伝達物質*3がしばしばアレルギー諸症状の原因にもなっている。

血小板（platelet）　骨髄の巨核球に由来する細胞で、細胞内に顆粒として存在する。血液凝固系以外に、種々の炎症作用に関与している。

(3) 抗体の種類と特徴

抗体（antibody）はB細胞により合成される免疫グロブリンといわれる糖タンパク質であり、免疫における特異的な抗原認識の主役である。抗体は抗原に対する特異的結合部位を含むFab領域（Fab鎖）と各抗

*1　抗原提示細胞（antigen presenting cell：APC）として機能する細胞には、マクロファージ・B細胞のほか皮膚中のランゲルハンス細胞、リンパ節の指状突起細胞・濾胞樹枝状細胞がある。

*2　好塩基球（basophill）は好塩基性白血球ともいう。肥満細胞はマスト細胞（mast cell）ともいい、即時型アレルギー反応（喘息やアトピー性皮膚炎など）を誘起する細胞。細胞表面にIgE受容体をもち、ヒスタミン含有顆粒が細胞内に存在する。

*3　化学伝達物質（chemical mediators）：炎症反応に関わる細胞間の情報伝達物質。局所で微量産生され、産生部位周辺の細胞に作用するので"局所ホルモン"ともいわれる。細胞内にもともと貯留され、刺激に応じて放出されるものと、刺激に応じて新たに合成されるものとがある。ヒスタミン・ロイコトリエン・血小板活性化因子（PAF, p.56）などがある。

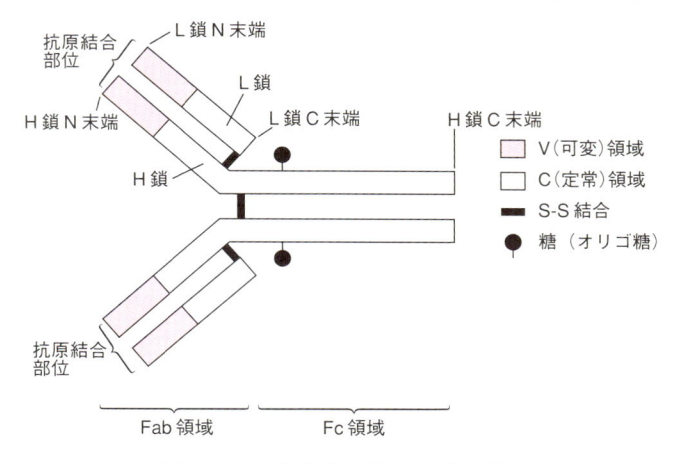

図 10-15　免疫グロブリンの基本構造
最も典型的な基本構造をもつ免疫グロブリンG（IgG）の基本構造を示した。他の免疫グロブリンの基本構造もほぼ同様である。それぞれS－S結合で結びついたH鎖・L鎖2本ずつの計4本のポリペプチドで構成される。H鎖・L鎖のN末端側はともにV（可変）領域といわれ、分子ごとにアミノ酸配列がきわめて多様であり、ここが抗原との結合部位である。IgGに消化酵素のパパインを作用させると、H鎖のN末端側とL鎖よりなる2組のFab領域とH鎖のC末端側のみのFc領域に分解される。Fab領域のみでも抗原との結合能を有する。

体で共通の Fc 領域（Fc 鎖）をもつ（図 10-15）。Fc 領域には補体の活性化と貪食細胞の細胞膜表面の Fc 受容体との結合の機能がある。すなわち，自然免疫系が本来認識できない抗原に対しても，抗体という"アダプター（adapter）"が仲介することによって認識可能になり，抗原の排除機能を発揮できるようになる。

| 抗体（免疫グロブリン）の種類 |

免疫グロブリン（immunoglobulin, Ig）は抗体およびこれと構造上・機能面の関連をもつタンパク質の総称である。すべての脊椎動物の体液中に存在しており，形質細胞（plasma cell）[*1] により産出される。分子の基本構造は共通であり，分子量は 5～7 万の H 鎖と 2.3 万の L 鎖から構成されている。物理化学的または免疫学的な性状から 5 つの異なるタイプがある。それぞれのタイプの特徴を表 10-5 に示す。

[*1] 抗体産成能をもつ分化成熟した B 細胞。

表 10-5 免疫グロブリンの種類と特徴

免疫グロブリンの名称（略号）	血清中での割合（%）	存在形態	糖含量（%）	機能
IgG	70～75	単量体	2～3	二次免疫応答の主要な抗体
IgA	15～20	二量体	7～11	漿粘性分泌液中に存在する主要な抗体
IgM	10	五量体	12	分子量最大の抗体，複雑な抗原性をもつ感染性微生物に対して産生される主な初期抗体
IgD	～1	単量体	9～14	B 細胞表面に多く存在し抗原認識
IgE	極微量	単量体	12	肥満細胞・好塩基球表面に多く存在し，アレルギーに関連

Ig：immunoglobulin（免疫グロブリン）の略

| 免疫グロブリンの構造 |

上述のように免疫グロブリンには 5 種類のタイプがあるが，いずれのタイプも共通した基本構造をもっている。免疫グロブリンは図 10-15 に示すように，L 鎖（軽鎖，light chain）と H 鎖（重鎖，heavy chain）とがそれぞれ 2 本ずつの 4 本のポリペプチド鎖で構成されており，それぞれの鎖はS−S 結合（ジスルフィド結合）により結びついている。IgG，IgD，IgE はこの基本構造ひとつだけからなるが，IgA はこの構造の二量体，IgM は五量体である。L 鎖，H 鎖ともに複数の種類がある[*2]。また，V（variable；可変）領域はアミノ酸配列が大きく変動する領域で，これが抗体の多様性を生みだす要因になっている。

[*2] L 鎖・H 鎖両方とも複数種存在するため，ひとつのクラスの免疫グロブリンのなかにサブクラスが存在する。例えば IgG は IgG1～IgG4 まで 4 種類のサブクラスがあり，それぞれ H 鎖の構造が少しずつ異なる（L 鎖は同じ）。

| 抗体の産生 |

抗体は B 細胞により合成されるが，このためには複数の免疫担当細胞間の相互作用が必要である。抗原の認識から抗体産生までの過程の概略を図 10-16 に示した。すなわち，

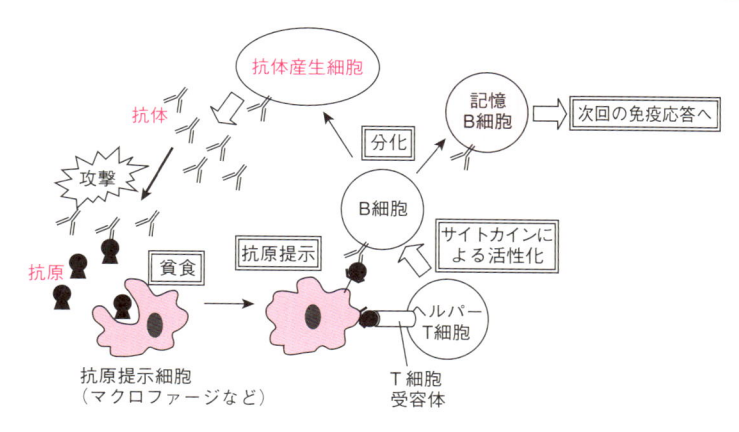

図 10-16 抗体産生機構の概略

抗体による抗原処理の主役は B 細胞である。B 細胞は抗原提示を受けた "司令塔" ヘルパー T 細胞により活性化される一方，自身でも膜表面に出した免疫グロブリンにより抗原提示細胞から抗原認識する。これらの刺激を受けた B 細胞は抗体産生細胞に分化し，抗原を特異的に認識する抗体を大量に産生して抗原を処理する。その一方で，一部の B 細胞は記憶 B 細胞となり保存され，次回の免疫応答に備える。

① 抗原はマクロファージなどの抗原提示細胞により最初にとり込まれ，分解された抗原の一部分が細胞表面に提示される。
② ヘルパー T 細胞は提示された抗原を T 細胞受容体で認識して活性化され，サイトカインを放出して B 細胞を活性化する。
③ B 細胞は T 細胞により活性化される一方で，B 細胞自体も提示された抗原を膜表面の受容体（免疫グロブリン）で認識する。
④ B 細胞は T 細胞による抗原認識と B 細胞自体による抗原認識の 2 つの刺激により活性化され，抗体を分泌する抗体産生細胞（antibody-forming cell）に分化する。
⑤ 抗体産生細胞で大量に産生・分泌された抗体が抗原を攻撃する。
⑥ B 細胞は抗体産生細胞に分化する一方で，一部は記憶 B 細胞となり保存される。記憶 B 細胞は次に抗原と出会ったときには，初回よりも迅速に抗体産生ができる（免疫の記憶）。

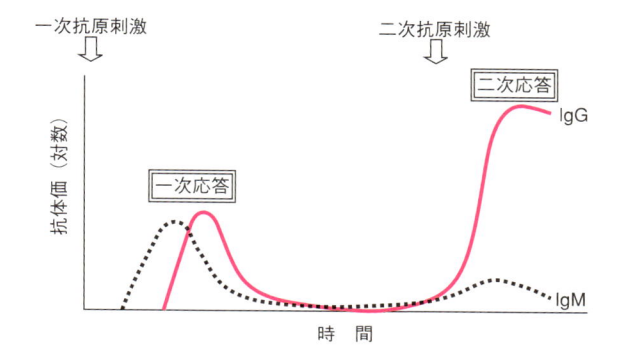

図 10-17 一次応答と二次応答における抗体産出の違い

抗原処理にあたる主たる抗体である IgG は，最初に抗原刺激を受けたときより，2 回目以降の刺激時のほうがはるかに大量にかつ迅速に産生される。

最初の抗原刺激に対する一次応答時に，最初に産生される抗体はIgMであり，次いでIgGが産生される。2度目の抗原刺激に対する応答（二次応答）時には，通常は一次応答時よりもより早く抗体産生がおこり，産生は長く続き，産生される抗体の抗体価が高く，主要な抗体はIgGであるという特徴がある（図10-17）。これを利用したのがワクチン（vaccine）の予防接種である。ワクチンは病原細菌の抗原性を保持したまま無毒化したもので，ワクチンの接種により一次応答を引きおこし，記憶B細胞を保持させる。その結果，当該の病原細菌の感染がおこった際には，迅速かつ強力な免疫応答が可能になる。

抗体とT細胞受容体の多様性

自然界には抗原が無数に存在するのに，その全てに対応する抗体が産生できるという"抗体の多様性"が，どのような機構により可能になっているのかは，以前より免疫学の大きな謎であった。また上述のように，抗原の特異的な認識はT細胞のT細胞受容体によってもおこるので，この受容体についても抗体と同様に多様性が確保されていなければならない。1970年代以降の分子生物学の著しい進展により，これらの分子の遺伝子が解析され多様性の機構が明らかにされている。

抗体の多様性とは，すなわち免疫グロブリンのV領域（図10-15）のアミノ酸配列の多様性になるが，これの生じる理由を以下に簡略に説明する。

① V領域に対応する遺伝子は複数の遺伝子から構成されており，しかもそれぞれがまた複数種類存在する。その結果，V領域が構成される際には，個々の遺伝子断片のさまざまな組換えによる組み合わせが生じるので[*1]，その組み合わせの種類は膨大な数になる。

② B細胞の分化の過程で，それぞれの細胞のV領域遺伝子に突然変異がおこり，個々の細胞クローン（細胞分裂により生じた均一の集団）ごとに固有のV遺伝子（V gene）が生じる。

これらの機構により，10^{10} ないしそれ以上の種類の，それぞれV領域の異なる免疫グロブリンを有するB細胞クローンが生じることになるので，そのうちのいずれかは未知の抗原であっても対応できるものと考えられている。T細胞受容体遺伝子の多様性の機構も免疫グロブリンの場合とほぼ同様である。

(4) アレルギーと自己免疫疾患

アレルギーの分類とその特徴

アレルギー（allergy）とは，免疫反応が過度に，あるいは不適当な形でおこり，組織傷害がおこる現象である。アレルギーはその発生機序により，Ⅰ型〜Ⅳ型に分類される。

[*1] H鎖の可変領域はV，D，Jの3種の遺伝子領域から構成されており，それぞれのもつ遺伝子の種類が，V：数100，D：約20，J：4である。B細胞の発育に伴い，V，D，Jの各領域からそれぞれランダムに1断片が選ばれ組み合わせられるので，その数は数万になる。これが，L鎖の可変領域でも同様におこり，さらに時に，余分な塩基の付加や，突然変異の導入がおこることがあるので，最終的にでき上がる免疫グロブリンの種類は天文学的な数になる。

I型アレルギー　即時型アレルギーともいわれる。花粉のような通常無害な物質に対して，IgE抗体が産生される場合におこる。産生されたIgEは肥満細胞の表面にFc受容体タンパク質を介して結合しているが，それに抗原が結合すると肥満細胞が脱顆粒をおこし，ヒスタミンなどの化学伝達物質が放出され，喘息・湿疹・発赤・蕁麻疹などの症状を引きおこす。ハチ毒が抗原となった場合には激しい免疫応答がおこり，呼吸困難や血圧低下などの"アナフィラキシーショック（anaphylactic shock）"をおこし死に至る場合もある。花粉症・アトピー性疾患・食物アレルギー・ダニやハウスダストに対するアレルギーなど，一般にアレルギーといわれるのはこのタイプである。

II型アレルギー　細胞表面に存在するタンパク質などが抗原と認識され，細胞傷害性T細胞・抗体・補体などの攻撃にさらされることによりおこる傷害である。この場合，特定の細胞・組織の抗原に対する抗体が産生されるため，傷害はその細胞や組織に限定される。重症筋無力症（筋細胞膜のアセチルコリン受容体に対する抗体による傷害），一部のI型糖尿病（膵島B細胞に対する抗体）などの自己免疫疾患，新生児溶血性疾患[*1]，移植片拒絶反応などでおこるアレルギー反応である。

[*1] 胎児の循環系に母親由来の抗赤血球抗体が移行して，赤血球破壊がおこる疾患。

III型アレルギー　II型同様に自己抗原に対する抗体が産生されるが，この場合，諸臓器に広く分布する物質や血中の可溶性物質が抗原となり抗体が産生される。その結果生じた抗原-抗体複合体（免疫複合体）が組織に沈着し，それを排除するために作用する補体や多核白血球によっておこる傷害である。したがって，複合体の沈着がおこりうる組織であれば，どこでもこの傷害は発生する。また，持続的な感染が原因となり免疫複合体が生成され，組織への沈着がおこる場合もある。全身性エリテマトーデス（systemic lupus erythematosus）[*2]や慢性関節リウマチなどの自己免疫疾患や，マラリア・ウイルス性肝炎などでおこるアレルギー反応である。

[*2] 紅斑性狼瘡。SLEと略称される。多彩な自己抗体の出現と多臓器病変を特徴とする自己免疫疾患で膠原病のひとつである。

IV型アレルギー　抗原刺激を受けてから，12時間ないし数週間かかって反応が最大になる"遅延型アレルギー"[*3]を指す。遅延型反応性T細胞が抗原提示細胞上の抗原と反応して，さまざまなサイトカインを放出することによりマクロファージ（macrophage，大食細胞）の活性化などがおこり，それにより生じる傷害である。接触性過敏反応（ゴムアレルギー），ツベルクリン反応などがこれにあたるほか，ライ病や結核などの慢性疾患でも，このアレルギー反応を伴なう。

[*3] 感作されたT細胞（感作リンパ球）によって仲介されるアレルギー。

自己免疫疾患　免疫系は，自己の成分に対しては反応しないようにするため，自己抗原の免疫系からの隔離，自己抗原提示の欠如，自己反応性T細胞の消失，機能抑

制などの機構が存在する。しかし，その機構に異常が生じると，免疫系がその個体自身の細胞を"異物"と認識して攻撃を始める。この現象によりおこる一連の疾患を自己免疫疾患（autoimmune disease）という。これらの疾患は，その発症が器官特異的なものと全身性のものとがあり，それぞれ前述のⅡ型，Ⅲ型のアレルギー反応が関連する。自己免疫疾患の先に挙げたもの以外の例としては，甲状腺グロブリンの抗体が血中に生じ甲状腺炎をおこす橋本病，ビタミン B_{12} の吸収に関わる内因子[*1]に対する抗体による悪性貧血（pernicius anemia）などがある。

*1 胃液の消化作用により遊出してくる食物中のビタミン B_{12} と結合するアルカリ安定性の二量体糖タンパク質である。

（5）活性酸素に対する防御機構

酸素は生体にとって不可欠なものであるが，反応性が高い分子であることから，過剰な酸素はむしろ有害であることが明らかになっている。過剰な酸素からは通常の酸素よりもさらに反応性の高い"活性酸素"が生じやすく，これが脂質・タンパク質・核酸などの生体成分に作用し，さまざまな障害を引きおこすことが知られている。

| 活性酸素とは |

酸素の反応性とは，"対"を形成していない電子（不対電子）が"対"を形成しようと，もう1個の電子を求める性質である。そのため，他の分子から電子を奪い，その分子を酸化してしまう。活性酸素（active oxygen）とは，酸素の性質の強くなった，すなわち酸化力の強くなった分子・種の総称である。一般に活性酸素といわれるものは，スーパーオキシドアニオン・過酸化水素・ヒドロキシラジカル・一重項酸素の4種[*2]である。それぞれの活性酸素の構造と特徴は表10-6のとおりである。

*2 これらは狭義の活性酸素といわれる。類似した性質の分子（広義の活性酸素）には，脂質過酸化物，一酸化窒素（NO），次亜塩素酸（HClO），オゾン（O_3）などがあり，"活性酸素種"と総称される。

表10-6 活性酸素の種類と特徴および構造の酸素との比較

種類	構造（電子配置）◎：原子核 ●：電子	特徴
酸素（O_2）		通常の酸素分子（三重項酸素という）には，"対"をつくっていない電子（不対電子）が2個あり，これらがそれぞれもう1個の電子を求めて"対"になろうとする性質があるため反応性が高い⇒ある分子から電子をもらう＝ある分子を酸化する。
スーパーオキシドアニオン（$O_2^-\cdot$）		2個の不対電子の一方のみが電子を獲得した状態。通常の酸素分子よりも反応性が高い（電子を求める力が強い＝酸化力が強い）。生体内で最も多く産生される活性酸素で，活性酸素のなかでは反応性は低いほうだが，水素原子と反応して反応性の高いヒドロキシラジカルを生成してしまう場合もある。
過酸化水素（H_2O_2）		この分子自体は全ての電子が"対"を形成して軌道を満たしているので，反応性はそれほど高くないが，わずかなきっかけで解裂して，反応性の高いヒドロキシラジカルを生成してしまう。
ヒドロキシラジカル（$\cdot OH$）		最も反応性の高い活性酸素。反応性が高い分，すぐに他の分子と結合してしまい寿命も短い。
一重項酸素（$^1O_2$）		通常の酸素分子がエネルギーを吸収して生じる。三重項酸素と電子の数は同じだが，不対電子同士で"対"を形成して，空になった軌道が電子を強く求めるため，通常の酸素分子よりも反応性が高い。

10 個体の調節機能と恒常性

活性酸素の生成

活性酸素生成の生体内での最大の要因は呼吸である。ミトコンドリアの電子伝達系（p.73 参照）で，コエンザイム Q（CoQ，ユビキノンともいう）から複合体Ⅲのシトクロムの Fe^{3+} へ電子が受け渡される反応が関与する。この反応は全体では以下のとおりである。

$$CoQH_2 + 2Fe^{3+} \longrightarrow CoQ + 2Fe^{2+} + 2H^+$$

この反応では $CoQH_2$ の 2 電子を Fe^{3+} に 1 個ずつ渡すので，以下のように中間段階で $CoQ^-\cdot$ というラジカル（不対電子をもつ分子・原子団）が生成される。

$$CoQH_2 + Fe^{3+} \longrightarrow CoQ^-\cdot + Fe^{2+} + 2H^+$$
$$CoQ^-\cdot + Fe^{3+} \longrightarrow CoQ + Fe^{2+}$$

この $CoQ^-\cdot$ が酸素と反応するとスーパーオキシドアニオンが生成される。

$$CoQ^-\cdot + O_2 \longrightarrow CoQ + O_2^-\cdot$$

したがって活性酸素は，常にある程度の量が生体内で生成されているが，酸素過剰の状態や虚血（組織の血流量が低下する現象）によりミトコンドリアが損傷を受けた状態では，その生成量が著しく増大する。さらに，紫外線や放射線のエネルギーへの曝露，喫煙や過度の運動によっても活性酸素は増加する。また，免疫系の貪食細胞でも NADH オキシダーゼなどの作用により活性酸素が生成し，これが貪食した細菌の殺菌に用いられている。

活性酸素による障害

活性酸素により，さまざまな生体成分が障害を受ける。

脂質過酸化　脂質過酸化物の生成→細胞膜の機能変化，ラジカル反応の拡大。

タンパク質の酸化変性　膜タンパク質・血中リポタンパク質・皮膚コラーゲンなど→機能変化。

核酸の変性　DNA 酸化により 8-ヒドロキシデオキシグアノシン[*1]の生成→突然変異の惹起。

これらの障害が動脈硬化・虚血性心疾患・脳梗塞・がんなどの疾病と関連があることが明らかになり，個体レベルでの老化促進や寿命の短縮につながると考えられている。

活性酸素に対する生体防御

上述のような障害から生体を防御するために各種の酵素が存在する。

スーパーオキシドジスムターゼ（superoxide dismutase : SOD）　ミトコンドリアのマンガン SOD，細胞質の銅亜鉛 SOD および細胞外の ECSOD（細胞外 SOD）が存在する。いずれ

[*1] 8-ヒドロキシデオキシグアノシン（8-hydroxydeoxyguanosine : 8-OHdG）

8 位の -OH の存在のため塩基対形成に乱れが生じ，突然変異の原因になる。この分子の存在が活性酸素による DNA の損傷の指標として用いられる。

も以下の反応で，スーパーオキシドアニオンを消去する。複数の生物種で，この酵素の活性と長寿との相関が報告されている。

$$2O_2^- \cdot + 2H^+ \longrightarrow O_2 + H_2O_2$$

カタラーゼ（catalase）　肝臓・赤血球・腎臓に多く含まれる酵素で，細胞内のペルオキシソームに局在する。以下の反応で過酸化水素を分解する。

$$2H_2O_2 \longrightarrow 2H_2O + O_2$$

グルタチオンペルオキシダーゼ（glutathione peroxidase）　セレンを含む酵素で，以下に示すように水素供与体としてグルタチオン[*1]を用いて過酸化水素を消去する。

$$H_2O_2 + 2GSH \longrightarrow 2H_2O + GSSG$$

（GSH：還元型グルタチオン，GSSG：酸化型グルタチオン）

また，この酵素は脂質過酸化物の消去にも関連する。

$$LOOH + 2GSH \longrightarrow LOH + H_2O + GSSG$$

（LOOH：脂質過酸化物）

(6) 化学物質に対する P450 の作用

生体内には食物として，また天然や人工のさまざまな化合物がとり込まれる。これらのなかには生体にとって有害なものも存在するため，それを無害化するための機構が必要である。その役割を担うのが薬物代謝系と称する，P450 というタンパク質群である。

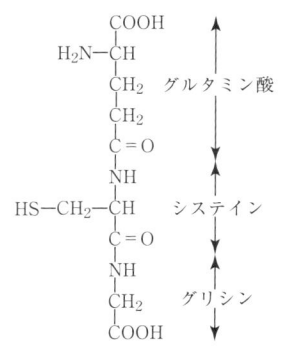

*1　グルタチオン（glutathione）：5-L-グルタミル-L-システイニルグリシン

図に示すのは還元型で酸化されるとシステイン残基の部分で 2 分子が S-S 結合を形成する。

図 10-18　P450 が触媒するさまざまな反応型式
（吉田雄三：生化学，75，195〜203（2003））

P450の機能

ヘムを含むタンパク質であり，450 nm に吸収極大を示すことから，シトクロム P450（P は pigment の略字）ともいわれる。人では 57 種の遺伝子の存在が知られている酵素群であり，主にステロイドをはじめとするイソプレノイドなどの脂溶性低分子化合物の代謝に関連する機能をもつ。P450 が注目されるようになった生物学的な理由は，哺乳動物の場合に食物としてとり込まれる植物のもつ多様なアルカロイドなどの解毒へ対応する働きが考えられるからである。P450 は酵素群であり，図 10－18 に示すように，基質の水酸化・脱アルキル化などの多様な反応を触媒する。この触媒作用により，基質となった化合物の生理活性を変化させたり，親水性を高めることで排泄を促進する。

P450の功罪

P450 は上述の機能により，生体内にとり込まれた化合物を代謝し，無毒化・排泄する生体防御機能を果たしている。人の P450 は，生物進化の歴史の上での天然の化合物への対応の過程で淘汰を受け，有害物排除の目的にかなうものが残されていると考えられる。しかし，生体内にとり込まれる化合物は近年の科学技術の発展により，さまざまな人工的食物が製造され膨大な数になっている。人の P450 が，それらの化合物すべてに対して無毒化の機能を果たせるわけではなく，化合物によっては逆に P450 の代謝により有害性を増すものもある。代表的な例は，アミノ酸を高温処理して得られたタール中に含まれる Trp-P-1 や Glu-P-1 などの化合物で，これらは P450 の代謝作用により，顕著に発がん性を増すことが知られている。それ以外に，医薬品でも副作用の発現に P450 の代謝作用が関連する例もみられる。

参考文献

荒谷真平, 菊地吾郎, 立木蔚, 山田正, 柴原茂樹, 『一般医化学（改訂第6版）』, 南山堂（1993）．
今掘和友・山川民夫監修, 『生化学辞典（第3版）』, 東京化学同人（1998）．
石川春律・近藤尚武・柴田降三郎, 『標準細胞生物学』, 医学書院（1999）．
石川統, 『分子からみた生物学』, 裳花房（2003）．
石川統編, 『生物学入門（大学生のための基礎シリーズ2）』, 東京化学同人（2003）．
今堀和友, 山川民夫監修, 「生化学辞典（第3版）」, 東京化学同人（1998）．
入村達郎, 岡山博人, 清水孝雄監訳, 『ストライヤー生化学（第4版）』, トッパン（1996）．
入野勤, 管家祐輔ほか, 『コメディカルのための生化学』, 三共出版（1997）．
遠藤一, 林寛, 中野智夫, 『栄養生化学（10版）』, 弘学出版（1999）．
遠藤克己, 『栄養の生化学1・2・3（改訂第3版）』, 南江堂（2003）
江崎信芳・藤田博美編著, 『生化学 基礎の基礎 知っておきたいコンセプト』, 化学同人（2002）．
岡田泰伸, 他訳, 『W.F.Canong医学生理学展望（20版）』, 丸善（2002）．
河合忠, 橋本信也編, 『臨床検査のABC（日本医師会雑誌臨時創刊号）』, 日本医師会（1994）．
香川靖雄, 『老化のバイオサイエンス』, 羊土社（1996）．
上代淑人監訳, 『ハーパー生化学（25版）』, 丸善（2002）．
川嵜敏祐監訳, 『キャンベル生化学（第2版）』, 廣川書店（1998）．
木村修一, 小林修平翻訳監修, 『最新栄養学（第8版）』, 建帛社（2002）．
後藤稠編, 『最新医学大辞典（第2版）』, 医歯薬出版（1996）．
佐藤昭夫, 山口雄三, 『生理学』, 医歯薬出版（1985）．
須藤和夫, 山本啓一, 有坂文雄訳, 『リッター生化学』, 東京化学同人（1999）．
鈴木紘一ほか訳, 『ホートン生化学（第3版）』, 東京化学同人（2003）．
鈴木泰三, 岡崎京二, 山本敏行, 『大学課程の生理学（改訂第8版）』, 南江堂（1999）．
関周司編著, 『生化学』, 三共出版（2003）
玉虫伶太ほか, 『エッセンシャル化学辞典』, 東京化学同人（1999）．
多田富雄監訳, L. M. Roitt他, 『免疫学イラストレイテッド（第2版）』, 南江堂（1990）．
田宮信雄, 村松正実, 八木達彦, 吉田浩訳, 『ヴォート基礎生化学』, 東京化学同人（2000）．
田宮信雄, 村松正実, 八木達彦, 吉田浩訳, 『ヴォート生化学（第2版, 上, 下）』, 東京化学同人（1996）．
田村信雄・八木達彦訳, 『コーン・スタンプ生化学（第5版）』, 東京化学同人（1995）．
田島陽太郎監訳, 『ロスコスキー生化学』, 西村書店（1999）．
津田栄, 『改訂新版化学通論』朝倉書店（1979）．
中村桂子ほか監訳, 『細胞の分子生物学（第3版）』, 教育社（1994）．

長尾美奈子,『突然変異原物質と癌原物質』, 蛋白質核酸酵素　vol.23（6）, p.435-447（1978）.

日本油化学会編,『油化学便覧（第4版）』, 丸善（2001）.

野口忠編著,『栄養・生化学辞典』, 朝倉書店（2002）.

野田春彦他訳, H. Lodish 他,『分子細胞生物学（第4版）』, 東京化学同人（2001）.

林利彦他訳, E.J.Wood 他,『生命の化学と分子生物学』, 東京化学同人（1999）.

林利彦訳, P.W.Kuchel, G.B.Ralston　マグロウヒル大学演習生化学Ⅰ～Ⅲ』, オーム社（1996）.

林典夫, 廣野治子編,『シンプル生化学（改訂第4版）』, 南江堂（2003）.

林　寛,『栄養学総論（第4版）』三共出版（2003）.

本郷利憲・広重力,『標準生理学（第5版）』, 医学書院（2000）.

山科郁男監修,『レーニンジャーの新生化学（第3版）』, 廣川書店（2002）.

八杉龍一ほか編,『生物学辞典（第4版）』, 岩波書店（1990）.

矢尾板仁, 相澤益男,『ビギナーのための生物化学』, 三共出版（2003）.

吉田勉編,『わかりやすい栄養学（改訂版）』, 三共出版（2004）.

吉田雄三,『P450 モノオキシゲナーゼの多様性　－その生体防御機構としての意義を考える－』, 生化学 vol.75（3）, p.195-203（2003）.

索　　　引

あ 行

アイソザイム　35
アクチンフィラメント　9, 77
アシドーシス　100, 106
アシルグリセロール　51
アシル CoA　103, 104, 105, 111, 114
アシル CoA シンターゼ　35, 103
アシル CoA シンテターゼ　78
アシル-O-カルニチン　104
アスコルビン酸　91
アスパラギン　134
アスパラギン酸　129, 132, 134
アスパラギン酸アミノトランスフェラーゼ　129
アセチル APC　109
N-アセチルグルコサミン　44
アセチル CoA　81, 85, 88, 93, 104, 105, 106, 108, 109, 120, 133
アセチル CoA カルボキシラーゼ　109
アセチルコリン　162
N-アセチルノイラミン酸　46
アセト酢酸　106, 133
アセトン　107
アデニル酸　148
アデニル酸シクラーゼ　165
アデニン　146
アデノシン　70, 148
アデノシン 5′-三リン酸　70
アドレナリン　93, 99
アナフィラキシーショック　179
アノマー異性体　41
アノマー性水酸基　42
アフィニティークロマトグラフィー　22
アポタンパク質　67, 68
アミド結合　50
アミノアシル tRNA　152, 157
アミノ基転移　129
アミノ基転移酵素　34, 96
アミノ酸　16, 17, 128, 157
$α$-アミノ酸　18
アミノ酸組成　22
アミノ酸代謝の異常と疾病　141
アミノ酸配列　22, 23, 150
アミノ酸評定パターン　133

アミノ酸分析　22
アミノ糖　44
アミノトランスフェラーゼ　129
$α$-アミラーゼ　47
アミロース　47
アミロペクチン　47
アラキドン酸　60, 112, 113
アラニン　96, 134, 132
アラニンアミノトランスフェラーゼ　132
アルギニン　135
アルドース　40
アルドステロン　66, 122
アレルギー　178
アロステリック効果　38
アンチコドン　151, 157, 158
アンドロゲン　66

イオン交換クロマトグラフィー　21
イオンチャネル　162
異化　128
鋳型鎖　155
閾膜電位　161
イコサノイド　61, 113
イコサペンタエン酸　60, 112, 114
異性化酵素　35
異性化糖　43
異染性脳白質ジストロフィー　126
異染性ロイコジストロフィー　126
イソクエン酸　86
イソペンテニル二リン酸　120
Ⅰ型アレルギー　178
1型糖尿病　139
一次応答　177
一次構造　23
一重項酸素　180
一価不飽和脂肪酸　50, 59, 111
遺伝暗号　156
遺伝子　145
遺伝子操作　158
遺伝子発現　158
イノシン酸　148
イミノ酸　18
インスリン　93, 100, 139, 170
インスリン受容体　101
インスリンの一次構造　23
インターフェロン　173

イントロン　156
ウラシル　146
ウリジル酸　148
ウロン酸　45
液性因子　172
エキソサイトーシス　162
エキソン　156
液体クロマトグラフィー　15
エステル結合　50
エストラジオール　122
エストロゲン　66
エドマン分解法　22
エノイル CoA　105
エピマー　41
エフェクター分子　38
エライジン酸　50
塩基　146
塩基対　149
遠心分離法　13
塩折　21
エンドサイトーシス　9, 163

黄体ホルモン　66
横紋筋　76
岡崎フラグメント　154
オキサロ酢酸　85, 87, 94, 106, 108, 129, 132
オキシトシン　137
オープンリーデングルーム　156
オリゴ酸　45
オリゴ糖鎖　46
オレイン酸　50, 111

か 行

開始コドン　156, 157
階層構造　1
解糖　80, 82, 87, 94
解糖経路　91
化学修飾　38
核　8
核酸　10, 146
獲得免疫系　172
過酸化水素　180
下垂体後葉ホルモン　137
下垂体前葉ホルモン　136, 165

加水分解酵素　34
ガストリン　139
家族性高リポタンパク質血症　123
褐色脂肪細胞　171
活性化エネルギー　28
活性錯体　28
活性酸素　180
活動電位　161
滑面小胞体　8, 111
カテコールアミン　165, 170
ガラクツロン酸　45
ガラクトース　92
D-ガラクトース　43
ガラクトース血症　100
ガラクトセレブロシド　58
顆粒球　175
加リン酸分解　97
カルシトニン　168
カルニチン　104
カルバモイルリン酸　130
ガングリオシド　58
肝グリコーゲン　80, 97
肝グリコーゲンの分解　93
還元ヘモグロビン　25
環状構造　41
肝臓胆汁　65

器　官　6
器官系　6
基　質　29
基質準位のリン酸化　76
基質特異性　27, 29
基質濃度　30
基質レベルのリン酸化　84, 88
D-キシロース　43
キシルロース 5-リン酸　90
キチン　48
キモトリプシン　22
吸エルゴン反応　69
球状タンパク質　21, 24
急性期反応タンパク質　172
競合阻害　36
競合阻害物質　36
共有結合　10
共輸送　79
局所電流　161
局所ホルモン　113
キラル炭素原子　16
キロミクロン　67, 102, 124
筋グリコーゲン　80, 84, 97
筋グリコーゲンの分解　94

筋原繊維　76
筋収縮　6
筋肉組織　5
グアニル酸　148
グアニン　146
グアノシン　148
クエン酸　85, 08
組換え DNA 技術　158
グリコーゲン　47, 83
グリコーゲン合成　93, 98
グリコーゲンシンターゼ　98, 99
グリコーゲンの分解　97
グリコーゲンホスホリラーゼ　97, 99
グリココール酸　65, 120
グリコサミノグリカン　48
グリコシド結合　42
グリシン　65, 135
グリセルアルデヒド　40
グリセルアルデヒド 3-リン酸　83, 92, 103
グリセロ糖脂質　57
グリセロリン脂質　54, 117
グリセロール　96, 102, 103
グリセロール 3-リン酸　117
L-グリセロール 3-リン酸　114
グリセロールリン酸シャトル　87
グルカゴン　93, 99, 139, 170
グルクロン酸　45, 90
グルクロン酸経路　81, 90
グルクロン酸抱合体　90
グルココルチコイド　65, 170
D-グルコサミン　44
グルコース　82, 83, 87, 94, 98
D-グルコース　43
グルコース-アラニン回路　96
グルコース負荷試験　101
グルコース 6-ホスファターゼ　98
グルコース 1-リン酸　83, 92, 97
グルコース 6-リン酸　83, 89, 92, 95, 98
グルコセレブロシド　125
グルコセレブロドーシス　125
グルコヘモグロビン　101
グルタチオンペルオキシダーゼ　182
グルタミン　78, 134
グルタミン酸　129, 132, 134
グルタミン酸デヒドロゲナーゼ　130
グルタミンシンターゼ　78
クレアチン　72
クローニング　158
クロマチン　9, 145
L-グロン酸　90

形質細胞　176
結合組織　5
血漿タンパク質緩衝系　168
血小板　175
血小板活性化因子　56
血漿リポタンパク質　66
血清アルブミン　102
血清リン脂質　55
血　糖　92
血糖値　80, 93, 101, 169
血糖調節ホルモン　169
3-ケトアシル CoA　105
3-ケトアシルシンターゼ　109
α-ケトグルタル酸　86, 129, 132
ケト原性アミノ酸　133
α-ケト酸　143
ケトーシス　100, 107
ケトース　40
ケトン血症　108
ケトン体　106
ケノデオキシコール酸　65, 121
ゲノム　146
ゲル電気泳動法　15
ゲルろ過クロマトグラフィー　21
α-限界デキストリナーゼ　47
原核生物　3
嫌気的条件　82

高エネルギー化合物　71
高エネルギー中間体　78
高エネルギーリン酸化合物　70, 88
高エネルギーリン酸結合　70, 84
好塩基球　175
光学異性体　40
好気的条件　82
抗　原　175, 176
抗原抗体反応　27
好酸球　175
高脂血症　123
恒常性の維持　159
甲状腺刺激ホルモン　138
甲状腺ホルモン　138, 165
酵　素　27, 28
酵素活性　30
酵素-基質複合体　29
酵素の競合阻害　36
酵素の分類　33
高速液体クロマトグラフィー　21
抗　体　27, 175, 176
好中球　175
コエンザイム A　32

さ行

コエンザイムQ　32
五炭糖　146
骨格筋　5, 84
骨髄細胞系細胞　174
コドン　151, 156
コハク酸　86
コハク酸脱水素酵素　36
ゴブレット細胞　5
コール酸　65, 121
ゴルジ体　8
コルチゾール　65, 122
コレシストキニン　140
コレステロール　64, 124
コレステロールエステル　53, 67, 124
コレステロールの合成　118
コレステロールの分解　120
混合トリアシルグリセロール　52
コンドロイチン硫酸　48
コンニャクマンナン　48

細菌　3
最適温度　29
最適pH　29
サイトカイン　163, 174
細胞　2
細胞外液　166
細胞外マトリックス　48
細胞骨格　9
細胞質ゾル　9, 82, 89, 108, 118, 157
細胞小器官　2, 3, 8, 13,
細胞性因子　172
細胞説　2
細胞内液　166
細胞内膜系　8
細胞分化　4
細胞分画　14
細胞膜　6
鎖状構造　40
サブユニット　25, 152, 157
サルコメア　77
酸塩基平衡　166
酸化還元酵素　33
酸化還元　72
Ⅲ型アレルギー　179
酸化的脱炭酸　86
酸化的脱炭酸反応　85
酸化的不飽和酵素　111
酸化的リン酸化　73, 76, 81, 85, 87, 88
酸化反応　72

三次構造　24
酸素ヘモグロビン　25
ジアシルグリセロール　52, 57
軸索　160
自己免疫疾患　179
脂質　11, 49, 50, 102
脂質代謝　102
脂質蓄積症　125
脂質二重層　7, 56
シス型　50
システイン　135
ジスルフィド結合　23
自然免疫系　172
シチジル酸　148
シトシン　146
シナプス　162
ジヒドロキシアセトンリン酸　83
1α,25-ジヒドロキシコレカルシフェロール　167
ジペプチダーゼ　34
脂肪酸　50, 58
脂肪酸アシルCoA　78
脂肪酸合成　93
脂肪酸酸化　103
脂肪酸シンターゼ　109
脂肪組織　116
ジホモ-γ-リノレン酸　113
自由エネルギー　69, 74
自由エネルギー変化　69
重症筋無力症　179
終了コドン　156
樹状突起　160
受容体　165
受容体タンパク質　160
消化管ホルモン　139
消化酵素群　34
上皮組織　4
食物繊維　48
真核細胞　145
真核生物　3
心筋　5
神経細胞　160
神経細胞体　160
神経組織　5
神経伝達　159
神経伝達物質　162

膵液リパーゼ　102
髄鞘　160
膵臓ホルモン　139
水素結合　10, 24, 149

スクアレン　120
スクシニルCoA　86
スクラーゼ　45
スクロース　45
ステアリン酸　50
ステロイド　63
ステロイド核　63
ステロイドホルモン　65, 122, 165
ステロール　64
スパイク電位　161
スーパーオキシドアニオン　180
スーパーオキシドジスムターゼ　181
スフィンゴ脂質　125
スフィンゴ脂質蓄積症　126
スフィンゴシン　56, 57
スフィンゴ糖脂質　57
スフィンゴミエリノーシス　126
スフィンゴミエリン　56, 126
スフィンゴリピドーシス　125
スフィンゴリン脂質　54
スプライシング　156
スルファチド　126

性腺刺激ホルモン　66
生体膜　54, 66
成長ホルモン　136
性ホルモン　66
セクレチン　140
接触性過敏反応　179
セラミドオリゴヘキソシドシス　126
セリン　135
セルロース　48
セレブロシド　58
セロトニン　116, 162
繊維芽細胞　6
繊維状タンパク質　21, 24
染色体　9, 145
全身性エリテマトーデス　179

相補性　149
阻害　36
即時型アレルギー　178
速度沈降法　15
組織　4
粗面小胞体　8
ソルビトール　45

た行

体温調節中枢　170
体温の恒常性　170

体脂肪　116
代　謝　128
タウリン　65
タウロコール酸　65,121
多価不飽和脂肪酸　50,59,60,112
脱水素酵素　33
脱水素反応　72
脱分岐酵素　98
脱分極　163
脱離酵素　34
脱リン酸化　99
多　糖　46
短環フィードバック　166
単　球　174
短鎖脂肪　58
炭酸緩衝系　168
胆　汁　64
胆汁酸　65,120,124
胆汁酸塩　65,102
単純脂質　50,51
単純タンパク質　20
単純トリアシルグリセロール　52
炭水化物　11,39
α炭素　18
炭素骨格　81,95,131
単　糖　43
単糖誘導体　44
胆のう胆汁　65
タンパク質　10,20,128
タンパク質代謝　128
タンパク質の系統樹　23
タンパク質の高次構造　22
タンパク質の再生　27
タンパク質の生合成　157
タンパク質の変性　27

チアミン二リン酸　31,85
遅延型アレルギー　179
チオール開裂　105
窒素出納　129
チミン　146
中間径フィラメント　9
中鎖脂肪酸　58
中枢神経系　5,160
中性脂肪　49
超遠心分離・文画法　13
腸肝循環　121
長環フィードバック　166
長鎖脂肪酸　58,102
跳躍伝導　161
チログロブリン　138

チロシン　135,141

ツベルクリン反応　179

デオキシ糖　44
デオキシリボース　146
デオキシリボ核酸　145
デオキシリボヌクレオチド　148
5'-デオキシリボヌクレオチド-三リン酸　153
2-デオキシ-D-リボース　44
テストステロン　122
テトラヒドロ葉酸　141
テトラヨードチロニン　138
転移酵素　34
電子顕微鏡　3
電子伝達系　73,88
転　写　151,155,165
デンプン　47

糖アルコール　45
同　化　128
糖原性アミノ酸　95,31
糖原性-ケト原性アミノ酸　133
糖脂質　46,57
糖　質　40,80
糖質代謝　80
糖質代謝の異常と疾病　100
糖新生　81,84,94,95,131
糖タンパク質　7,46,175
等電点　19
糖尿病　100,101
動物細胞の模型図　3
ドコサヘキサエン酸　60,112
ドーパミン　162
トランス型　50
トリアシルグリセロール　51,67,102,124
トリアシルグリセロールシンターゼ　114
トリアシルグリセロールの生合成　114
トリオースリン酸　83
トリオースリン酸イソメラーゼ　35
トリカルボン酸輸送体　108
トリプシン　22
トリプトファン　140
トリプレット　151
トリヨードチロニン　138
トレハロース　46
トロンバン酸　62
トロンボキサン　62

な　行

ナイアシン　140
内在性タンパク質　7
内分泌　159
内分泌系　163
ナチュラルキラー細胞　174

Ⅱ型アレルギー　179
2型糖尿病　139
ニコチンアミド　140
ニコチンアミドアデニンジヌクレオチド　32
ニコチンアミドアデニンジヌクレオチドリン酸　32
二次応答　177
二次構造　23
二重らせん構造　149
二　糖　45
乳　酸　72,81,82,84,87,95
乳酸脱水素酵素　33
乳酸デヒドロゲナーゼ　84
ニューロン　5
尿　酸　130
尿　素　130
尿素サイクル　130
ニンヒドリン反応　19

ヌクレオシド　148
ヌクレオシド5'-三リン酸　70
ヌクレオチド　146

能動輸送　79
ノルアドレナリン　162

は　行

バソプレッシン　138
発エルゴン反応　59
ハプテン　58
パルミチン酸　110,111
パルミトイルACP　110,111
パルミトレイン酸　111
パントテン酸　141
反応速度　30
半保存的複製　155

ヒアルロン酸　48
ビウレット反応　26
非競合阻害　37

微絨毛　5
微小管　9
ヒスタミン　175, 178
ヒスチジン血症　142
ヒストン　145
ビタミンB群　140
必須アミノ酸　133
必須脂肪酸　60, 112
L-3-ヒドロキシアシルCoA　105
3-ヒドロキシ酢酸　107
3-ヒドロキシ-3-メチルグルタリルCoA　106
ヒドロキシラジカル　180
非必須アミノ酸　133
肥満細胞　175, 178
表在性タンパク質　7
ピラノース　42
ピリドキサル 5'-リン酸　31
ピリミジンヌクレオチド　153
ピリミジン誘導体　146
微量元素　12
ピルビン酸　81, 82, 83, 84, 85, 87, 88, 94, 132
ピルビン酸キナーゼ　76, 84
ピルビン酸デカルボキシラーゼ　34
ピルビン酸デヒドロゲナーゼ複合体　85

フィタン酸　127
フィードバック阻害　120
フィードバック調節　38, 165
フェニルアラニン　141
フェニルアラニン 4-モノオキシゲナーゼ　141
フェニルケトン尿症　136, 141
フェニルピルビン酸　142
不規則構造　23
複合脂質　50, 54
副甲状腺ホルモン　167
複合タンパク質　21
副腎皮質刺激ホルモン　137
副腎皮質ホルモン　65
複製　153
複製フォーク　153
L-フコース　44
不斉炭素原子　16, 40
不飽和脂肪酸　50, 59, 106
フマル酸　87
プライマー　153
フラノース　42
フラビンアデニンジヌクレオチド　31
プリンヌクレオチド　153

プリン誘導体　146
フルクトサミン　101
フルクトース　91
D-フルクトース　43
フルクトース 1,6-ビスリン酸　95
フルクトース 6-リン酸　91, 92, 95
プレグネノロン　120
フレーム　156
プロゲステロン　122
プロスタグランジン　61
プロスタン酸　61
プロセシング　156
プロテアーゼ　22
プロトンチャンネル　75
プロラクチン　137
プロリン　135
分岐酵素　98
分岐構造　46
分岐鎖アミノ酸　143

平滑筋　5
平衡沈降法　15
ヘキソキナーゼ　35, 98
ヘキソース　43, 91
ペクチン　48
ヘテロ多糖　46
ヘパリン　48
ペプチド　20, 157
ペプチド型ホルモン　165
ペプチド結合　19
ペプチドホルモン　20, 136
ヘミアセタール　42
ヘム　24
ヘモグロビン　25
ヘモグロビン緩衝系　169
ヘモグロビンの四次構造　26
ペラグラ　140
ヘルパーT細胞　174
ペントース　43, 89
ペントースリン酸側路　81, 89, 109, 116

補因子　30
飽和脂肪酸　50, 58, 111
補欠分子族　31
補酵素　31
3-ホスファチジルイノシトール　55, 117
3-ホスファチジルイノシトール 4,5-二リン酸　55
3-ホスファチジルエタノールアミン　55, 117
3-ホスファチジルグリセロールリン酸

117
3-ホスファチジルコリン　55, 117
3-ホスファチジルセリン　55, 117
ホスファチジン酸　55, 117
ホスホエノールピルビン酸　72, 84, 94
ホスホグリセリン酸キナーゼ　76
ホスホグルコムターゼ　98
ホスホクレアチン　71
補体　73
ホモシステイン尿症　143
ホモ多糖　46
ポリソーム　157
ポリペプチド　20
ホルモン　163
ホルモン受容体　163

ま　行

膜タンパク質　7
膜電位　161
マクロファージ　174
末梢神経系　5
マルターゼ　45
マルトース　45
マロニルCoA　109
慢性関節リウマチ　179
マンノース　92
D-マンノース　43

ミオグロビンの三次構造　24
ミオシンフィラメント　77
ミクロソーム　112, 118
水　9
ミトコンドリア　3, 8, 73
ミトコンドリア内膜　74
ミトコンドリアのマトリクス　75, 85, 104, 108
ミネラルコルチコイド　66

無α-リポタンパク質血症　124
無髄神経　160
無β-リポタンパク質血症　124

メバロン酸　120
メープルシロップ尿症　143
免疫グロブリン　27, 175, 176
免疫系　171
免疫担当細胞　173

モノアシルグリセロール　53
α-モノアシルグリセール　102

β-モノアシルグリセロール　102

や行

有髄神経　160
誘導脂質　50, 58
遊離型コレステロール　67
遊離脂肪酸　102
ユビキノン　2

葉酸　141
ヨウ素デンプン反応　47
四次構造　25
IV型アレルギー　179

ら行

ラギング鎖　154
ラクターゼ　46, 100
α-ラクトアルブミン　96
ラクトース　42, 46, 100
ラクトースシンターゼ複合体　96
ラクトース不耐症　100
L-ラムノース　44

リシン　133
リゾチーム　172
リゾホスファチジルコリン　56
律速酵素　37, 120
リーデング鎖　153
リノール酸　60, 106, 112, 113
α-リノレン酸　60, 112, 113
リブロース 5-リン酸　90
リポグラヌロマトーシス　126
リポ酸　32
リボース　146
D-リボース　43
リボース 5-リン酸　89, 153
リボソーム　8, 151, 152, 157
リポタンパク質　66, 67, 124
β-リポタンパク質　124
リポタンパク質リパーゼ　102
リボヌクレアーゼ A　27
リボヌクレオチド　148
5'-リボヌクレオチド-三リン酸　155
硫安分画法　21
流動モザイクモデル　6
両親媒性　6
両性イオン　18
両性電解質　18
L-リンゴ酸　87, 109

L-リンゴ酸-アスパラギン酸シャトル　87, 95
リン酸　146
リン酸化　38, 91, 99, 165
リン酸緩衝系　169
リン酸誘導体　45
リン脂質　7, 54, 67, 117
リンパ球系細胞　173

レプチン　116

ロイコトリエン　63
ロイシン　133

わ行

ワクチン　178

A～Z

α-アミノ酸　18
αヘリックス　23
β構造　23
β酸化　104
ACP　109
ACTH　65, 37
ADP　72
ALT　132
AMP　148, 153
AST　129
ATP　70, 72, 77, 80, 85
ATP 依存性ポンプ　79
ATP 産生　87, 88
B 細胞　174
BMI　116
Ca^{2+} チャネル　162
cAMP　99, 165
cAMP 依存性タンパク質キナーゼ　165
cAMP 依存性プロテインキナーゼ　99
CoA　32, 141
Cori サイクル　96
CRP　173
CTP　117
CDP-ジアシルグリセロール　117
DNA　145, 146, 149, 153
DNA ポリメラーゼ　154
Edman 分解法　22
$F_0 \cdot F_1$-ATP シンターゼ　75, 171
Fabry 病　127
FAD　31
$FADH_2$　73, 75, 81, 85, 87, 88, 105

Farber 病　126
Gaucher 病　125
GH　136
GMP　148, 153
G_{M1} ガングリオシドーシス　126
G_{M3} スフィンゴリポジストロフィー　126
GTP　71, 76, 87, 88, 89
G-タンパク質　71, 165
G タンパク質結合受容体　113
H 鎖　176
Haworth 投影式　42
HDL　67
HMG-CoA　106, 120
HMG-CoA レダクターゼ　120
IDL　67
IgA　176
IgD　176
IgE　176
IgG　176
IMP　148, 153
Krabbe 病　126
L 鎖　176
LDL　67
LT　63
LYSO　56
McArdle 病　101
Michaelis 定数　30
Michaelis-Menten の式　30
mRNA　151, 155, 157
n-3 系脂肪酸　60, 112
n-6 系脂肪酸　60, 112
n-6 系列　112
Na^+/K^+ ポンプ　79
Na^+ チャネル　161
NAD^+　32, 73, 86, 140
NADH　73, 74, 75, 81, 85, 86, 87, 88
$NADH + H^+$　73, 105
$NADP^+$　32, 140
NADPH　89
$NADPH + H^+$　89, 109, 120
Niemann-Pick 病　126
P450　182
PC　55
PE　55
PEP　94
PG　61
PGE　61
PGF　61
PGI_2　61
PI　55
PLP　31

索　引

PRPP　　153
PS　　55
Refsum 病　　127
RNA　　146, 150
RNA ポリメラーゼ　　155
rRNA　　152
Sandboff 病　　126
SDS ポリアクリルアミド電気泳動法　　15
SOD　　181
T_3　　138
T_4　　138
Tangier 病　　124

Tay-Sachs 病　　127
T 細胞　　174
TCA サイクル　　80, 85, 88
TCA サイクルの代謝中間体　　131
TDP　　31
tRNA　　151, 156, 158
TSH　　138
TX　　62
TXA　　62
TXA_2　　62
UDP-ガラクトース　　96
UDP-グルクロン　　90

UDP-グルコース　　90, 96, 98
UDP-グルコースピロホスホリラーゼ　　98
UDP 糖　　71, 92
UQ　　32
UTP　　71
van der Waals 力　　24
VLDL　　67
von Gierke 病　　101
VP　　138
V 領域　　178
Waring ブレンダー　　13
Wolman 病　　127

【編著者略歴】(( )内は執筆箇所)

林　　　寛 (4章・7章)
東北大学大学院農学研究科修了　農学博士
十文字学園女子大学名誉教授

【執筆者略歴】(( )内は執筆箇所)

鈴　木　裕　行 (3章・5章・10章)
東北大学大学院農学研究科修了　農学博士
東北生活文化大学家政学部教授

志　田　万里子 (4章・6章)
東北大学農学部農芸化学科卒業　農学博士
前山梨学院短期大学教授

伊　藤　順　子 (2章・8章・9章)
東北大学大学院薬学研究科修了　医学博士
横浜薬科大学名誉教授

王　賀　理　恵 (1章)
筑波大学第二学群生物学類卒業　医学博士

わかりやすい 生 化 学

2005年 4 月20日　初版第1刷発行
2022年10月 1 日　初版第8刷発行

Ⓒ　編著者　林　　　寛
　　発行者　秀　島　　功
　　印刷者　萬　上　孝　平

発行所　三共出版株式会社　東京都千代田区神田神保町3の2
振替　00110-9-1065
郵便番号　101-0051　電話 03-3264-5711(代)　FAX 03-3265-5149

一般社団法人 日本書籍出版協会・一般社団法人 自然科学書協会・工学書協会　会員

Ⓒ Yutaka Hayashi 2005.　　印刷・恵友印刷　製本・杜光舎

JCOPY　〈(一社) 出版者著作権管理機構 委託出版物〉
本書の無断複写は著作権法上での例外を除き禁じられています。複写される場合は、そのつど事前に、(一社)出版者著作権管理機構 (電話 03-5244-5088, FAX 03-5244-5089, e-mail: info@copy.or.jp) の許諾を得てください。

ISBN 4-7827-0497-6